“十三五”江苏省高等学校重点教材（编号：2018-1-179）

高等职业教育机电类专业“十四五”系列教材

伺服系统应用技术

（第二版）

陈亚琳　杨战民◎主　编

杨弟平　时　鹏◎副主编

中国铁道出版社有限公司

CHINA RAILWAY PUBLISHING HOUSE CO., LTD.

内 容 简 介

本书主要介绍三菱交流伺服控制系统的原理和应用。全书共7章,包括:绪论,主要介绍伺服控制系统以及典型产品、应用行业等;伺服电动机与伺服测量系统,主要介绍伺服电动机基本原理、永磁同步伺服电动机、测量系统基本原理及相关检测元件等;伺服原理与系统,主要介绍交流电的逆变、PWM逆变原理、永磁同步电动机伺服驱动系统;伺服驱动器工作原理,主要介绍位置控制单元、速度控制单元、驱动单元、伺服电动机驱动器的基本结构;三菱伺服驱动器的硬件系统,主要介绍系统的性能指标、电气接线、模块应用等;三菱伺服驱动器的操作与调试,主要介绍三菱伺服驱动器的具体应用,包括参数设置、系统调试、故障诊断;伺服控制系统的应用,给出伺服移位角控制、定位机械手控制、打孔机、定位跟踪控制、单轴伺服跟踪控制5个实例。

本书内容充实,实用性强,注重能力培养,最后以实例收尾,可有效地训练学生解决实际问题的能力和动手能力。

本书适合作为高等职业院校电气工程自动化等专业的教材,也可作为自动化类岗位的培训教材。

图书在版编目(CIP)数据

伺服系统应用技术/陈亚琳,杨战民主编. —2版. —北京:
中国铁道出版社有限公司, 2024. 12
"十三五"江苏省高等学校重点教材　高等职业教育机电类
专业"十四五"系列教材
ISBN 978-7-113-30025-8

Ⅰ. ①伺…　Ⅱ. ①陈…　②杨…　Ⅲ. ①伺服系统-高等职业
教育-教材　Ⅳ. ①TP275

中国国家版本馆 CIP 数据核字(2023)第041976号

书　　名: **伺服系统应用技术**
作　　者: 陈亚琳　杨战民

策　　划: 祁　云　　**编辑部电话:** (010)63549458
责任编辑: 祁　云　彭立辉
封面设计: 付　巍
封面制作: 刘　颖
责任校对: 安海燕
责任印制: 赵星辰

出版发行: 中国铁道出版社有限公司(100054,北京市西城区右安门西街8号)
网　　址: https://www.tdpress.com/51eds
印　　刷: 北京联兴盛业印刷股份有限公司
版　　次: 2015年12月第1版　2024年12月第2版　2024年12月第1次印刷
开　　本: 880 mm×1 230 mm　1/16　**印张:** 13.25　**字数:** 327千
书　　号: ISBN 978-7-113-30025-8
定　　价: 42.00元

前 言

伺服控制系统涉及数控产业、装备制造业、信息产业以及材料学等诸多行业，它的发展直接关系到制造设备的性能发挥及相关产业的联动发展。为了落实“加快发展先进制造业，推动互联网、大数据、人工智能和实体经济深度融合”以及“建设知识型、技能型、创新型劳动者大军”的决策部署，电气自动化、机电一体化等专业均将伺服系统应用技术列入专业核心课程。

伺服驱动及PLC运动控制、工业网络通信、云平台等技术已广泛应用。为了紧跟世界前沿技术，将伺服新产品的应用教授给学生，本书在第一版的基础上修订了伺服系统的部分原理及更新了伺服驱动器新型号的应用，同时更新了部分实践案例，增加了部分典型案例，案例中增加了网络控制模式。案例插图使用电气工程图，提供了完整的电气图、程序、调试方法、注意事项等，使其真正来源于工程实际，可操作性更强。

在研究、设计自动化装备过程中，运动控制技术是其中的关键技术，它涵盖控制理论、计算机技术、微电子技术、电力电子技术、电机学、机械设计、信号检测与处理技术等多门学科，是自动化技术的关键分支。

目前，我国高等职业院校的相关专业已经敏锐地意识到运动控制技术的重要性，纷纷开设了该课程。然而与之配套的教材大多与工业实际相差较大，存在理论与实践脱节的问题。这就导致学生在学习过程中无法真正理解工业现场中运动控制技术的应用场景和实际需求。

本书根据编者对运动控制系统的多年研究和总结编写而成，其内容从运动控制技术应用的行业层面到系统的专业知识，从器件到系统，从理论到实践，层层解剖，让读者能系统地学习、了解运动控制系统的原理和应用方法，真正体现学以致用。

全书共分7章，其中第1～6章讲解伺服驱动器及伺服电动机的相关原理；第5章和第6章讲解三菱伺服驱动器及伺服电动机的使用及排故方法；第7章为伺服控制系统的应用案例。在本书的关键章节配套微课视频，读者可通过扫描二维码观看。说明书及技术手册等相关资源，可在中国铁道出版社有限公司教育资源数字化平台 https://www.tdpress.com/51eds 下载。

本书是“十三五”江苏省高等学校重点教材(编号:2018-1-179),由陈亚琳、杨战民任主编,杨弟平、时鹏任副主编,王浩参与编写。其中,陈亚琳编写第1章,杨战民编写第2章,杨弟平编写第3章,时鹏编写第4章、第5章,王浩编写第6章、第7章。三菱电机自动化(中国)有限公司的工程技术人员参加了部分内容的编写;修订过程中,征求了他们的意见,因而案例的编写更贴近工程技术人员的学习认知过程。

受编者水平所限,书中难免存在疏漏与不妥之处,恳请广大读者批评指正。

编者

2024年7月

目 录

第1章 绪　　论

交流伺服控制对电气自动化技术、机电一体化技术、电机与电器技术等专业既是一门基础技术,又是一门专业技术。它结合生产实际,解决各种复杂定位控制问题,如机器人轨迹控制、数控机床位置控制等。它是一门机械、电力电子、控制和信息技术相结合的交叉学科。

1.1　伺服控制系统概述

伺服控制系统是用来精确地跟随或复现某个过程的反馈控制系统,又称随动系统或自动跟踪系统,一般是以机械参数为控制对象的自动控制系统。常见的机械参数主要包括位移、角度、力、转矩、速度和加速度。伺服系统的结构组成和其他形式的反馈控制系统没有原则上的区别。

随着微电子技术、电力电子技术、计算机技术、现代控制技术、材料技术的快速发展以及电机制造工艺水平的逐步提高,伺服技术迎来了新的发展机遇,伺服系统由传统的步进伺服、直流伺服发展到以永磁同步电动机、感应电动机为伺服电动机的新一代交流伺服系统。

目前,伺服控制系统不仅在工农业生产及日常生活中得到了广泛应用,而且在很多高科技领域,如激光加工、机器人、数控机床、大规模集成电路制造、办公自动化设备、卫星姿态控制、雷达和各种军用武器随动系统、柔性制造系统,以及自动化生产线等领域的应用也迅速发展。

例如,防空雷达控制就是一个典型的伺服控制过程,它是以空中的目标为输入指令要求,雷达天线要一直跟踪目标,为地面炮台提供目标方位;加工中心的机械制造过程也是伺服控制过程,位移传感器不断地将刀具进给的位移传送给计算机,通过与加工位置目标比较,计算机输出继续加工或停止加工的控制信号。绝大部分机电一体化系统都具有伺服功能,机电一体化系统中的伺服控制是为执行机构按设计要求实现运动而提供控制和动力的重要环节。

伺服控制系统最初用于船舶的自动驾驶、火炮控制和指挥仪中,后来逐渐推广到很多领域,特别是自动车床、天线位置控制、导弹和飞船的制导等。采用伺服系统主要是为了达到下面几个目的:

①以小功率指令信号去控制大功率负载。火炮控制和船舵控制就是典型的例子。

②在没有机械连接的情况下,由输入轴控制位于远处的输出轴,实现远距同步传动。

③使输出机械位移精确地跟踪电信号,如记录和指示仪表等。

衡量伺服控制系统性能的主要指标有频带宽度和精度。频带宽度简称带宽,由系统频率响应特性来规定,反映伺服系统跟踪的快速性。带宽越大,快速性越好。伺服系统的带宽主要受控制对象和执行机构惯性的限制。惯性越大,带宽越窄。一般伺服系统的带宽小于 15 Hz,大型设备伺服系统的带宽则在 1 ~ 2 Hz 以下。自 20 世纪 70 年代以来,由于发展了力矩电动机及高灵敏度测速机,使伺服系统实现了直接驱动,革除或减小了齿隙和弹性变形等非线性因素,使带宽达到 50 Hz,并成功应用在远程导弹、人造卫星、精密指挥仪等场所。伺服系统的精度主要决定于所用的测量元件的精度。因此,在伺服系统中必须采用高精度的测量元件,如精密电位器、自整角机和旋转变压器等。此外,也可采取附加措施来提高系统的精度,例如,将测量元件(如自整角机)的测量轴,通过减速器与转轴相连,使转轴的转角得到放大来提高相对测量精度。采用这种方案的伺服系统称为精测粗测系统,或双通道系统。通过减速器与转轴啮合的测角线路称为精读数通道,直接取自转轴的测角线路称为粗读数通道。

1.2 伺服控制系统的结构与典型产品

1.2.1 伺服系统的结构

视 频

伺服系统的结构组成

机电一体化的伺服控制系统的结构类型繁多,但从自动控制理论的角度来分析,伺服系统一般包括调节元件、被控对象、执行元件、测量及反馈元件、比较元件等五部分。伺服系统组成原理框图如图 1-1 所示。

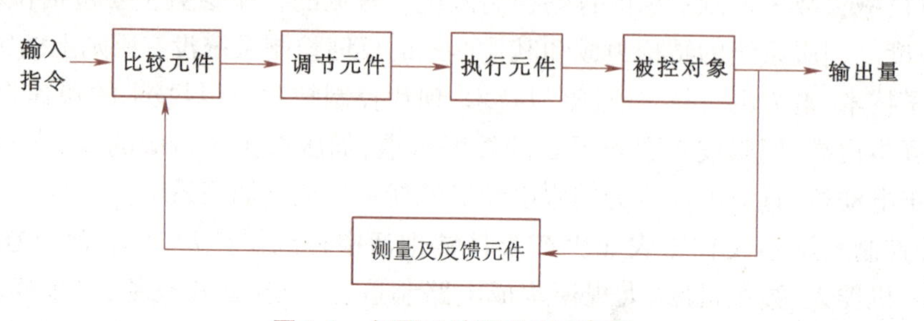

图 1-1 伺服系统组成原理框图

1. 调节元件

控制器通常是计算机或 PID(比例—积分—微分)控制电路,其主要任务是对比较元件输出的偏差信号进行变换处理,以控制执行元件按要求动作。

2. 执行元件

执行元件的作用是按控制信号的要求,将输入的各种形式的能量转化成机械能,驱动被控对象工作。机电一体化系统中的执行元件一般指各种电动机或液压、气动伺服机构等。

3. 被控对象

机械参数量包括的位移、速度、加速度、力和力矩为被控对象。

4. 测量及反馈元件

测量及反馈元件是指能够对输出进行测量并转换成比较环节所需要的量纲的装置,并将测量的数据反馈给比较元件,一般包括传感器和转换电路。

5. 比较元件

比较元件的作用是将输入的指令信号与系统的测量反馈信号进行比较,以获得输出与输入之间的偏差信号,通常由专门的电路或计算机来实现。

1.2.2 伺服系统的分类

伺服系统的分类方法很多,常见的分类方法如下:

1. 按被控量参数特性分类

按被控量不同,机电一体化系统可分为位移、速度、力矩等各种伺服系统。其他系统还有温度、湿度、磁场、光等各种参数的伺服系统。

2. 按驱动元件的类型分类

按驱动元件的不同可分为电气伺服系统、液压伺服系统、气动伺服系统。电气伺服系统根据电动机类型的不同又可分为直流伺服系统、交流伺服系统和步进电动机控制伺服系统。

3. 按控制原理分类

按自动控制原理,伺服系统又可以分为开环控制伺服系统、闭环控制伺服系统、半闭环控制伺服系统。

开环控制伺服系统结构简单、成本低廉、易于维护,但由于没有检测环节,系统精度低、抗干扰能力差。闭环控制伺服系统能及时对输出进行检测,并根据输出与输入的偏差,实时调整执行过程,因此系统精度高,但成本也大幅提高。半闭环控制伺服系统的检测反馈环节位于执行机构的中间输出上,因此一定程度上提高了系统的性能。例如,位移控制伺服系统中,为了提高系统的动态性能,增设的电动机速度检测和控制就属于半闭环控制环节。

1.2.3 伺服系统的性能要求

伺服系统的性能指标有稳定性、精度、快速响应性和节能。

①稳定性好:作用在系统上的扰动消失后,系统能够恢复到原来的稳定状态下运行或者在输入指令信号作用下,系统能够达到新的稳定运行状态的能力,在给定输入或外界干扰作用下,能在短暂的调节过程后到达新的或者恢复到原有平衡状态。

②精度高:伺服系统的精度是指输出量能跟随输入量的精确程度。作为精密加工的数控机床,要求的定位精度或轮廓加工精度通常都比较高,允许的偏差一般都在 0.01 ~ 0.001 mm 之间。

③快速响应性好:有两方面含义,一是指动态响应过程中,输出量随输入指令信号变化的迅速程度;二是指动态响应过程结束的迅速程度。快速响应性是伺服系统动态品质的标志之一,即要求跟踪指令信号的响应要快,一方面要求过渡过程时间短,一般在 200 ms 以内,甚至小于几十毫秒;另一方面,为满足超调要求,要求过渡过程的前沿陡,即上升率要大。

④高效节能:由于伺服系统的快速响应,注塑能够根据自身的需要对供给进行快速的调整,能够有效提高注塑机的电能的利用率,从而达到高效节能。

1.2.4 伺服系统的主要特点

伺服系统的主要特点如下:

①精确的检测装置:以组成速度和位置闭环控制。

②有多种反馈比较原理与方法:根据检测装置实现信息反馈的原理不同,伺服系统反馈比较的

方法也不相同。常用的有脉冲比较、相位比较和幅值比较3种。

③高性能的伺服电动机:用于高效和复杂型面加工的数控机床,伺服系统将经常处于频繁的启动和制动过程中。要求电动机的输出力矩与转动惯量的比值大,以产生足够大的加速或制动力矩。要求伺服电动机在低速时有足够大的输出力矩且运转平稳,以便在与机械运动部分连接中尽量减少中间环节。

④宽调速范围的速度调节系统,即速度伺服系统:从系统的控制结构看,数控机床的位置闭环系统可看作是位置调节为外环、速度调节为内环的双闭环自动控制系统,其内部的实际工作过程是把位置控制输入转换成相应的速度给定信号后,再通过调速系统驱动伺服电动机,实现实际位移。数控机床的主运动要求调速性能也比较高,因此要求伺服系统为高性能的宽调速系统。

1.2.5 伺服放大器的典型产品

1. 三菱伺服驱动器(MR-J3-A)

AC伺服原理:

①构成伺服机构的元件称为伺服元件,由驱动放大器(AC放大器)、驱动电动机(AC伺服驱动电动机)和检测器组成。图1-2所示为伺服机构示意图,图1-3所示为伺服放大器主回路。

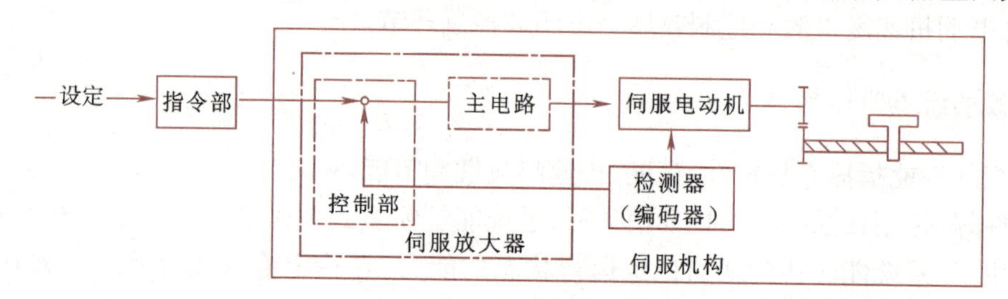

图1-2 伺服机构示意图

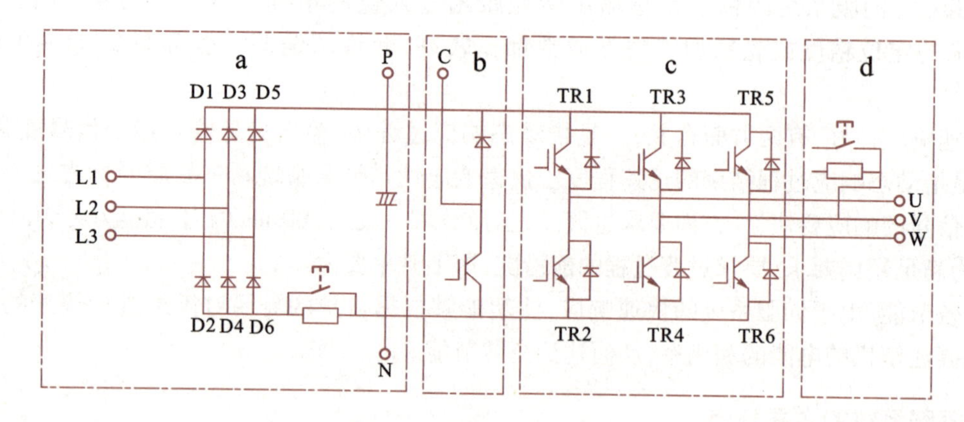

图1-3 伺服放大器主回路

a. 整流回路:将交流转变成直流,可分为单向和三相整流桥。平滑电容:对整流电源进行平滑,减少其脉动成分。

b. 再生制动:所谓再生制动就是指电动机的实际转速高于指令速度时,产生能量回馈的现象。再生制动回路就是用来消耗这些回馈能源的装置。

按照再生制动回路的种类,可分为:电容再生方式(小容量0.4 kW以下)、电阻再生制动方式(中容量0.4~11 kW)、电源再生方式(大电容11 kW以上),其中电阻再生制动方式又可分为内置电阻方式、外接电阻方式、外接制动单元方式。

c. 逆变回路:生成适合电动机转速的频率、适合负载转矩大小的电流、驱动电动机。逆变模块采用IGBT开关元件。

d. 动态制动器:具有在基极断路时,在伺服电动机端子间加上适当的电阻器进行短路消耗旋转能,使之迅速停转的功能。

②转矩特性:三菱伺服电动机属于永磁同步电动机,伺服电动机的输出转矩与电流成正比,其从低速到高速都可以恒定转矩运转。

负载率与动作时间的关系如图1-4所示。

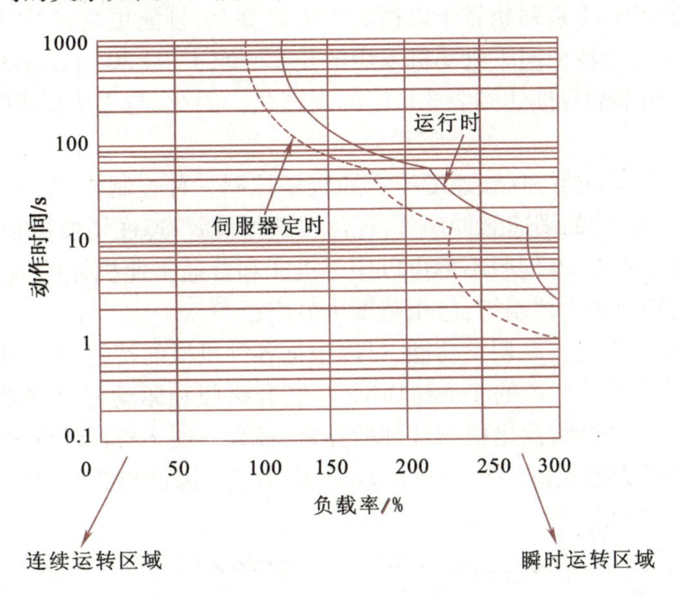

图1-4 负载率与动作时间的关系

③编码器的种类和结构见表1-1。

表1-1 编码器的种类和结构

项 目	增量编码器	绝对编码器
输出内容	①输出相对值; ②针对旋转角度的变化量输出脉冲	①输出绝对值; ②输出旋转角度的绝对值
停止时的应对	接通电源时需要原点复位动作	接通电源时无须原点复位动作
价格	结构较简单,价格低	结构较复杂,价格高

续表

项　目	增量编码器	绝对编码器
结构	光源　码盘　检测光栅　光电检测器件　转换电路　正弦波形　方波	吸光元件　固定光栅　发光元件　旋转光栅　旋转器
补充说明	该装置的旋转圆盘上设有很多光学槽,使发光二极管的光通过固定槽,再利用光电二极管检测该光束,并将槽的位置转换为电信号	在电动机轴上安装绝对编码器,即可随时检测电动机轴的固定位置。由于不需要脉冲计数,故接通电源时无须原点复位动作

2. 三菱伺服驱动器(MR-J4-A)

(1)性能

三菱通用 AC 伺服 MR-J4 系列相较于以往的 MR-J3 系列,性能更高,功能更强。

①MR-J4 系列对应的旋转型伺服电动机采用的是 22 位(4 194 304 pulses/rev)高分辨率绝对位置编码器。此外,速度频率响应性达到 2.5 kHz 的高速化。因此,与 MR-J3 相比,可以进行更高速、更高精度的控制。

②MR-J4 系列伺服拥有位置控制、速度控制和转矩控制三种控制模式。其中,除在位置控制模式下最大能对应 4 M pulse/s 的高速脉冲串外,还可以选择位置/速度切换控制、速度/转矩切换控制和转矩/位置切换控制。所以,本伺服不但可以用于机床和普通工业机械的高精度定位和平滑速度控制,还可以用于线控制和张力控制等,应用范围十分广泛。

③通过一键式调整和即时自动调整功能,可以根据各种机械的特性简单调整伺服增益。

④MR-J4 系列搭载了备受好评的 Tough Drive 功能升级版和驱动记录仪功能升级版。此外,还可以通过预防性维护支持功能检测出机械部件的异常,极大方便了机械的维护和检查。

⑤MR-J4-_A_伺服放大器支持 STO(safe torque off)功能。通过与选件 MR-J3-D05 进行组合还可以支持 SS1(safe stop 1)功能。

⑥装备了 USB 通信接口,因此与安装有 MR Configurator2 的计算机连接后,可以进行参数设置、试运行及增益调整等操作。

⑦此外,MR-J4 系列中还搭载了 CN2L 连接器的 MR-J4-_A_-RJ 伺服放大器。通过使用 CN2L 连接器,可连接 ABZ 相差动输出型的外部编码器。在全闭环系统中也可以连接 4 线式外部编码器。

三菱的伺服电动机产品如图 1-5 所示(注:具体的组合需参照相关手册)。

伺服放大器型号说明如图 1-6 所示。电动机型号说明如图 1-7 所示。

(2)控制模式

①位置控制模式。

②转矩控制模式。

③位置/速度切换控制模式。

④速度/转矩切换控制模式。

⑤转矩/位置控制切换模式。

HG-KR
小容量·低惯性。
最适合普通产业机械。
容量：50～750 W
[用途示例]●插入机、贴片机、接合器 ●印刷基板开孔机 ●电路测试仪、标签印刷 ●针织机、刺绣机 ●小型机械手、机械手臂部分

HG-MR
小容量·超低惯性。
最适合高频率运行等。
容量：50～750 W
[用途示例]●插入机、贴片机、接合器 ●小型机械手

HG-SR
中容量·中惯性。
支持负载惯性大的设备。
容量：0.5～7 kW
[用途示例]●搬送机械 ●专用机械 ●机械手 ●装载机、卸载机 ●绕线机、电压设备 ●转台 ●XY表

HG-JR
中·大容量·低惯性。
最适合高频率定位或高加减速运行。
容量：0.5～22 kW
[用途示例]●食品包装机械 ●印刷机 ●射出成形机 ●压机

HG-RR
中容量·超低惯性。
最适合高频率运行等。
容量：1～5 kW
[用途示例]●滚筒进给 ●装载机、卸载机 ●超高频率搬送装置

HG-UR
中容量·扁平型。
最适用于安装空间有限制的情况等。
容量：0.75～5 kW
[用途示例]●机械手 ●搬送机械 ●绕线机、张力设备 ●食品加工机械

HF系列
支持伺服放大器：MR-JN系列

HG系列
支持伺服放大器：MR-J3W-0303BN6

HA系列
支持伺服放大器：MR-J3系列

HF-KN
小容量·低惯性。
最适用普通产业机械。
容量：50～400 W
[用途示例]●插入机、贴片机、焊接机 ●印刷基板开孔机 ●电路测试仪、标签印刷 ●针织机、刺绣机

HG-AN
超小型·小容量。
最适用小型机械。
容量：10～30 W
[用途示例]●贴片机、焊接机 ●半导体·液晶生产设备 ●超小型机械手 ●小型XY工作台

HA-LP
中·大容量·低惯性。
支持大型设备的大容量范围。
容量：5～55 kW
[用途示例]●射出成形机 ●半导体生产设备 ●大型搬送机 ●压机

HA-JP
超大容量·低惯性。
支持超大型设备的大容量范围。
容量：110～220 kW
[用途示例]●大型压机 ●液晶生产设备 ●大型搬送设备

（a）旋转电动机

LM-H3系列
支持最大速度3 m/s。
最适合节省空间化的带铁芯型，有磁力吸引力的高刚性。

LM-F系列
通过液冷提升2倍连续推力。使小型化并存的带铁芯型。有磁力吸引力的高刚性。

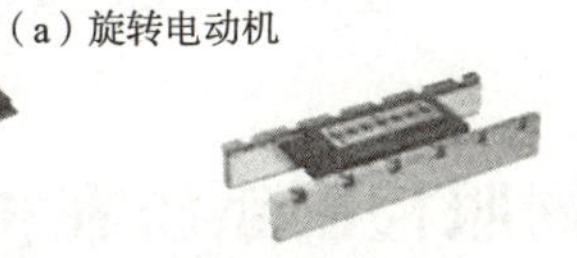

LM-K2系列
提高推力密度的带铁芯相抵型。通过磁力吸引力相抵构造，延迟直线导轨的寿命。低噪声化。

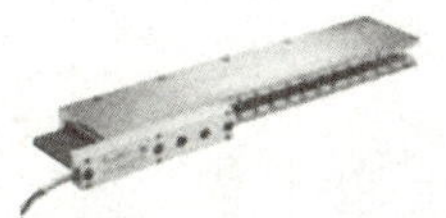

LM-U2系列
无齿槽速度基本稳定的无铁芯型。无磁力吸引力，延长直线导轨寿命。

（b）直线电动机

TM-RFM系列
彻底打磨的基本性能
- 通过最新磁力设计技术与绕组技术，实现高转矩密度。另外，通过将转矩脉动极小化，旋转非常流畅。
- 通过高级构造设计技术，实现小型化、扁平薄型化。可实现设备的安装空间缩小化与低重心化。
- 配备1 048 576 pulses/rev高分辨率绝对位置编码器，实现设备的高精度化。
- 通过采用大径的轴承或编码器，将中空径扩大至ϕ20～104 mm。可进行电缆或空气配管的设置。

（c）直驱电动机

图1-5 伺服电动机产品

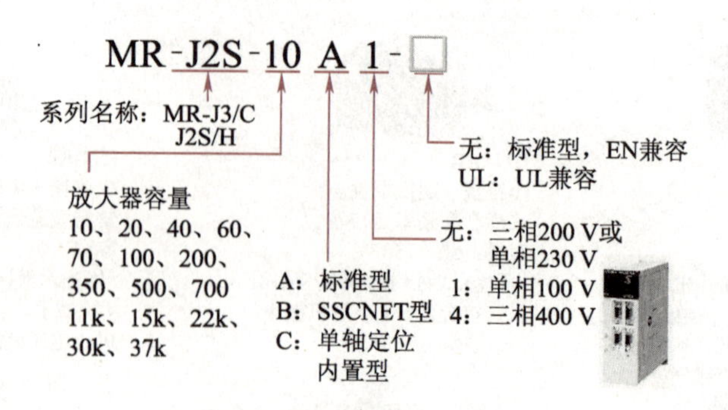

图 1-6　伺服放大器型号说明

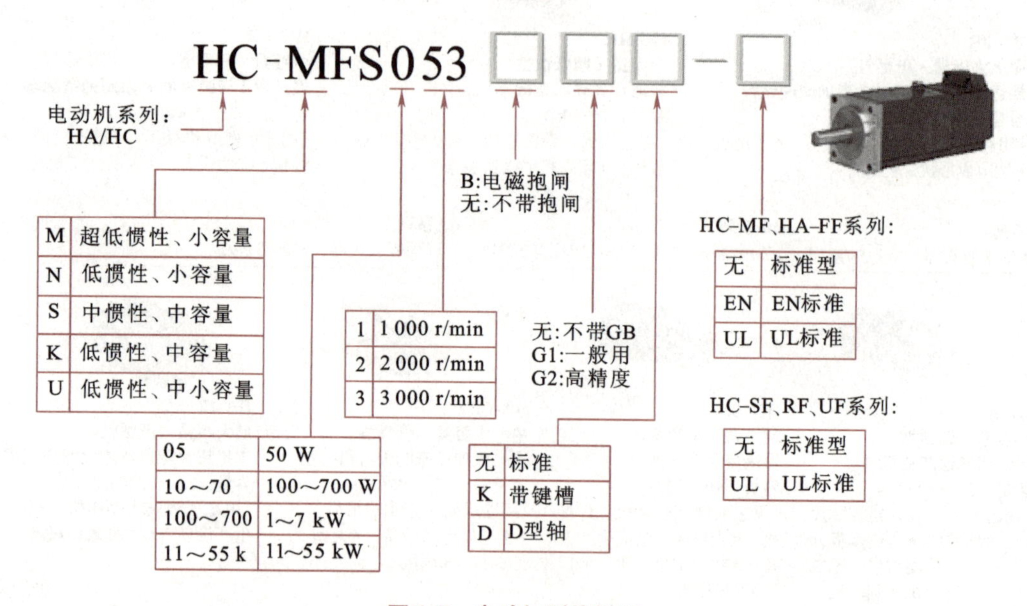

图 1-7　电动机型号说明

1.3　伺服控制系统在机床行业的应用

伺服系统经过这几年的长足发展，无论从性能上还是从功能应用上都是自动化行业的时尚先锋。尤其以伺服系统在机床上的应用更为耀眼。

按机床中传动机械的不同将伺服分为进给伺服与主轴伺服。

进给伺服以数控机床的各坐标为控制对象，产生机床的切削进给运动。为此，要求进给伺服能快速调节坐标轴的运动速度，并能精确地进行位置控制。

主轴伺服提供加工各类工件所需的切削功率，因此，只需要完成主轴调速及正反转功能。但当要求机床有螺纹加工、准停和恒线速加工等功能时，对主轴也提出了相应的位置控制要求。因此，要求其输出功率大，具有恒转矩段及恒功率段，有准停控制，主轴与进给联动。与进给伺服一样，主轴伺服经历了从普通三相异步电动机传动到直流主轴传动。随着微处理器技术和大功率晶体管技术的进展，现在又进入了交流主轴伺服系统时代。

目前,在数控机床上使用的伺服控制系统,其优点主要有:精度高,伺服系统的精度是指输出量能复现输入量的精确程度,包括定位精度和轮廓加工精度;稳定性好,稳定性是指系统在给定输入或外界干扰作用下,能在短暂的调节过程后,达到新的或者恢复到原来的平衡状态,直接影响数控加工的精度和表面粗糙度;快速响应,它是伺服系统动态品质的重要指标,反映了系统的跟踪精度;调速范围宽,其调速范围可达 0 ~ 30 m/min;低速大转矩,进给坐标的伺服控制属于恒转矩控制,在整个速度范围内都要保持这个转矩,主轴坐标的伺服控制在低速时为恒转矩控制,能提供较大转矩,在高速时为恒功率控制,具有足够大的输出功率。

在机床进给伺服中采用的主要是永磁同步交流伺服系统,有 3 种类型:模拟形式、数字形式和软件形式。模拟伺服用途单一,只接收模拟信号,位置控制通常由上位机实现;数字伺服可实现一机多用,如做速度、力矩、位置控制,可接收模拟指令和脉冲指令,各种参数均以数字方式设置,稳定性好,具有较丰富的自诊断、报警功能;软件伺服是基于微处理器的全数字伺服系统,其将各种控制方式和不同规格、功率的伺服电动机的监控程序以软件实现,使用时由用户设置代码与相关的数据,即自动进入工作状态,配有数字接口,改变工作方式、更换电动机规格时,只需重设代码即可,故也称万能伺服。

作为机床工具,尤其是数控机床的重要功能部件,交流伺服运动控制产品的系统特性一直是影响系统加工性能的重要指标。近些年,国内外各个厂家都相继推出了交流伺服运动控制的新技术和新产品,如全闭环交流伺服驱动技术、直线电动机驱动技术、PCC(可编程计算控制)技术、基于现场总线的交流伺服运动控制技术、运动控制卡、DSP(数字信号处理)多轴运动控制器等。随着超高速切削、超精密加工、网络制造等先进制造技术的发展,具有网络接口的全数字交流伺服系统、直线电动机及高速电主轴等将成为数控机床行业关注的热点,并成为交流伺服运动控制产品的发展方向。

卧式数控机床由 CNC(计算机数字控制机床)控制器、伺服驱动及电动机、电器柜和数控机床的机架四部分组成。其工作原理:通过 CNC 内配置的专用编程软件,将加工零件的轨迹用坐标的方式表达出来,把这些信息转化成能使驱动伺服电动机的带有功率的信号(脉冲串),控制伺服电动机带动相应轴来实现运动轨迹。同时,刀架上配有数控车刀,通过按加工材质配置相应的刀具,对固定于主轴上的加工材料进行切削,即可加工出相应的工件。

1.4 伺服控制系统在纺织行业的应用

下面通过具体的实物进行说明。

1. 织 机

图 1-8 所示为喷气织机,图 1-9 所示为喷水织机,图 1-10 所示为片梭织机,其控制电路均以 PLC(可编程逻辑控制器)或以单片机代替的微处理器为核心。图 1-11 所示为电子送经机构示意图,PLC 控制伺服系统,伺服电动机通过蜗轮蜗杆及齿轮传动机构来实现织轴的精确控制,从而控制送经速度、实现自动控制,这样就可以保证织轴由大变小的过程,保持张力均匀。

图1-8 喷气织机　　图1-9 喷水织机

图1-10 片梭织机

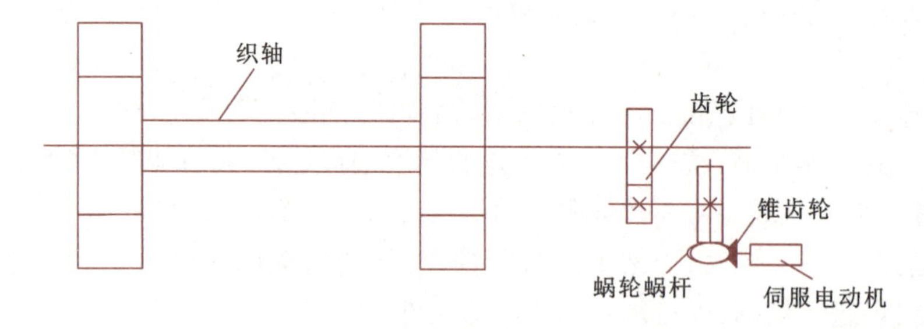

图1-11 电子送经机构示意图

2. 电子卷取机构

电子卷取是根据织物要求的纬密，通过触摸屏输入织物纬密，由 PLC 控制伺服系统实现织物定量定速的卷取。采用伺服电动机作为动力，电动机通过减速器，由同步带轮带动到卷取传动轴，通过锥齿轮改变传动方向后，经链传动至卷曲传动轴，对包覆在辊上的织物进行卷取。图1-12所示为电子卷取机构示意图。

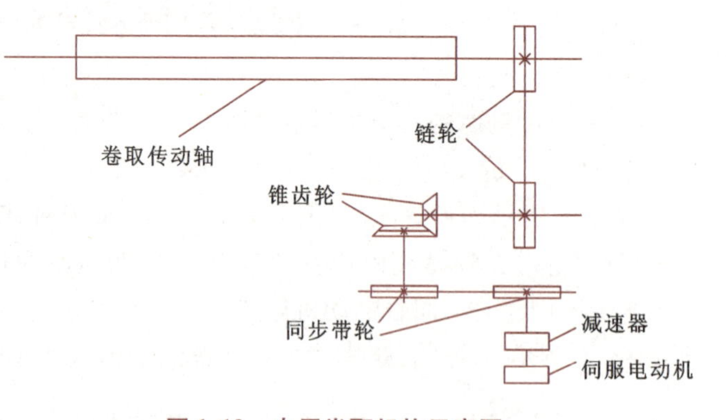

图1-12 电子卷取机构示意图

3. 计算机横机

全自动计算机横机是针织行业中技术含量较高的机械，它集成了计算机数字控制、电子驱动、机械设计、电动机驱动、针织工艺等技术为一体，可以编辑非常复杂的手摇横机无法完成的衣片组织。伺服应用在横机已广泛应用。图1-13所示为计算机横机。

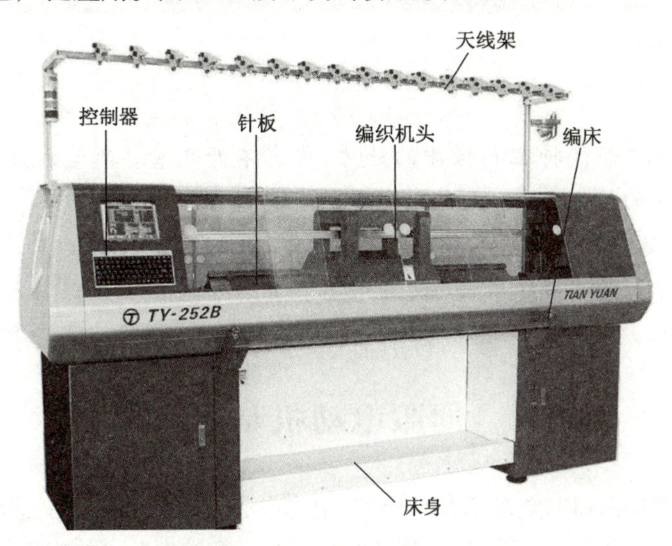

图1-13 计算机横机

(1)机头驱动系统

计算机横机工作时是通过主伺服电动机拖动横机机头做往复运动实行编制。在伺服配套使用的计算机横机厂家机头驱动采用伺服和同步齿形带驱动，机头可以自动调节行程。一般伺服到机头有两级减速传动(65:45:25)，高低速运行时要求伺服电动机机头平稳，无抖动和振动噪声，机头换向也就是伺服电动机在正反转交替时要平滑无明显打顿、强烈抖动现象。目前，选用EDBIKW 1 000 r/min交流伺服电动机。

(2)针床移位系统

计算机横机，针床横移一般采用伺服/步进电动机-滚珠丝杆螺母副传动来实现。摇床电动机与滚珠丝杆用同步齿形带结，同步带轮减速比一般为24:15，编制中需要针床横移时要求伺服电动机平稳、精确、快速地响应。目前选用EDC750W、3 000 r/min的伺服电动机。

习 题

1. 执行环节的作用是按控制信号的要求，将输入的各种形式的能量转化成________。
2. 伺服系统根据电动机类型的不同又可分为________、________和________。
3. 简述伺服系统有哪些特点。
4. 卧式数控机床中，伺服系统是如何参与机床的工作的？

第2章 伺服电动机与伺服测量系统

凡是要定量地描述事物的特征和性质的地方，都离不开测量。测量就是用专门的技术工具靠实验和计算找到被测量的值(大小和正负)，测量的目的是在限定时间内尽可能正确地收集被测对象的未知信息，以便掌握被测对象的参数和对其运动、变化过程的控制。

检测系统是控制系统的重要组成部分。运动控制系统中的检测系统就是要实时地对被测对象的运动参数(位移、速度、加速度、加加速度和力、扭矩等机械量)进行检测和数据处理的系统。

视频

伺服电动机基本原理

2.1 伺服电动机基本原理

20 世纪 80 年代以来，随着集成电路、电力电子技术和交流可变速驱动技术的发展，伺服电动机技术有了突出的发展，各国著名电气厂商相继推出各自的交流伺服电动产品并不断完善和更新。交流伺服系统已成为当代高性能伺服系统的主要发展方向，原来的直流伺服系统面临被淘汰的危机。20 世纪 90 年代以后，世界各国已经商品化了的交流伺服系统采用全数字控制的正弦波电动机伺服驱动。

交流伺服驱动装置在传动领域的发展主要优点如下：

①无电刷和换向器，因此工作可靠，对维护和保养要求低。

②定子绕组散热比较方便。

③惯量小，易于提高系统的快速性。

④适用于高速大力矩工作状态。

⑤同功率下有较小的体积和质量。

伺服主要靠脉冲来定位，基本上可以这样理解，伺服电动机接收到 1 个脉冲，就会旋转 1 个脉冲对应的角度，从而实现位移。因为伺服电动机本身具备发出脉冲的功能，所以伺服电动机每旋转一个角度，都会发出对应数量的脉冲，这样，与伺服电动机接收的脉冲形成了呼应，或者叫闭环。如此一来，系统就会知道发了多少脉冲给伺服电动机，同时又收了多少脉冲回来。这样，就能够很精确地控制电动机的转动，从而实现精确定位。直流伺服电动机分为有刷电动机和无刷电动机。有刷电动机成本低，结构简单，启动转矩大，调速范围宽，控制容易，需要维护，但维护方便(换电刷)，产生电磁干扰，对环境有要求。因此，它可用于对成本敏感的普通工业和民用场合。

交流伺服电动机也是无刷电动机，分为同步电动机和异步电动机，目前运动控制中一般都用同步电动机，它的功率范围大，惯量大，最高转动速度低，且随着功率增大而快速降低，因而适合低速平稳运行。

交流伺服电动机内部的转子是永磁铁，驱动器控制的 U、V、W 三相电形成电磁场，转子在此磁场的作用下转动，同时电动机自带的编码器反馈信号给驱动器，驱动器根据反馈值与目标值进行比较，调整转子转动的角度。伺服电动机的精度决定于编码器的精度（线数）。

交流伺服电动机的工作原理和单相感应电动机无本质上的差异。但是，交流伺服电动机必须具备一个性能，就是能克服交流伺服电动机所谓的"自转"现象，即无控制信号时，它不应转动，特别是当它已在转动时，如果控制信号消失，应能立即停止转动。而普通的感应电动机转动起来以后，如果控制信号消失，由于惯性的作用往往仍在继续转动。

当电动机原来处于静止状态时，如果控制绕组不加控制电压，此时只有励磁绕组通电产生脉动磁场。可以把脉动磁场看成两个圆形旋转磁场，这两个圆形旋转磁场以同样的大小和转速向相反方向旋转，所建立的正、反转旋转磁场分别切割笼形绕组并感应出大小相同、相位相反的电动势和电流（或涡流），这些电流分别与各自的磁场作用产生的力矩大小相等、方向相反，合成力矩为零，伺服电动机转子转不起来。一旦控制系统有偏差信号，控制绕组就要接受与之相对应的控制电压。在一般情况下，电动机内部产生的磁场是椭圆形旋转磁场。一个椭圆形旋转磁场可以看成是由两个圆形旋转磁场合成起来的。这两个圆形旋转磁场幅值不等（与原椭圆旋转磁场转向相同的正转磁场大，与原转向相反的反转磁场小），但以相同的速度向相反的方向旋转。它们切割转子绕组感应的电势和电流以及产生的电磁力矩方向相反、大小不等（正转者大，反转者小），合成力矩不为零，所以伺服电动机就朝着正转磁场的方向转动起来，随着信号的增强，磁场接近圆形。此时，正转磁场及其力矩增大，反转磁场及其力矩减小，合成力矩变大，如果负载力矩不变，转子的速度就增加。如果改变控制电压的相位，即移相180°，旋转磁场的转向相反，因而产生的合成力矩方向也相反，伺服电动机将反转。若控制信号消失，只有励磁绕组通入电流，伺服电动机产生的磁场将是脉动磁场，转子很快地停下来。

为使交流伺服电动机具有控制信号消失、立即停止转动的功能，把它的转子电阻做得特别大，使它的临界转差率大于1。在电动机运行过程中，如果控制信号降为"零"，励磁电流仍然存在，气隙中产生一个脉动磁场，此脉动磁场可视为正向旋转磁场和反向旋转磁场的合成。一旦控制信号消失，气隙磁场转化为脉动磁场，它可视为正向旋转磁场和反向旋转磁场的合成，电动机即按合成特性曲线运行。由于转子的惯性，运行点由一点移到另一点，此时电动机产生了一个与转子原来转动方向相反的制动力矩。在负载力矩和制动力矩的作用下使转子迅速停止。

必须指出，普通的两相和三相异步电动机正常情况下都是在对称状态下工作，不对称运行属于故障状态。而交流伺服电动机则可以靠不同程度的不对称运行来达到控制目的。这是交流伺服电动机在运行上与普通异步电动机的根本区别。

伺服电动机内部转子的永磁铁，利用电源形成电磁场，转子在此磁场的作用下转动，同时电动机自带的编码器反馈信号给驱动器，驱动器根据反馈值与目标值进行比较，调整转子转动的角度。伺服电动机的精度决定于编码器的精度（线数）。

1. 伺服电动机的 3 个环路

伺服电动机 3 个环路的控制如图 2-1 所示。

（1）电流环

伺服电动机在驱动时由于负载的关系而产生扭矩的缘故，使得流进电动机的电流增大，一旦流进电动机的电流过大就会造成电动机烧毁的情形。为防止此情形发生，在电动机的输出位置加入电流感测装置，当电动机电流超过一定电流时，切断伺服驱动器以保护电动机。

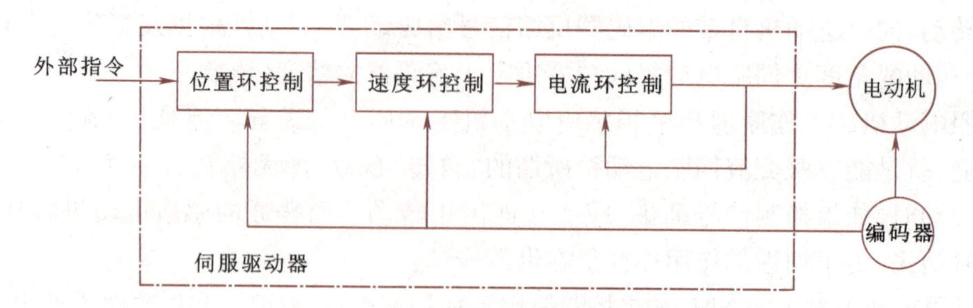

图 2-1　伺服电动机 3 个环路的控制

此环完全在伺服驱动器内部进行,通过霍尔装置检测驱动器给电动机的各相的输出电流,负反馈给电流的设置进行 PID 调节,从而达到输出电流尽量接近等于设置电流。电流环就是控制电动机转矩的,所以在转矩模式下驱动器的运算最小,动态响应最快。

(2)速度环

此环是通过检测的电机编码器的信号来进行负反馈 PID 调节,它的环内 PID 输出直接就是电流环的设置,所以控制速度环时就包含了速度环和电流环。换句话说,任何模式都必须使用电流环,电流环是控制的根本,在控制速度和位置的同时系统实际也在进行电流(转矩)的控制。

(3)位置环

此环路是最外环,可以在驱动器和电动机编码器间构建,也可以在外部控制器和电动机编码器或最终负载间构建,要根据实际情况来定。由于位置控制环内部输出就是速度环设置,位置控制模式下系统进行了所有 3 个环的运算,此时系统运算量最大,动态响应速度也最慢。

2. 控制系统

(1)开环控制(见图 2-2)

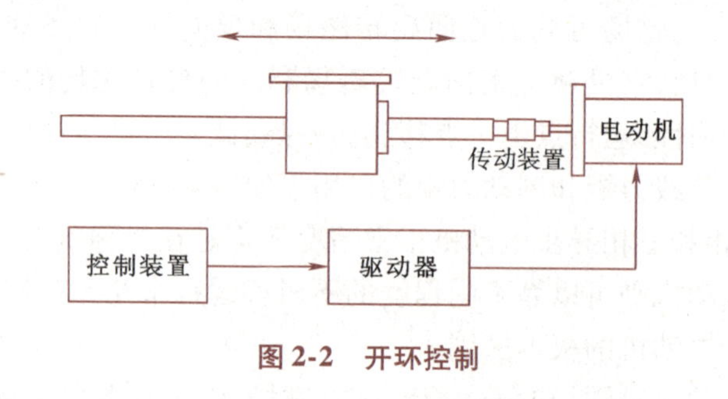

图 2-2　开环控制

(2)半闭环控制(见图 2-3)

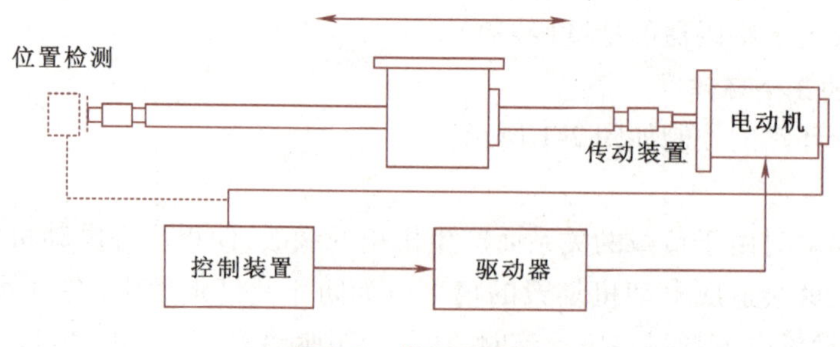

图 2-3　半闭环控制

(3)闭环控制(见图2-4)

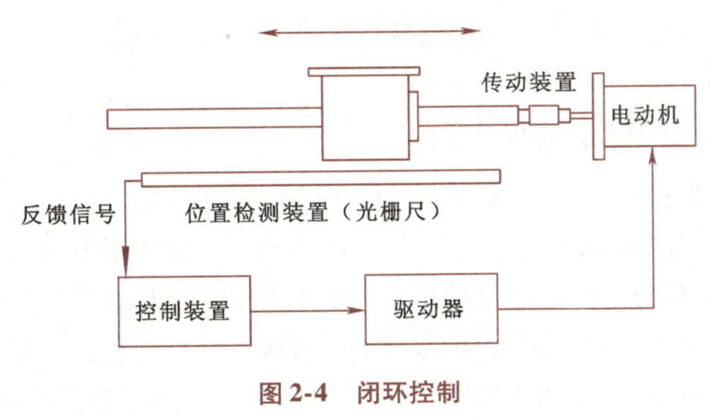

图2-4　闭环控制

3. 控制模式(见图2-5)

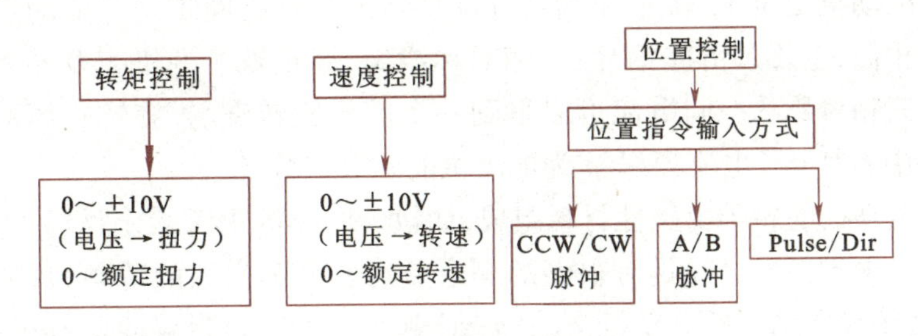

图2-5　伺服电动机的控制模式

(1)转矩控制

转矩控制方式是通过外部模拟量的输入或直接的地址的赋值来设置电动机轴对外的输出转矩的大小,具体表现为,例如10 V对应5 N · m,当外部模拟量设置为5 V时,电动机轴输出为2.5 N · m。当电动机轴负载低于2.5 N · m时,电动机正转;等于2.5 N · m时,电动机不转,大于2.5 N · m时,电动机反转(通常在有重力负载情况下产生)。可以通过即时改变模拟量的设置来改变设置的力矩大小,也可以通过通信方式改变对应的地址的数据来实现。转矩控制主要应用于对材质的受力有严格要求的场合,例如,绕线装置、拉光纤设备等。转矩的设置要根据缠绕的半径的变化随时更改,以确保材质的受力不会随着缠绕半径的变化而改变。

(2)速度控制

通过模拟量的输入或脉冲的频率都可以进行转动速度的控制,在有上位控制装置的外环PID控制时,速度模式也可以进行定位,但必须把电动机的位置信号或直接负载的位置信号给上位反馈以做运算用。

(3)位置控制

位置控制主要通过外部脉冲的频率确定转动速度的大小,通过外部脉冲的个数来确定转动角度,也有些伺服可以通过通信方式直接对速度和位移进行赋值。由于位置控制可以对速度和位置都有很严格的控制,所以一般应用于定位装置。多应用于数控机床、印刷机械等。

2.2 永磁同步伺服电动机

2.2.1 永磁同步伺服电动机的结构与分类

永磁同步电动机分类比较多,按工作主磁场方向的不同,可分为径向磁场式和轴向磁场式;按电枢绕组位置的不同,可分为内转子式(常规式)和外转子式;按转子上有无启动绕组,可分为无启动绕组的电动机(常称为调速永磁同步电动机)和有启动绕组的电动机(常称为异步启动永磁同步电动机);按供电电流波形的不同,可分为矩形波永磁同步电动机和正弦波永磁同步电动机(简称为永磁同步电动机)。异步启动永磁同步电动机用于频率可调的传动系统时,形成一台具有阻尼(启动)绕组的调速永磁同步电动机。

永磁同步伺服电动机由定子、转子和端盖等部件组成。永磁同步伺服电动机的定子与异步伺服电动机定子结构相似,主要是由硅钢片、三相对称绕组、固定铁芯的机壳及端盖部分组成。对其三相对称绕组输入三相对称的空间电流可以得到一个圆形旋转磁场,旋转磁场的转速称为同步转速,即 $n=60f/p$,其中 f 为定子电流频率,p 为电动机的磁极对数。

永磁同步伺服电动机的转子由磁性材料组成,如钕、铁、硼等永磁稀土材料,不再需要额外的直流励磁电路。这样的永磁稀土材料具有很高的剩余磁通密度和很大的矫顽力,加上它的磁导率与空气磁导率相仿,对于径向结构的电动机交轴(q 轴)和直轴(d 轴)磁路磁阻都很大,可以在很大程度上减少电枢反应。永磁同步电动机转子按其形状可以分为两类:凸极式永磁同步电动机转子和隐极式永磁同步电动机转子,如图 2-6 所示。凸极式转子将永久磁铁安装在转子轴的表面,因为永磁材料的磁导率很接近空气磁导率,所以在交轴和直轴上的电感基本相同。隐极式转子则是将永久磁铁嵌入转子轴的内部,因此交轴电感大于直轴电感,且除了电磁转矩外,还存在磁阻转矩。

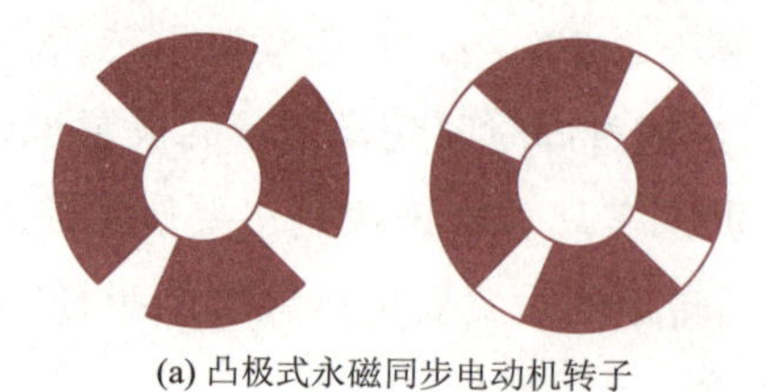

(a) 凸极式永磁同步电动机转子

(b) 隐极式永磁同步电动机转子

图 2-6　永磁同步电动机转子类型

为了使得永磁同步伺服电动机具有正弦波感应电动势波形,其转子磁钢形状呈现抛物线状,使其气隙中产生的磁通密度尽量呈正弦分布。定子电枢采用短距分布式绕组,能最大限度地消除谐波磁动势。

转子磁路结构是永磁同步伺服电动机与其他电动机最主要的区别。转子磁路结构不同,电动机的运行性能、控制系统、制造工艺和适用场合也不同。按照永磁体在转子上位置的不同,永磁同步伺服电动机的转子磁路结构一般可分为表面式、内置式和爪极式。

表面式转子磁路结构中,永磁体通常呈瓦片形,并位于转子铁芯的外表面,永磁体提供磁通的方向为径向,且永磁体外表面与定子铁芯内圆之间一般仅套上一个起保护作用的非磁性圆筒,或者在永磁磁极表面包以无纬玻璃丝带做保护层。有的调速永磁同步电动机的永磁磁极用许多矩形小条拼装成瓦片形，能降低电动机的制造成本。

表面式转子磁路结构又分为凸出式和插入式两种，如图 2-7 所示。对采用稀土永磁的电动机来说，永磁材料的相对恢复磁导率接近 1，所以表面凸出式转子在电磁性能上属于隐极转子结构；而在表面插入式转子的相邻两永磁磁极间有着磁导率很大的铁磁材料，故在电磁性能上属于凸极转子结构。

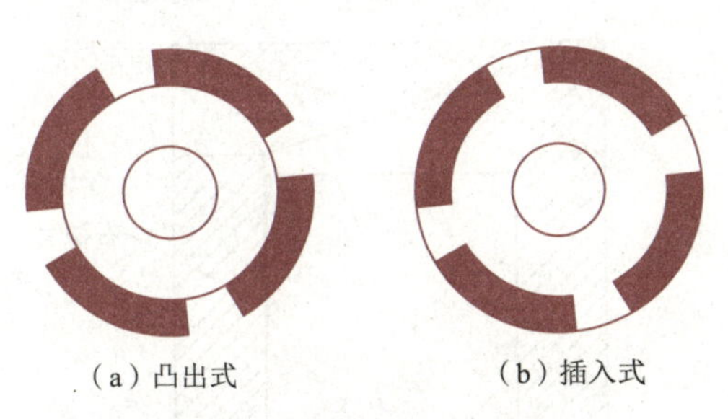

图 2-7　表面式转子磁路结构

表面式转子磁路结构的制造工艺简单、成本低，应用较为广泛，尤其适于矩形波永磁同步电动机。但因转子表面无法安放启动绕组，无异步启动能力，故不能用于异步启动永磁同步电动机。

1. 内置式转子磁路结构

这类结构的永磁体位于转子内部，永磁体外表面与定子铁芯内圆之间有铁物质支撑的极靴，极靴中可以放置铸铝笼或铜条笼，起阻尼或启动作用，动稳态性能好，广泛用于要求异步启动能力或动态性能高的永磁同步电动机。内置式转体内的永磁体受到极靴的保护，其转子磁路结构的不对称性所产生的磁阻转矩有助于提高电动机的过载能力和功率密度，而且易于“弱磁”扩速。按永磁体磁化方向与转子旋转方向的相互关系，内置式转子磁路结构又可分为径向式、切向式和混合式 3 种。

（1）径向式

这类结构的优点是漏磁系数小、轴上不需要采取隔磁措施，极弧系数易于控制，转子冲片机机械强度高，安装永磁体后转子不易变形。

（2）切向式

漏极系数较大，并且需要采用相应的隔离措施，电动机的制造工艺和制造成本较径向式结构有所增加。其优点在于一个极距下的磁通由相邻两个磁极并联提供，可得到更大的每极磁通，尤其当电动机极数较多、径向式结构不能提供每极磁通时，这种结构的优势更加突出。此外，采用切向式转子结构的永磁同步电动机磁阻转矩在电动机总电磁转矩中的比例可达 40%，这对充分利用磁阻转矩、提高电动机功率密度和扩展电动机的恒功率运行范围很有利。

（3）混合式

混合式集中了径向式和切向式转子结构的优点，但其结构和制造工艺复杂，制造成本也比较高。混合式转子磁路结构，需要采用非磁性轴或隔离铜套，主要应用于采用剩磁密度较低的铁氧体等永磁材料的永磁同步电动机。

2. 爪极式转子磁路结构

爪极式转子结构通常由两个带爪的法兰和一个圆环形的永磁体构成,其结构示意图如图 2-8 所示。左右法兰的爪数相同,且两者的爪极互相错开,沿圆周均匀分布,永磁体轴向充磁,因而左右法兰的爪极形成极性相异、相互错开的永磁同步电动机的磁极。爪极式转子结构永磁同步电动机的性能较低,且不具备异步启动能力,但结构与工艺比较简单。

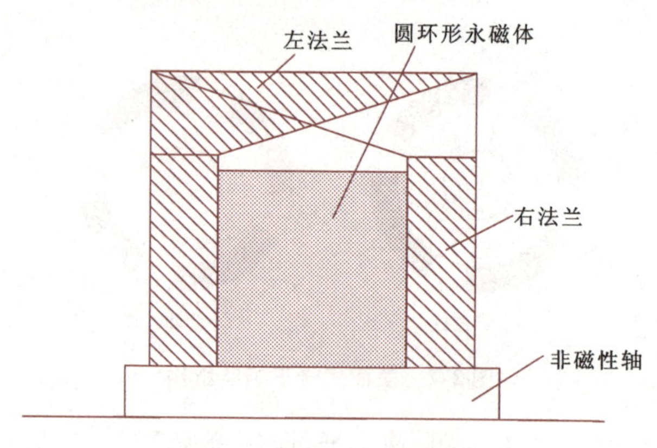

图 2-8 爪极式转子磁路结构

3. 隔离措施

如前所述,为不使电动机中永磁体的漏极系数过大而导致永磁材料利用率较低,应注意各种转子结构的隔离措施。切向式转子结构的隔离措施一般采用非磁性铂或在轴上加隔离铜套,这使得电动机的制造成本增加,制造工艺变得复杂。进入 21 世纪后,研制出了采用空气隔磁加隔磁桥的新技术,并取得了一定的应用效果。但是,当电动机容量较大时,这种结构使得转子的机械强度显得不足,电动机可靠性下降。

2.2.2 永磁同步伺服电动机交流伺服系统

交流伺服电动机由于克服了直流伺服电动机存在电刷与机械换向器带来的各种限制,因此在工厂自动化(FA)中得到了广泛应用。在数控机床、工业机器人等小功率应用场合,转子采用永磁材料的同步伺服电动机获得了比前者更为广泛的应用。这主要是因为现在永磁材料的性能不断提高,价格不断下降,控制相对异步电动机来说也比较简单,容易实现高性能的优良控制。

1. 永磁同步电动机伺服系统

(1)永磁同步伺服电动机

永磁同步伺服电动机主要由转子和定子两大部分组成,如图 2-9 所示。在转子上装有特殊形状的永磁体,用于产生恒定磁场。转子上的永磁材料可以采用铁氧体或稀土永磁材料。高性能而价格适宜的永磁材料,为提高电动机的伺服性能和实用化提供了条件。由于转子上没有励磁绕组,由永磁体产生磁场,因而不需要引入励磁电流,电动机内部发热只取决于电枢电流。在电动机的定子铁芯上绕有三相电枢绕组,接在可控制的变频电源上。在结构上,定子铁芯直接裸露于外界空间,因此散热情况良好,也使电动机易于实现小型化和轻量化。

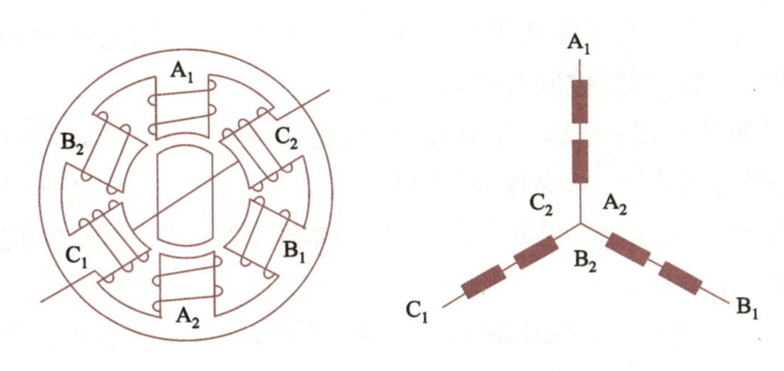

图 2-9　转子和定子

(2)速度和位置传感器

为检测电动机的实际运行速度,通常在电动机轴的非负载端安装速度传感器,如测速电动机。为了进行位置控制同时也装有位置传感器,如光电编码器。对于永磁同步伺服电动机来说,还必须装有转子永磁体的磁极位置检测器,检测出磁极位置,并以此为依据使电枢电流实现正交控制。实际上,检测电动机的转子旋转速度、磁极位置和系统的定位控制这 3 种功能可用一个光电编码器或旋转变压器来完成,至少一个检测器需要完成两种功能。多种功能用一个传感器来实现,可以减小电动机的轴向尺寸,并能简化控制和安装。

(3)功率逆变器和 PWM 生成电路

功率逆变器主要由整流器和逆变器两部分组成。整流器将输入的三相交流电整流成直流电,经过电容器滤波平滑后提供给逆变器作为它的直流输入电压,逆变器的作用是在 PWM(脉冲宽度调制)控制信号的驱动下,将输入的直流电变成电压与频率可调的交流电,输入伺服电动机的电枢绕组中。PWM 回路以一定的频率产生触发功率器件的控制信号,使功率逆变器的输出频率和电压保持协调关系,并使流入电枢绕组中的交流电流保持良好的正弦性。

(4)速度控制器和电流控制器

一般情况下,速度控制器为 PI(比例-积分)控制规律,它的输出为电流指令(直流量)。速度控制器的作用主要是为了能进行稳定的速度控制,以使其在定位时不产生振荡。当然,在伺服控制系统中,为了进行位置控制,要求速度环有快速响应速度指令的能力,并且在稳态时具有良好的特性硬度,对各种扰动具有良好的抑制作用。

电流控制器作为速度环的内环,在入口综合电流指令信号和反馈信号,使电枢绕组中的电流在幅值和相位上都得到有效控制,完成与磁通矢量的正交或弱磁高速控制。电流控制器通常也采用 PI 控制规律,要求它具有更高的快速性,以适应对电流瞬时值跟踪控制的要求。

2. 特点

(1)永磁同步伺服电动机的特点

①功率因数高、效率高。

②结构简单、运行可靠。

③体积小、重量轻、损耗小。

(2)与其他种类的电动机相比

①与直流电动机相比,没有直流电动机的换向器和电刷等。

②与异步电动机相比,由于它不需要无功励磁电流,因而效率高,力矩惯量比大,定子电流和定子电阻损耗减小,且转子参数可测、控制性能好。

③与普通同步电动机相比,它省去了励磁装置,简化了结构,提高了效率,可达到通电励磁电动机所无法比拟的高性能(如特高效、特高速、特高响应速度)。

④与开关磁阻电动机(SR)相比,它没有低速转矩脉动大的问题,早已实现了低速稳定运行,因此适合快速、高精度的控制场合。

⑤与无刷直流永磁同步电动机(BLDCM)相比,它在高精度伺服驱动中更有竞争力。

3. 应用

我国是盛产永磁材料的国家,特别是稀土永磁材料钕、铁、硼资源在我国非常丰富,稀土矿的储藏量为世界其他各国总和的4倍左右。稀土永磁材料和稀土永磁电动机的科研水平都达到了国际先进水平。因此,对我国来说,永磁同步电动机有很好的应用前景。充分发挥我国稀土资源丰富的优势,大力研究和推广应用以稀土永磁电动机为代表的各种永磁电动机,对实现我国社会主义现代化具有重要的理论意义和实用价值。

随着永磁体性能的提高和价格的下降,以及由永磁取代绕线式转子中的励磁绕组所带来的一系列优点(如转子无发热问题、控制系统简单、具有较高的运行效率和较高的运行速度等),永磁同步伺服电动机在数控机床、机器人等小功率应用场合,已获得了广泛应用。

随着永磁材料性能的不断提高和完善,特别是钕、铁、硼永磁的热稳定性和耐腐蚀性的改善和价格的逐步降低,以及电力电子器件的进一步发展,加上永磁电动机研究开发经验的逐步成熟,永磁电动机在国防、工农业生产和日常生活等方面获得越来越广泛的应用,正向大功率化(高转速、高转矩)、高功能化和微型化方向发展。目前,稀土永磁电动机的单台容量已超过1 000 kW,最高转速已超过300 000 r/min,最低转速低于0.01 r/min,最小电动机的外径只有0.8 mm,长1.2 mm。

2.3 测量系统基本原理

人类处在一个广大的物质世界中,面对着众多的测量对象和测量任务,被测的量千差万别,种类各异。但随着被测的物理量随时间变化的特性,可总体分为静态量和动态量。静态量是指那些静止的或缓慢变化的物理量,对这些物体的测量称为静态测量;动态量是指随时间快速变化的物理量,对这类物理量的测量称为动态测量。本书的主要研究对象为运动物体,并且是运动量的动态测量,需要相应的动态测量理论、方法和元器件。

一个测量或测试系统总体上可用图2-10所示的原理框图来描述。

图2-10 测量系统原理框图

若以信息流的过程来划分,现代检测系统的各个组成可分为:信息的获取部分(敏感元件或传感器)、信息转换单元、信息传输与通信单元(通信)、信息处理与控制单元。它们之间的关系如

图2-11所示。

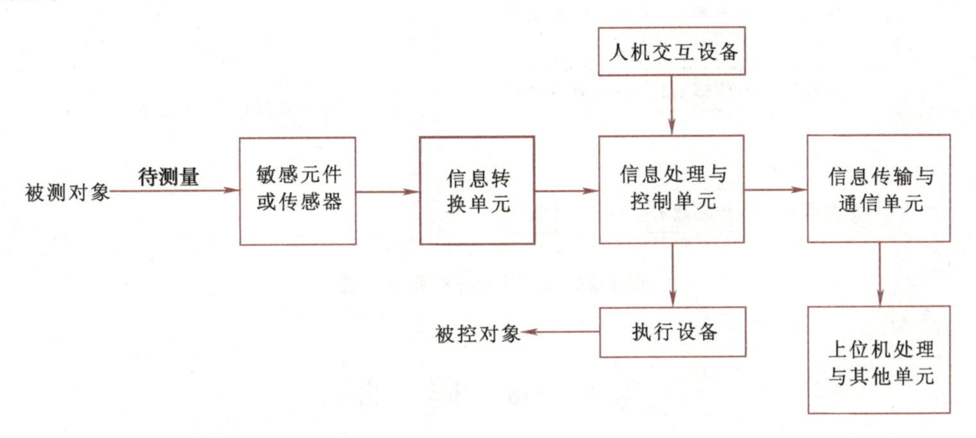

图2-11　检测系统的结构示意图

在上述测试系统中,用来获取信息的敏感元件或传感器是第一个环节,对于运动控制系统而言,它就是一个把待测量(位移、速度、加速度、力等)变换成某种电信号的装置。传感器能否获取信息和获取的信息是否正确,关系到整个测量或整个控制系统的成败与精度。如果传感器的误差很大,其后测量电路、放大器、指示仪和执行器的密度再高、可靠性再好,也将难以提高整个系统的性能和精度。

在图2-11所示的系统中,检测系统为了完成所需求的功能,需要将传感器输出的信号做进一步转换,即变换成适合于测量并且要求它应当保存着原始信号中所包含的全部信息,完成这样功能的环节称为信息转换单元。在此单元中,把从传感器来的信号滤波、放大、进行电平调节和量化。从传感器来的信号往往很微弱并常常混有有害的噪声,如果这些噪声处于有用信号之外,则可以考虑用模拟滤波器予以清除,从而提高信噪比;如果噪声是与信号频谱交叠的弱信号,可以考虑用相干检测或取样积分的方法等提取有用信息。

信息处理与控制单元是检测系统的核心,现代检测的标志是自动化和智能化。现代检测系统用计算机完成数据处理,可以实现误差分析以提高系统的性能,进行自动补偿、自动校准、自诊断;并通过信号处理实现快速算法、数字滤波、信号卷积、相关分析、频谱分析、传递函数计算、图像处理或进一步的分析、推理、判断等。这不仅大大减少了测量过程中各种误差的影响,提高了精度,而且信号处理功能的实现也扩展了测量系统的功能的测量范围,进一步发展可能达到具有自学习、理解、分析推理、判断和决策的能力。

随着微电子技术的发展,将传感器与信号调理电路集成为一体化的芯片已经出现。

信息获取单元(传感器)、信号调理与A/D转换单元、信息处理单元(计算机)的实现形式,如图2-12所示。当检测信号量大或检测的种类多、范围大时,则需要将多个这种基本形式连接起来,并要求实现信息的传输、集中和共享,此任务由通信单元完成。

通信部分完成测量装置间或测量装置与其他环节间的信息传输,追求快速性和有效性,并包括物理实体的接口、传输线或其他介质及通信规律等。通信接口有串行和并行之分,也有同步和异步之别,由传输信息的要求和装置间的具体条件来确定。

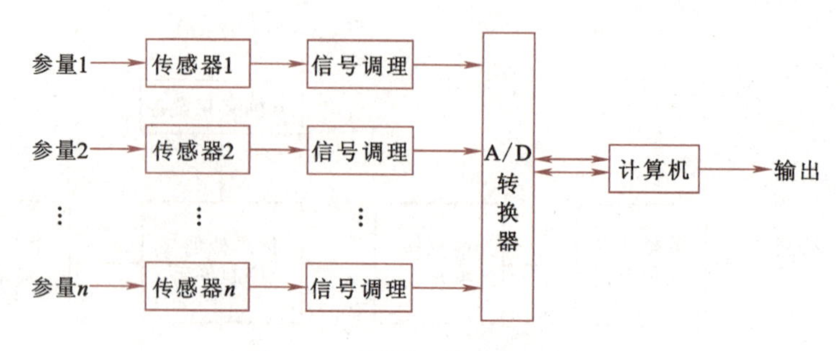

图 2-12　检测系统的基本形成

2.4　编　码　器

为了达到伺服的目的,在电动机输出轴同轴装上编码器。电动机与编码器为同轴旋转,电动机转一圈编码器也转一圈;转动的同时将编码器信号送回驱动器,驱动器根据编码信号判断伺服电动机转向、转速、位置是否正确,据此调整驱动器输出电源频率及电流大小。也可采用 SOLVE(角传感器)元件,但其目的相同,对用户而言基本没有什么差异。从物理介质的不同来分,伺服电动机可分为光电编码器和磁电编码器,另外旋转变压器也算一种特殊的伺服编码器,市场上应用最广泛的是光电编码器。

2.4.1　编码器原理

伺服编码器的基本功能与普通编码器是一样的,例如增量型的有 A+、A-、B+、B-、Z+、Z-等信号。除此之外,伺服编码器还有着与普通编码器不同的地方,那就是伺服电动机多数为同步电动机,同步电动机启动时需要转子的磁极位置,这样才能够大力矩启动伺服电动机,这就需要另外配几路信号来检测转子的当前位置,如增量型的就有 UVW 等信号。正因为有了这几路检测转子位置的信号,伺服编码器显得有点复杂,以至于一般人弄不懂它的道理,加上有些厂家故意遮掩一些信号,相关的资料不齐全,就更加增添了伺服电动机编码器的神秘色彩。

由于 A、B 两相相差 90°,可通过比较 A 相在前还是 B 相在前,以判别编码器的正转和反转,通过零位脉冲,可获得编码器的零位参考位。

编码器码盘的材料有玻璃、金属、塑料,玻璃码盘是在玻璃上沉积很薄的刻线,其热稳定性好,精度高;金属码盘有通和不通刻线,不易碎,但由于金属有一定的厚度,精度就有限制,其热稳定性就要比玻璃的差一个数量级;塑料码盘比较经济,其成本低,但精度、热稳定性、寿命均要差一些。

分辨率指编码器以每旋转 360°提供通或暗(不通)刻线,也称解析分度或直接称多少线,一般在每转分度 5~10 000 线。

2.4.2　输出信号

输出信号有以下几种方式:

①OC 输出:就是平常说的晶体管输出,连接需要考虑输入阻抗和电路回路问题。

②电压输出：其实也是 OC 输出的一种格式，不过内置了有源电路。

③推挽输出：接口连接方便，不用考虑 NPN 和 PNP 问题。

④差动输出：抗干扰好，传输距离远，大部分伺服编码器采用这种输出。

2.4.3　分　　类

增量编码除了普通编码器的 A、B、Z 信号外，增量型伺服编码器还有 U、V、W 信号，国产和早期的进口伺服电动机大都采用这样的形式，线比较多。

增量式编码器在转动时输出脉冲，通过计数设备知道其位置，当编码器不动或停电时，依靠计数设备的内部记忆记住位置。这样，当停电后，编码器不能有任何移动，当来电工作时，编码器输出脉冲过程中，也不能有干扰而丢失脉冲，否则，计数设备记忆的零点就会偏移，而且这种偏移的量是无人知道的，只有错误的生产结果出现后才能知道。

解决的方法是增加参考点，编码器经过参考点，将参考位置修正进计数设备的记忆位置。在参考点以前，是不能保证位置的准确性的。为此，在工控中就有每次操作先找参考点，开机找零等方法。

例如，打印机扫描仪的定位用的就是增量式编码器原理，每次开机，都能听到噼哩噼啪的一阵响，它在找参考零点，然后才工作。

这样的方法对有些工控项目比较麻烦，甚至不允许开机找零（开机后就要知道准确位置），于是就有了绝对编码器的出现。

绝对型旋转光电编码器，因其每一个位置绝对唯一、抗干扰、无须掉电记忆，已经越来越广泛地应用于各种工业系统中的角度、长度测量和定位控制。

绝对编码器光码盘上有许多道刻线，每道刻线依次有 2 线、4 线、8 线、16 线……编排，这样在编码器的每一个位置，通过读取每道刻线的通、暗，获得一组从 2 的零次方到 2 的 $n-1$ 次方的唯一的二进制编码，就称为 n 位绝对编码器。这样的编码器是由码盘的机械位置决定的，它不受停电、干扰的影响。

绝对编码器由机械位置决定每个位置的唯一性，它无须记忆，无须找参考点，而且不用一直计数，什么时候需要知道位置，就去读取它的位置。这样，大幅提高了编码器的抗干扰特性、数据的可靠性。

由于绝对编码器在定位方面明显优于增量式编码器，已经越来越多地应用于伺服电动机上。绝对型编码器因其高精度，输出位数较多，如仍用并行输出，其每一位输出信号必须确保连接很好，对于较复杂工况还要隔离，连接电缆芯数多，由此带来诸多不便并降低了可靠性。因此，绝对编码器在多位数输出时，一般均选用串行输出或总线型输出。

2.4.4　从单圈绝对式编码器到多圈绝对式编码器

旋转单圈绝对式编码器，在转动中测量光码盘各道刻线，以获取唯一的编码，当转动超过 360°时，编码又回到原点，这样就不符合绝对编码唯一的原则。这样的编码器只能用于旋转范围 360°以内的测量，称为单圈绝对式编码器。如果要测量旋转超过 360°的范围，就要用到多圈绝对式编码器。

编码器生产厂家运用钟表齿轮机械的原理,当中心码盘旋转时,通过齿轮传动另一组码盘(或多组齿轮、多组码盘),在单圈编码的基础上再增加圈数的编码,以扩大编码器的测量范围。这样的绝对编码器就称为多圈式绝对编码器,它同样是由机械位置确定编码,每个位置编码唯一不重复,而无须记忆。

多圈编码器的另一个优点是由于测量范围大,实际使用往往富裕较多,这样在安装时不必要费劲找零点,将某一中间位置作为起始点即可,从而大幅简化了安装调试难度。多圈式绝对编码器在长度定位方面的优势明显,应用比较广泛。

绝对式码盘器是通过读取轴上码盘的图形来表示轴的位置的。码制可选用二进制码、BCD 码或循环格雷码。

1. 二进制码盘

在二进制码盘中,外层为最低位,里层为最高位。从外往里按二进制刻制,轴的位置和数码的对照表见表 2-1。在码盘转动时,可能出现 2 位以上的数字同时改变,导致"粗大误差"的产生。例如,当数据由 0111(十进制 7)变到 1000(十进制 8)时,由于光电管排列不齐或光电管特性不一致,就有可能导致高位偏移,本来是 1000,结果变成了 0000,形成"粗大误差"。为克服这一缺点,在二进制或 BCD 码盘中,除最低位外,其余均由双层光电管组成双读出端,进行"选读"。当最低位由"1"转为"0"时,应当进位,读超前光电管;由"0"转为"1"时,不应进位,则读滞后光电管,这时除最低位外,对应于其他各位的读数不变。

表 2-1 光电编码盘轴位和数码对照表

轴的位置	二进制码	循环码	轴的位置	二进制码	循环码
0	0000	0000	8	1000	1100
1	0001	0001	9	1001	1101
2	0010	0011	10	1010	1111
3	0011	0010	11	1011	1110
4	0100	0110	12	1100	1010
5	0101	0111	13	1101	1011
6	0110	0101	14	1110	1001
7	0111	0100	15	1111	1000

2. 循环格雷码(格雷码盘)

格雷码盘的特点是在相邻两扇面之间有一个码发生变化,因而当读数改变时,只有一个光电管处在交界面上。即使发生读错,也只有最低一位的误差,不会产生"粗大误差"。此外,循环码表示最低的区段宽度要比二进制码盘宽一倍,这也是它的优点。其缺点是不能直接进行二进制算数运算,在运行前必须先通过逻辑电路转换成二进制编码。循环码如图 2-13 所示,轴位和数码的对照表也列于表 2-1 中。

光电编码盘的分辨率为 $360°/N$,对于增量式码盘,N 是旋转一周的计数总和。对于绝对式码盘 $N=2^n$,n 是输出字的位数。粗精结合码盘分辨率已能达到 $1/2^{20}$,如果码盘制造非常精确,则编码精度可达到量化误差。可见,光电编码盘用作位置检测时可以大幅提高测量精度。

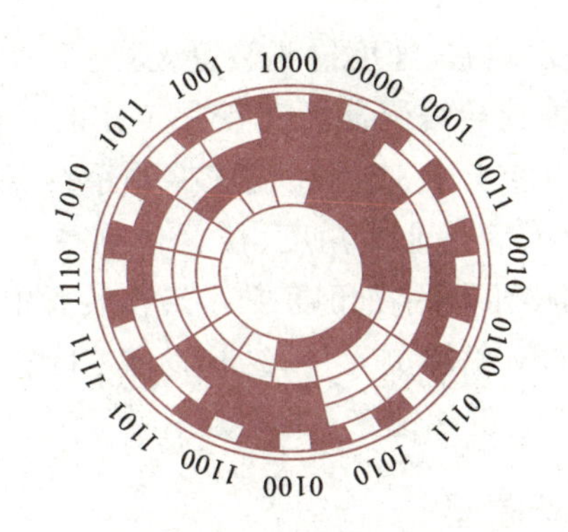

图 2-13　绝对式光电编码器循环编码盘

3. BCD 码

BCD 码(binary-coded decimal)用 4 位二进制数来表示 1 位十进制数中的 0 ~ 9 这 10 个数码,是一种二进制的数字编码形式,用二进制编码的十进制代码。使用比较多的编码方式是采用 8421 的编码,4 位的权值分别为 8、4、2、1,故称为有权 BCD 码。同 4 位自然二进制码不同的是,它只选用了 4 位二进制码中前 10 组代码,即用 0000 ~ 1001 分别代表它所对应的十进制数,余下的六组代码不用。

BCD 码这种编码形式利用了 4 个位来存储一个十进制的数码,使二进制和十进制之间的转换得以快捷进行。这种编码技巧最常用于会计系统的设计中,因为会计制度经常需要对很长的数字串做准确的计算。相对于一般的浮点式计数法,采用 BCD 码,既可保存数值的精确度,又可免去使计算机做浮点运算时所耗费的时间。此外,对于其他需要高精确度的计算,BCD 编码也很常用。

2.5　旋转变压器

旋转变压器(rotational transformer 或 resolve)又称同步分解器,是一种电磁式传感器,是一种精密的测位用的机电元件,其输出电信号与转子转角成某种函数关系。旋转变压器也是一种测量角度用的小型交流电动机,属自动控制系统中的精密感应式微电动机中的一种,主要用来测量旋转物体的转轴角位移和角速度,外形如图 2-14 所示。

图 2-14　旋转变压器

旋转变压器是一种精密的角度、位置、速度检测装置,适用于所有使用旋转变压器的场合,特别是高温、严寒、潮湿、高速、高振动等旋转编码器无法正常工作的场合。因此,旋转变压器凭借自身具有的特点,可完全替代光电编码器,广泛应用在伺服控制系统、机器人系统、机械工具、汽车、电力、冶金、纺织、电子、轻工、航空航天等行业的角度、位置检测系统中。也可用于坐标变换、三角运算和角度数据传输,以及作为两相移相器用在角度-数字转换装置中。

旋转变压器作为一种最常用的转角检测元件,结构简单,工作可靠,且其精度能满足一般的检测要求,广泛应用在各类数控机床上,例如镗床及回转工作台。

2.5.1 旋转变压器的分类和工作原理

旋转变压器由定子和转子组成,其中定子绕组作为变压器的一次侧(原边),接收励磁电压,励磁频率通常为400 Hz、3 000 Hz及5 000 Hz等。转子绕组作为变压器的二次侧(副边),通过电磁耦合得到感应电压。

旋转变压器是一种输出电压随转子转角变化的信号元件。当励磁绕组以一定频率的交流电激励时,输出绕组的电压大小及相位可与转角成正余弦函数、线性关系,采用不同的结构或在一定的范围内可以成其他各种函数的关系。例如,制成圆函数、锯齿波函数等特种用途的旋转编码器。为了获得这些函数关系,通常使定子、转子具有一个最佳的匝数比和对定子绕组、转子绕组采用不同的连接方式来实现。

按输出电压和转子转角间的函数关系不同,旋转变压器主要可分为正余弦旋转变压器(代号为XZ)、线性旋转变压器(代号为XX)、比例式旋转变压器(代号为XL)、矢量旋转变压器(代号为XS)及特殊函数旋转变压器等。其中,正余弦旋转变压器当定子绕组外加相电流励磁时其输出电压与转子转角成正余弦函数关系;线性旋转变压器的输出电压在一定转角范围内与转角成正比,线性旋转变压器按转子结构又分成瘾极式和凸极式两种;比例式旋转变压器则在结构上增加了一个固定转子位置的装置,其输出电压也与转子转角成比例关系。

按旋转变压器在系统中的用途可分为解算用旋转变压器和数据传输用旋转变压器。解算用旋转变压器在解算装置中可作为函数的解算之用,实现坐标变换、三角运算,故也称为解算器。数据传输用旋转变压器在同步随动系统及数字随动系统中可用于传递转角或电信号实现远距离测量、传输或再现一个角度。根据数据传输用旋转变压器在系统中的具体用途,又可分为旋变发送机(代号为XF)、旋转差动发送机(代号XC)、旋转变压器(又名旋转接收器,代号为XB)。

若按电动机极数的多少来分,常见的旋转变压器一般有两级绕组和四级绕组两种结构形式。两极绕组旋转变压器的定子和转子各有一对磁极,四极绕组则有两对磁极,主要用于高精度的检测系统。除此之外,还有多极式旋转变压器,用于高精度绝对式检测系统。

若按有无电刷与滑动接触来分类,旋转变压器可分为接触式和无接触式两大类,如图2-15、图2-16所示。其中,无接触式旋转变压器,无电刷和滑环的滑动接触,运行可靠,抗振动,适应恶劣环境。

旋转变压器的工作原理和一般变压器基本相似,从物理本质上来看,旋转变压器可以看成是一种能转动的变压器。区别是普通变压器的一次、二次侧绕组耦合位置固定,所以输出电压和输入电压之比是常数,而旋转变压器的一次、二次侧绕组分别放置在定子和转子上。由于一次侧绕组、二次侧绕组间的电磁耦合程度将发生变化，电磁耦合程度与转子的转角呈线性关系。

图 2-15　接触式旋转变压器

图 2-16　无接触式旋转变压器

旋转变压器的结构与绕线式异步电动机相似，定转子均由冲有齿和槽的电工钢片叠成，为了获得良好的电气对称性，以提高旋转变压器的精度，一般都设计成隐极式，定子、转子之间的气隙是均匀的。定子和转子槽中各布置两个轴线相互垂直的交流分布绕组。

旋转变压器的结构和工作原理与自整角电动机相似，区别在于旋转变压器定子和转子绕组通常是对称的两相绕组，分别嵌在空间相差 90°电角度的槽中。自整角电动机的定子绕组则是三相对称绕组，转子上布置单相绕组或三相绕组。各种数据传输用旋转变压器在系统中的作用与相应的控制方式自整角电动机在系统中的作用也相同。旋转变压器是精度较高的一类控制电动机，它的精度比自整角电动机还要高，其误差一般小于 0.03%，特殊的应不大于 0.05%。其定子绕组、转子绕组的感应电动势要按转角的正余弦关系变化，以满足输出电压和转角严格成正余弦关系。为此，要通过对绕组进行特殊的试验以及对整个电动机精密的加工才能达到上述要求。

对于线性旋转变压器，因为其工作转角有限，转子并非连续旋转而是仅转过一定角度，所以一般可用软导线直接将转子绕组引线固定到接线板上，即对于线性旋转变压器，可以省去滑环和电刷装置，结构简单。

旋转变压器的发展主要是满足数字化的要求，应用数字转换器件对旋转变压器输出互为正余弦关系的模拟信号进行采样，将其转换成数字信号，以便于各种微处理器进行处理。目前多用单片机控制，其目的是完成旋转变压器的数字化角度和长度测量显示，并达到比较高的精度水平。

2.5.2　正余弦旋转变压器

旋转变压器是由定子、转子两部分组成的。每一部分又有自己的电磁部分和机械部分，总的来说，它和两相绕线式异步电动机的结构更为相似，下面将对正余弦旋转变压器的典型结构和工作原理进行分析。

1. 正余弦旋转变压器的结构

为了使气隙磁通密度分布呈现正弦规律，获得在磁耦合和电气上的良好对称性，从而提高旋转变压器的精度，旋转变压器大多设计成两极隐极式的定子、转子的结构和定子、转子对称两套绕组。电磁部分仍由可导电的绕组和能导磁的铁芯组成，旋转变压器的定子、转子铁芯是采用导磁性能良好的硅钢片薄板冲成的槽状芯片叠装而成。为了提高精度，通常采用铁镍软磁合金或高硅电工钢等高磁导率材料，并采用频率为400 Hz的励磁电源。在定子铁芯的内周和转子铁芯外周上都冲有一定数量规格均匀的槽，里面分别放置两套空间轴线互相垂直的绕组，以便在运行时可以得到一次侧或二次侧补偿。

旋转变压器定子绕组和转子绕组都安装两套在空间互差90°电度角、结构上完全相同的对称分布绕组，且导线截面、接线方式、绕组匝数都相同。定子上两套绕组分别称为定子励磁绕组（其引线端为 D_1-D_2）和定子交轴绕组（又称补偿绕组，其引线端为 D_3-D_4）。

在结构上，旋转变压器定子、转子基本和自整角电动机一样，定子绕组通过固定在壳体上的接线柱直接引出。注意，定子和转子之间的空气隙是均匀的。气隙磁场一般为两级，定子铁芯外圆和机壳内圆过盈配合，机壳、端盖等部件起支撑作用，是旋转电动机的机械部分。

无集电环的旋转变压器称为无接触式旋转变压器，也称无刷式旋转变压器。其结构分为两大部分，即旋转变压器本体和附加变压器。附加变压器的一次、二次侧铁芯及其线圈均成环形，分别固定于转子轴和壳体上，经向留有一定的间隙。旋转变压器本体的转子绕组与附加变压器一次侧线圈连接在一起，在附加变压器一次侧线圈中的电信号，即转子绕组中的电信号，通过电磁耦合，经附加变压器二次侧线圈间接送出去。这种结构没有接触摩擦，避免了电刷与滑环之间的不良接触造成的影响，提高了旋转变压器的可靠性及使用寿命，避免了电刷与滑环之间的不良接触造成的影响，提高了旋转变压器的可靠性及使用寿命，但其体积、质量、成本均有所增加。若无特别说明，通常是指接触式，即有集电极旋转变压器。

2. 正余弦旋转变压器的工作原理

旋转变压器是一个能够转动的变压器，其定子绕组相当于普通变压器的一次侧线圈（励磁线圈），转子绕组相当于普通的变压器的二次侧线圈。在各定子绕组加上交流电压后，转子绕组中由于交链磁通的变化产生感应电压，感应电压和励磁电压之间相关联的耦合系数随转子的转角而改变。因此，根据测得的输出电压，就可以知道转子转角的大小。可以认为，旋转变压器是由随转角而改变且具有一定耦合系数的两个变压器构成的。可见，转子绕组输出电压幅值与励磁电压的幅值成正比，对励磁电压的相位移等于转子的转动角度，检测出相位，即可测出角位移。

但旋转变压器又区别于普通变压器，其区别在于第一侧（定子）、二次侧（转子）间有气隙，旋转变压器的二次侧线圈（输出线圈）可随转子的转动而改变其与定子线圈的相对位置，从而导致一次侧、二次侧线圈间的互感发生变化。

2.5.3 线性旋转变压器

1. 线性旋转变压器的结构

线性旋转变压器的结构与正余弦旋转变压器的结构基本上一致，主要由定子、转子组成，绕组的形式也完全一样，定子、转子都由两相对称分布绕组组成，所不同的是转子、定子匝数比有一定的要求，且接线有所不同。

正余弦旋转变压器的输出电压与转角 α 成正余弦函数关系，但在某些情况下，要求旋转变压器

输出电压在一定的范围内与转角 α 呈线性关系，即

$$U_S = K_S\alpha \tag{2-1}$$

式中，U_S 为线性旋转变压器的输出电压；K_S 为比例系数；α 为相对于初始状态的转角。

当角度 α 很小时，$\sin\alpha$ 和 α 近似相等，即 $\sin\alpha \approx \alpha$。因此，在转角很小时，正弦旋转变压器可以作为线性旋转变压器使用。当转角 α 小于 4.5°时，输出电压相对于线性函数的偏差小于 0.1%，当转角 α 小于 14°时，输出电压相对于线性函数的偏差小于 1%。

当要求在更大的范围内得到线性函数输出的电压时，简单地用正弦旋转变压器就不能满足了。这时就需要将旋转变压器的接线做相应的改变，使之得到如下输出电压：

$$U_S = \frac{U_f K_e \sin\alpha}{1 + K_e \cos\alpha} \tag{2-2}$$

式中，当输出电压 $K_e = 0.5$ 时，α 在 ±37.4°的范围内，K_e 和转角 α 之间可保持线性关系。与理想的线性关系相比较，在 α 在 ±37.4°的范围内，其误差不会超过 0.1%，当 $K_e = 0.52$ 时，则线性误差不超过 0.1% 的范围可以扩大到 α 在 ±60°的范围内，U_f 为励磁电压。

2. 线性旋转变压器的工作原理

将正弦、余弦旋转变压器的定子和转子绕组进行改接，就可变成线性旋转变压器。线性旋转变压器输出绕组的输出电压与转子转角呈线性关系，如图 2-17 所示。

若不计 D_1-D_2 和 Z_1-Z_2 绕组的漏阻抗压降，根据电动势平衡关系可得

$$U_f = E_f + K_u E_f \cos\alpha = E_f(1 + K_u \cos\alpha) \tag{2-3}$$

空载时因输出绕组的电压为

$$U_{r10} = E_{Z_1} = K_u E_f \sin\alpha \tag{2-4}$$

式中，K_u 为变压比；E_{Z_1} 为 Z_1 的电动势；E_f 为输出端电动势。

所以旋转变压器输出绕组的电压为

$$U_{r10} = \frac{K_u \sin\alpha}{1 + K_u \cos\alpha} U_f \tag{2-5}$$

根据式(2-5)，可绘制出输出电压与转子转角 α 的关系曲线，如图 2-18 所示。从图 2-18 中可以看出，在转角较小时，即 α 在 ±60°范围内其输出电压可以看成是随转角的线性函数。

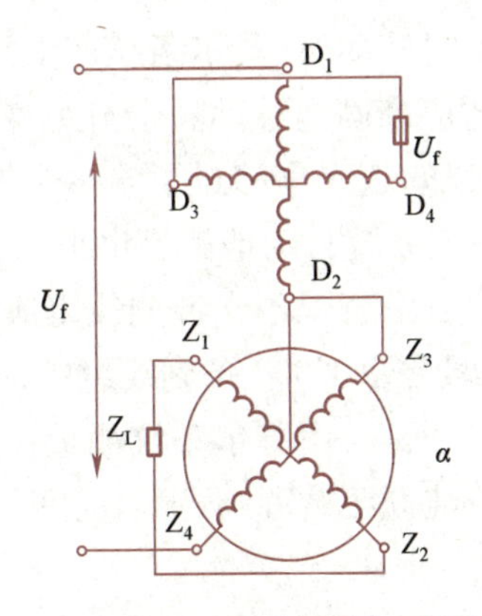

图 2-17　线性旋转变压器工作原理

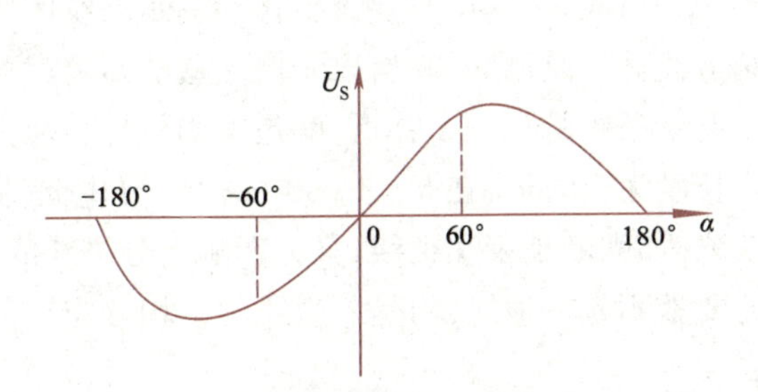

图 2-18　线性旋转变压器的输出特性

2.6 光 栅 尺

将光源、两块长光栅(动尺和定尺)、光电检测器件等组合在一起构成的光栅传感器通常称为光栅尺。光栅尺输出的是电信号,动尺移动一个栅距,输出电信号便变化一个周期,它是通过对信号变化周期的测量来测出动尺与定尺的相对位移。

计量光栅有长光栅和圆光栅两种,是数控机床和数显系统常用的检测元件,具有精度高、响应速度较快等优点。

光栅位置检测装置由光源、透镜、两块光栅(标尺光栅、指示光栅)和光电元件等组成,如图 2-19 所示。

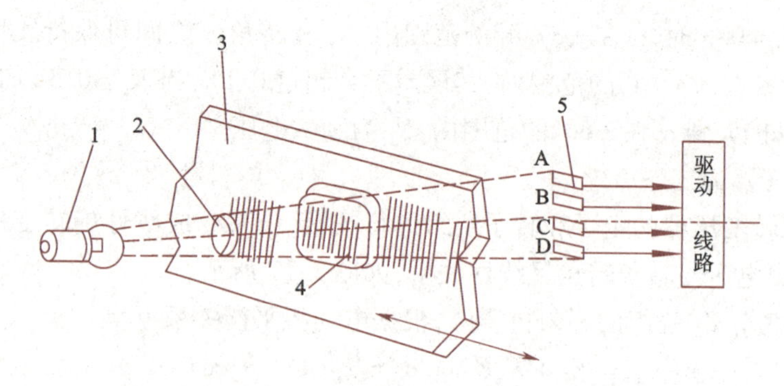

1—光源;2—透镜;3—标尺光栅;4—指示光栅;5—光电元件。

图 2-19 光栅位置检测装置的组成

光栅就是在一块长方形的光学玻璃上均匀地刻上很多和运动方向垂直的线条。线条之间的距离(称为栅距)可以根据所需的精度决定,一般是每毫米刻 50、100、200 条线。

如果将指示光栅在其自身的平面内转过一个很小的角度 θ,这样两块光栅的刻线相交,则在相交处出现黑色条纹,称为莫尔条纹。由于两块光栅的刻线相等,即栅距 w 相等,而产生的莫尔条纹的方向和光栅刻线方向大致垂直,其几何关系如图 2-20 所示。当 θ 很小时,莫尔条纹的节距 W $W = w/\theta$。

这表明莫尔条纹的节距是光栅栅距的 $1/\theta$ 倍,当标尺光栅移动时,莫尔条纹就沿垂直于光栅的移动的方向移动。当光栅移动一个栅距 w 时,莫尔条纹就相应准确地移动一个节距 W,也就是说两者要一一对应。所以,只要读出移动莫尔条纹的数目,就可以知道光栅移过了多少个栅距。而栅距在制造光栅时是已知的,所以光栅的移动距离就可以通过电气系统自动地测量出来。

莫尔条纹的另一个特点,就是平均效应。因为莫尔条纹是由若干条光栅刻线组成,若光电元件接收长度为 10 mm,在 $w = 1\ 000$ mm 时,光电元件接收的信号是由 1 000 条刻线组成,如果是制造上的缺陷,如间断地少几根线,只会影响千分之几的光电效果。所以,用莫尔条纹测量长度,决定其精度的要素不是一根线,而是一组线的平均效应。其精度比单纯栅距精度高,尤其是重复精度有显著提高。

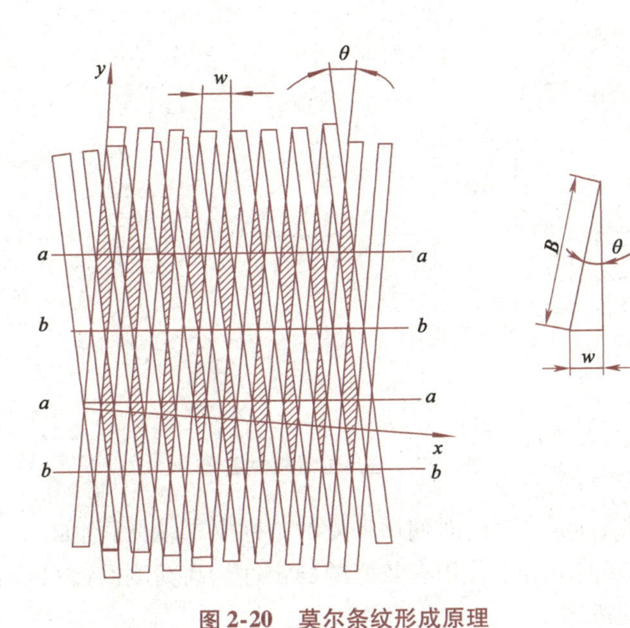

图 2-20　莫尔条纹形成原理

常用的检测装置有两种:图 2-21 所示为透射式光栅检测装置,图 2-22 为反射式光栅检测装置。Q 为光源、L 为聚光镜(L_1 和 L_2)、G_1 为主光栅、G_2 为指示光栅、P 为光电管、t 为栅距。

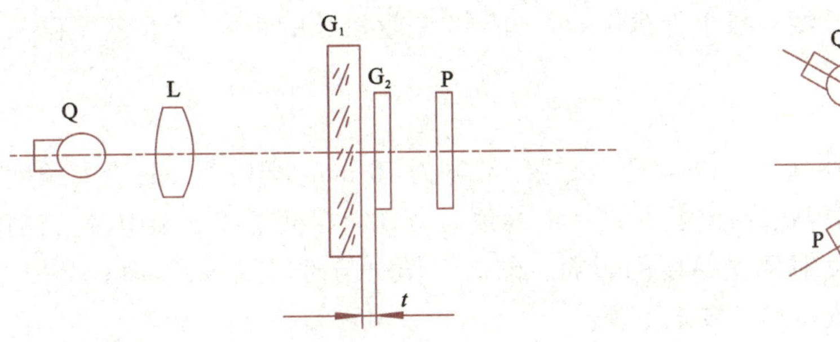

图 2-21　透射式光栅检测装置

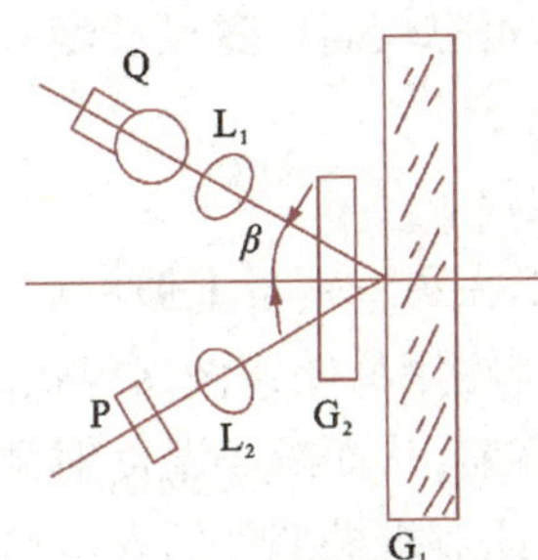

图 2-22　反射式光栅检测装置

2.7　磁　　尺

磁尺位置检测装置是由磁性标尺、磁头和检查电路组成,该装置示意图如图 2-23 所示。磁尺的测量原理类似于磁带的录音原理,是在非导磁的材料如铜、不锈钢、玻璃或其他合金材料的基础上镀一层磁性薄膜(常用 Ni-Co-P 或 Fe-Co 合金)。

测量线位移时,不导磁的物体可以做成尺形(带形);测量角位移时,可做成圆柱形。在测量前,先按标准尺度以一定间隔(一般为 0.05 mm)在磁性薄膜上录制一系列的磁信号。这些磁信号就是一个个按 SN-NS-SN-NS…方向排列的小磁体,这时的磁性薄膜为磁栅,测量时,磁栅随位移而移动(或转动)并用磁头读取(感应)这些移动的磁栅信号,是磁头内的线圈产生感应正弦电动势。对这些电动势的频率进行计数,就可以测量位移。

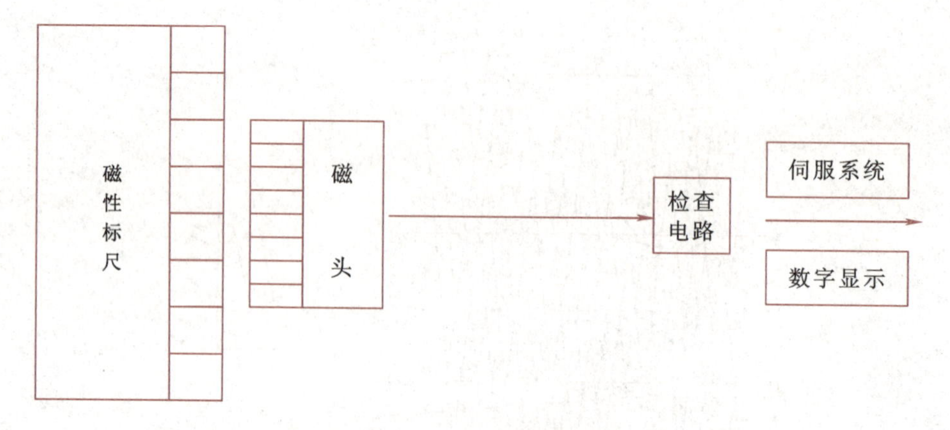

图 2-23　磁尺位置检测装置

磁性标尺制作简单,安装调整方便,对使用环境的条件要求较低,例如,对周围电磁场的抗干扰能力较强,在油污、粉尘较多的场合下使用有较好的稳定性。高精度的磁尺位置检测装置可用于各种测量机、精密机床和数控机床。

1. 磁性标尺(简称磁尺)

(1)平面实体型磁尺

磁头和磁尺之间留有间隙,磁头固定在带有板弹簧的磁头架上。磁尺的刚度和加工精度要求较高,因而成本相应较高。磁尺长度一般小于600 mm,如果要测量较长的距离,可将若干磁尺接长后使用。

(2)带状磁尺

带状磁尺是在磷青铜带上镀一层 Ni-Co-P 合金磁膜,带宽为 70 mm,厚 0.2 mm,最大长度可达 15 m。磁带固定在用低碳钢做的屏蔽壳体内,并以一定的预紧力绷紧在框架或支架中,使其随同框架或机床一起胀缩,从而减小温度对测量精度的影响。磁头工作时与磁尺接触,因而有磨损,允许一定的变形,因此对机械部件的安装精度要求不高。

(3)线状磁尺

线状磁尺是在直径为 2 mm 的青铜丝上镀镍-钴合金或用永磁材料制成。线状磁尺套在磁头中间,与磁头同轴,两者之间具有很小的间隙。磁头是特制的,两磁头轴向相距 $\lambda/4$(λ 为磁化信号的节距)。由于磁尺包围在磁头中间,对周围电磁场起到了屏蔽作用,所以抗干扰能力强、输出信号大,系统检测精度高。但膨胀系数大,所以不宜做得过长,一般小于 1.5 mm。线状磁尺的机械结构可做得很小,通常用于小型精密数控机床。微型量仪或测量机上,其系统精度可达到 ±0.002 mm/300 mm。

(4)圆形磁尺

圆形磁尺的磁头和带状磁尺的磁头相同,不同的是将磁尺做成磁盘或磁鼓形状,主要用来检测角位移。

近年来发明了一种粗刻度磁尺,其磁信号节距为 4 mm,经过 1/4、1/40 或 1/400 的内插细分,其显示值分别为 1、0.1、0.01 mm。这种磁尺制作成本低,调整方便,磁尺与磁头之间为非接触式,因而寿命长,适用于精度要求较低的数控机床。

2. 磁　头

磁头是进行磁-电转换的变换器，把反映空间位置的磁信号转换为电信号输送到检测电路中。普通录音机上的磁头输出电压幅值与磁通变化率成比例，属于速度响应性磁头。根据数控机床的要求，为了在低速运动和静止时也能进行位置检测，必须采用磁通响应性磁头，这种磁头用软磁材料制成二次谐波调制器。

习　题

1. 交流伺服驱动装置在传动领域中有哪些优点？

2. 伺服系统采用位置控制方式时，通过什么来确定转动速度的大小，通过什么来确定转动角度？

3. 在被控对象材质的受力有严格要求的场合下，使用伺服系统时应设置使用哪种模式？

4. 试述永磁同步伺服电动机的特点。

5. 由机械位置决定每个位置的唯一性、无须记忆、无须找参考点的编码器是哪种编码器？

6. 旋转变压器和普通变压器相比，在结构上有什么区别？

第3章 伺服原理与系统

伺服系统是一个动态的随动系统，达到的稳态平衡也是动态的平衡，系统硬件大致由电源单元、功率逆变和保护单元、检测器单元、控制器单元、接口单元等几部分组成，下面介绍主要单元的控制原理。

3.1 交流电的逆变

3.1.1 逆变电路的基本形式

逆变电路是将直流转换为频率可调的交流的电路。根据控制方式的不同，逆变控制主要有"电流控制型""电压控制型""PWM 控制型"3 种，其主要特点见表 3-1。

表 3-1 逆变电路形式与主要特点

控制形式	电流控制型	电压控制型	PWM 控制型
主回路形式	整流 逆变 I_d M 3~	整流 逆变 E_d M 3~	整流 逆变 E_d M 3~
输出电压		E_d	E_d
输出电流	I_d		
整流要求	需要控制直流电流 I_d	需要控制直流电压 E_d	要求直流电压 E_d 恒定
直流母线	需要加滤波电抗器	需要加稳压电容	需要加稳压电容
逆变回路	频率控制	频率控制	频率、电压控制
制动形式	回馈控制	能耗制动	能耗制动
用途	无刷直流电动机控制		永磁同步电动机、感应电动机控制

电流控制型与电压控制型逆变的共同特点：负载电流或电压的调节在整流电路或直流母线的中间电路上实现，逆变环节只是进行频繁的控制。而 PWM（脉冲宽度调制）逆变则可以在逆变电路上同时进行电压调节与频率控制。

电流控制型与电压控制型逆变一般用于交通运输、矿山、冶金等行业的大型变频器，如高速列车、大型轧机等；常用的中小型机电设备控制用的变频器与交流伺服驱动器通常都采用PWM控制型逆变。

为了适应大型变频器的高压、大电流控制要求，电流控制型与电压控制型逆变器的逆变回路通常使用晶闸管；由于PWM控制型逆变器工作频率高，必须使用IGBT（绝缘栅双极型晶体管）等可控关断电子器件。

3.1.2　电流控制型逆变器

电流控制型逆变器的控制框图如图3-1所示。

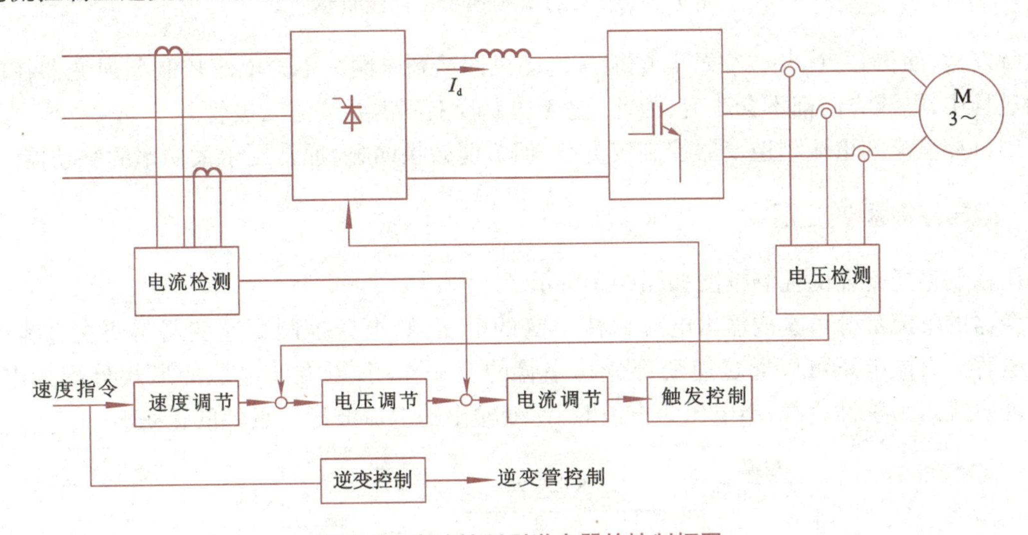

图3-1　电流控制型逆变器的控制框图

电流控制型逆变器需要在直流母线上串联电感量较大的平波电抗器，整流部分可以看成是输出电流幅值保持I_d不变的电流源；电流源的输出通过逆变功率管的开关作用，以方波的形式分配给电动机。

电流控制型逆变器通过调节整流晶闸管触发角调节I_d大小，以实现控制电动机输出转矩的目的，这种逆变控制方式常用于定子电流为方波的大型交流同步电动机（如高速列车）的控制。

由于电动机绕组为感性负载，当电流为方波时，逆变输出的电压波形为近似的正弦波，但在换流的瞬间感性负载电流不能突变，将产生瞬间浪涌电压。为此，在高压、大电流控制的场合，需要在逆变输出回路增加浪涌电压吸收电容器。

为了控制电动机电压，电流型逆变器需要通过对逆变输出电压的检测构成电压闭环控制。电压调节器的输出作为I_d的电流给定，它与来自整流输入的电流反馈比较后，构成电流闭环。电流调节器的输出用来控制整流部分的晶闸管触发角，以改变电流幅值（见图3-1）。

电流型逆变器与其他逆变方式比较，最大的优点是电动机制动能量可以通过控制晶闸管触发角返回电网，实现回馈制动，如图3-2所示。

图3-2中，当系统工作在电动状态时，$U_d > E_d$，电能从电网输送到电动机；当制动时，通过控制晶

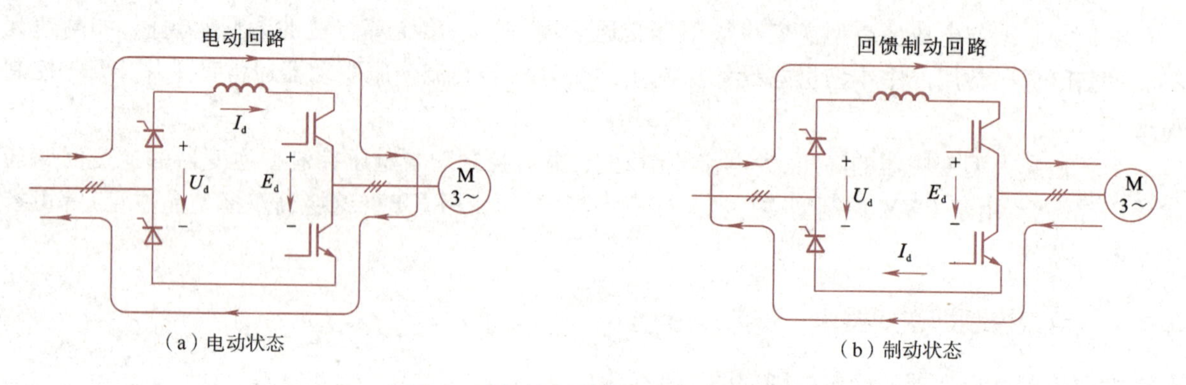

(a) 电动状态
(b) 制动状态

图 3-2　电流控制型逆变器的回馈制动

闸管的触发角,使得$|-U_d|<|-E_d|$,电能从电动机回馈到电网。不论电流控制型逆变器在电动还是制动过程中,电流方向都不会改变,因此,逆变功率管上不需要续流二极管。

采用可控整流的电流型逆变器控制较复杂,但节能效果明显,通常用于大功率的驱动器。

3.1.3　电压控制型逆变器

电压控制型逆变器的控制框图如图 3-3 所示。

逆变器的整流部分可看成输出电压保持不变的电压源,电压控制型逆变器需要在直流母线上并联大电容。直流电压可以通过逆变部分功率管的开关作用,以方波电压的形式分配给电动机。由于电动机绕组为感性负载,当电压为方波时,逆变输出的电流波形为近似的正弦波。

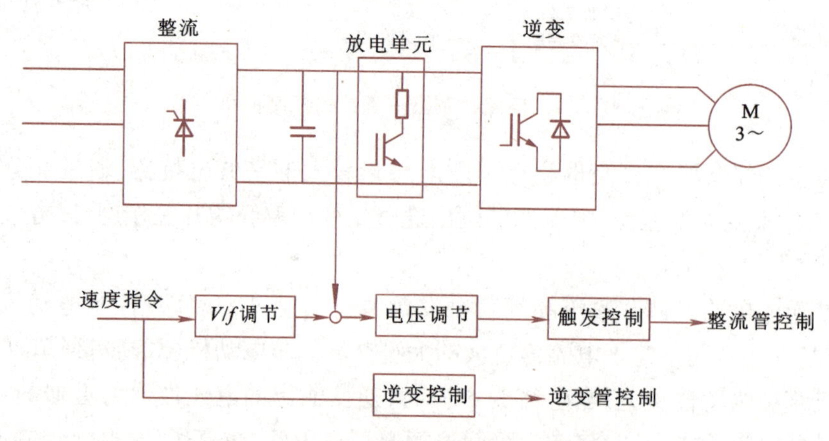

图 3-3　电压控制型逆变器的控制框图

电压控制型逆变器的调压同样需要在整流电路上实现,通过调节晶闸管触发角,可以改变母线电压 U_d 以控制电动机电枢电压。

电压控制型逆变器的直流母线电容不允许进行反向充电,因此,这种线路无法实现回馈制动。为了进行电动机制动,需要将制动过程中从电动机返回到直流母线上的能量以能耗制动的形式消耗,为此,逆变功率管上必须并联续流二极管,为电动机能量的返回提供通道,如图 3-4(a)所示。

电动机制动能量的返回将引起直流母线电压的显著提高,为了维持直流母线电压的恒定,必须在直流母线上增加图 3-4(b)所示的能耗制动回路。这一能耗制动回路可以为直流母线在电压升高时提供放电通道。

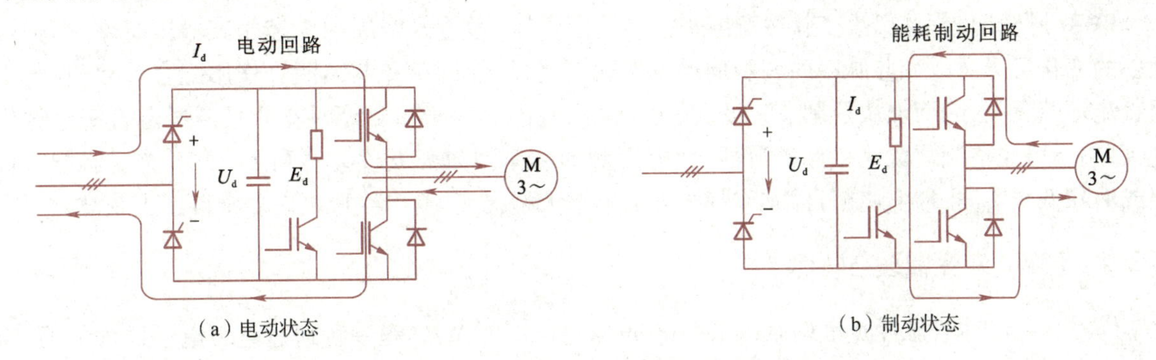

图 3-4　电压控制型逆变器的制动

从电动机制动的角度看,电流型逆变器进行的是回馈制动(也称为再生制动),而电压型逆变器进行的是能耗制动,这是两者的重要区别。

电压型逆变器由于不需要进行回馈制动控制,其线路较简单,且直流母线上不需要大容量的电感,其体积与成本比电流型逆变器低。

在以上电压型逆变器上,为了调节直流母线的电压幅值,需要使用可控整流晶闸管进行调压,控制线路相对复杂。为此,实际使用时常采用图 3-5 所示的不可控整流加斩波管的 PAM 调压方式。

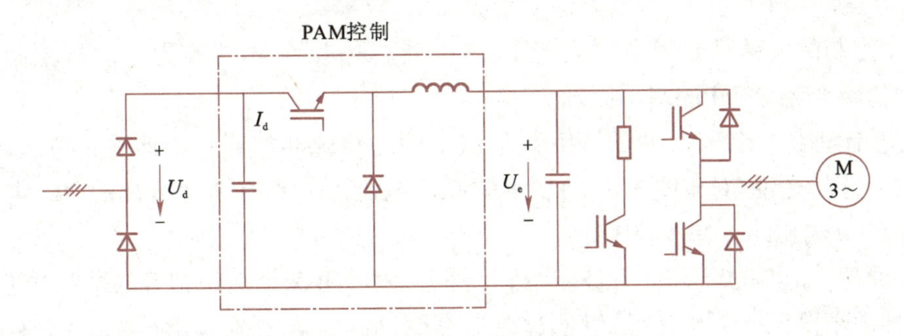

图 3-5　调幅可调的电压控制逆变器

PAM 调压是通过控制斩波管的通断改变输出电压幅值的调节方式,由于线路的电压调节以脉冲调制的形式实现,因此又称脉冲幅值调制(pulse amplitude modulation,PAM)电压控制型逆变器。

PAM 调压的优点是整流回路无须对电压幅值进行控制,因此,可以多个逆变回路共用一套整流电路。即使对于电压幅值要求不同的逆变,仍然可以通过各自的 PAM 环节调整各自的电压。但其缺点是需要在整流与逆变之间多加一级斩波控制。

3.2　PWM 逆变原理

随着电子技术的发展,出现了多种 PWM 技术,其中包括相电压控制 PWM、脉宽 PWM 法、随机 PWM/SPWM 法、线电压控制 PWM 等。它是把每一脉冲宽度均相等的脉冲列作为 PWM 波形,通过改变脉冲列的周期可以调频,改变脉冲的宽度或占空比可以调压,采用适当控制方法即可使电压与频率协调变化。可以通过调整 PWM 的周期、PWM 的占空比从而达到控制充电电流的目的。

PWM 脉宽调制,是靠改变脉冲宽度来控制输出电压,通过改变周期来控制其输出频率,而输出频率的变化可通过改变此脉冲的调制周期来实现。这样,使调压和调频两个作用配合一致,且与中间直流环节无关,因而加快了调节速度,改善了动态性能。由于输出等幅脉冲只需恒定直流电源供电,可用不可控整流器取代相控整流器,使电网侧的功率因数大大改善。利用 PWM 逆变器能够抑制或消除低次谐波,加上使用自关断器件,开关频率大幅提高,输出波形可以非常接近正弦波。

3.2.1 PWM 逆变原理与特点

视 频

PWM特点

晶体管脉冲宽度调制(pulse width modulated,PWM)是一种通过电力电子器件的通/断将直流转换为一定形状的脉冲序列的技术。在交流调速系统中,这一脉冲序列可以用来等效代替正弦波。

在采用 PWM 技术后,只要改变脉冲的宽度与分配方式,便可达到同时改变电压、电流的幅值与频率的目的,它是当前变频器与伺服驱动器都常用的控制方式。

与传统的晶闸管逆变方式相比,PWM 控制具有开关频率高、功率损耗小、动态响应快等优点,在交、直流电动机控制系统以及其他工业控制领域得到了极为广泛的应用,它是交流调速技术发展与进步的基础。

1. PWM 原理

PWM 逆变控制的关键是如何将直流电压(或电流)通过 PWM 转换为电动机控制所需的正弦波,为此,需要简单介绍 PWM 的基本原理。

根据采样控制理论,当面积(冲量)相等、形状不同的窄脉冲加到一个惯性关节上时,其产生的效果基本相同。这就是说,对于图 3-6(a)所示的脉冲电流加入具有惯性特征的 *RL*(电阻/电感)电路或 *RC* 电路上,其输出响应基本相同。

根据这一原理,如果将矩形波(方波)进行 *N* 等分,便可用 *N* 个面积相等的窄脉冲进行等效。因此,如果窄脉冲的幅值保持不变,则可以通过改变窄脉冲的宽度来改变矩形波的幅值,这就是方波 PWM 调制或 PWM 直流调压(直流斩波)的基本原理。图 3-6(b)所示为使用窄脉冲代替相同面积的方波实现直流调制波形。

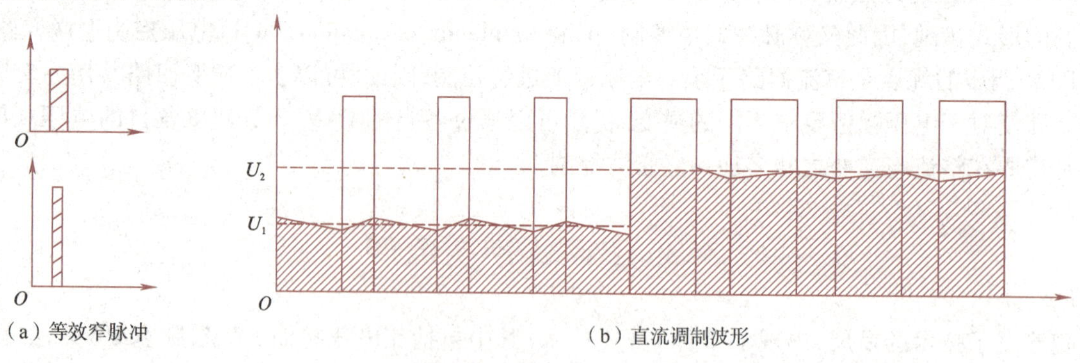

图 3-6 直流调压原理

同样，如果将图 3-7 所示的正弦波信号分为 N 等分，并将每一区域看成是一个宽度相等、幅值不同的窄脉冲[见图 3-7(a)]，这样的窄脉冲便可以由一列幅值相等但宽度不同，面积与等分区域相等的矩形脉冲串来等效代替。图 3-7(b)所示为正弦波调制波形。

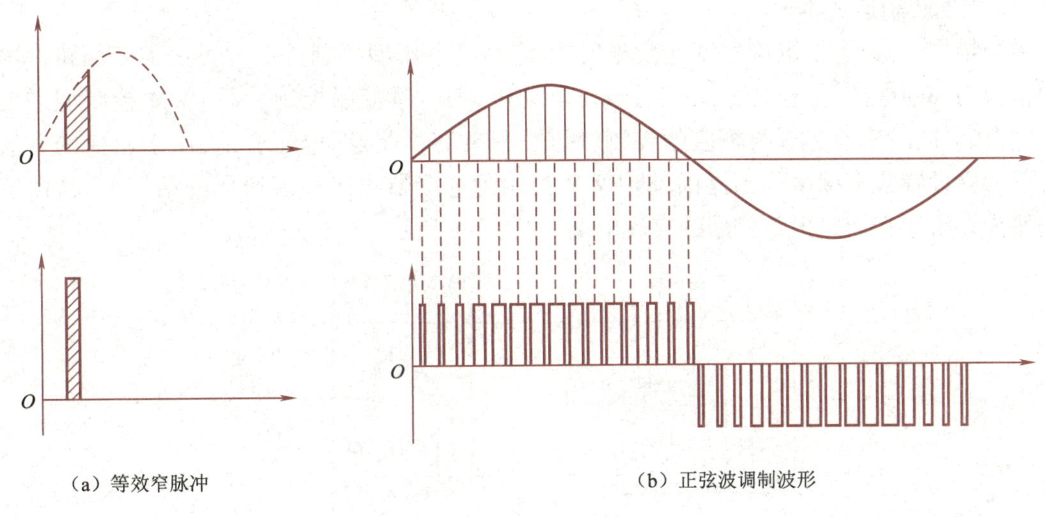

图 3-7　SPWM 调制原理

容易证明，这一等脉冲串的宽度也需要按照正弦函数的规律进行变化，这样的波形称为 SPWM (正弦脉宽调制)波。

2. PWM 逆变的特点

采用了 PWM 控制的逆变器称为 PWM 控制型逆变器，这种逆变控制方式与电流型、电压型控制逆变比较具有如下特点：

(1)系统结构简单

电流型与电压型控制逆变的回路只进行单纯的开/关与频率控制，但加入负载的电流、电压幅值需要通过整流回路进行调节，因此，逆变器需要同时对整流与逆变回路进行控制，系统结构复杂。采用 PAM 调压的电压控制型逆变，虽然可省略整流回路的控制环节，但需要增加斩波控制回路，同样增加了控制系统的复杂性。而 PWM 控制型逆变无须对整流电路进行控制，故可以直接用二极管不可控整流方式。

(2)改善用电质量

二极管不可控整流方式可以避免可控整流引起的功率因数降低与谐波影响，改善了用电质量。

(3)提高系统的响应速度

电流控制与电压控制型逆变在调节电流与电压幅值时，需要通过大电感、大电容的延时才能反映到逆变回路上。而 PWM 逆变则可以同时控制逆变回路的输出脉冲宽度、幅值与频率，提高了系统的响应速度。

(4)改善了调速性能

电流型与电压型控制逆变的回路只进行单纯的开/关频率控制，逆变器的输出为低频宽脉冲，波形中的谐波分量将引起电动机的发热并影响调速性能。而 PWM 逆变输出的是远高于电动机运行频率的高频窄脉冲,它是通过提高脉冲频率大幅降低了输出中的谐波分量,改善了电动机的低速性能,扩大了调速范围。

(5)降低生产制造成本

从系统结构上看,为了准确控制逆变输出,电流型与电压型控制逆变的每一逆变回路都需要有单独的整流与中间电路,这样的方式较适合于电动机、大容量变频控制。而 PWM 控制型逆变器可通过脉宽调制,同时实现频率与幅值的控制,因此,只要容量足够、电压合适,用于逆变的直流电源完全可以独立设置或直接由外部提供,即 PWM 控制型逆变器可采用模块化的结构形式,由统一的电源模块为多组逆变回路提供公用的直流电源,如图 3-8 所示。

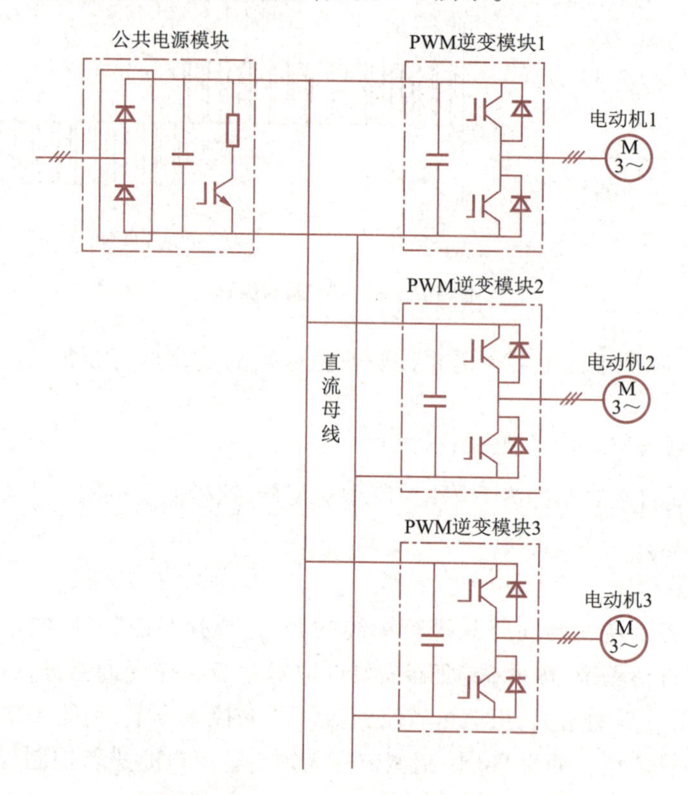

图 3-8　模块化的 PWM 控制型逆变器

模块化结构可提高整流回路的效率,降低生产制造成本与减小体积,同时便于批量生产。它非常适合于中小功率、多电动机调速的生产设备与自动化生产线的控制。

3.2.2　PWM 波形的产生

PWM 逆变的关键问题是如何产生 PWM 波形。虽然,从理论上讲可以根据输出频率、幅值以及需要划分的区域数,通过计算得到脉冲宽度数据,但这样的计算与控制通常比较复杂,对提高系统的速度不利。因此,目前实际控制系统大都采用载波调制技术生成 PWM 波形。

载波调制技术源于通信技术，在 20 世纪 60 年代中期，由 A. Schonung 与 H. Stemmler 首先提出将其应用于电动机调制的控制。利用载波调试技术产生 PWM 波形的方法有多种，直到目前还是很多人的研究热点。

1. 单相调制

图 3-9 所示为一种最简单、最早被应用的交流调速系统的载波调制方法，可用于单相交流的调制。

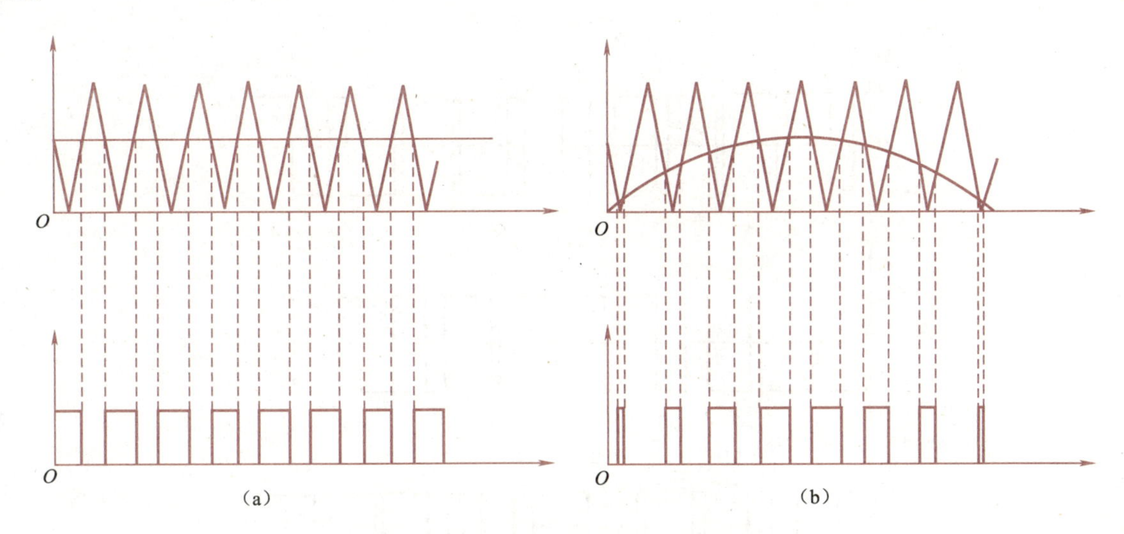

图 3-9　单相 PWM 的载波调制原理

在图 3-9 中，直接利用了比较电路，将三角波与要求调制的波形进行比较，如果调制电压大于三角波电压时的输出为“1”，便可以获得图中的 PWM 波形。

输出波形与要求调制信号对应，当调制信号为直流或者方波时，产生的 PWM 波形为等宽脉冲；当调制信号为正弦波时，产生的 PWM 波形为 SPWM 波。

在载波调制中，将接受调制的基波（图 3-9 中的三角波）称为“载波”；将希望得到的波形称为“调制波”或调制信号。显然，为了进行调制，载波的频率必须远远高于调制信号的频率，载波的频率越高，产生的 PWM 脉冲就越密，由输出脉冲组成的波形也就越接近调制信号。因此，在变频器与交流伺服驱动器中，载波频率（也称 PWM 频率）是决定输出频率与波形质量的重要技术指标。目前，变频器与伺服驱动器的载波频率通常都可以达到 2～15 kHz。

2. 三相调制

根据单相 PWM 波的产生原理，同样可以得到三相的调制信号，如图 3-10 所示。

图 3-10 中，u_a、u_b、u_c 三相调制信号共用一个载波信号，u_a、u_b、u_c 的调制与单相波相同，假设逆变器的直流输入为 E_d，如果选择 $E_d/2$ 作为参考电位，则可以得到图中的 PWM 波形。在此基础上，根据 $u_{ab}=u_a-u_b$ 便可以得到图中的线电压 u_{ab} 的 PWM 波形，这就是三相 PWM 波。

变频器与伺服驱动器就是根据这一原理控制电压与频率的交流调速装置。

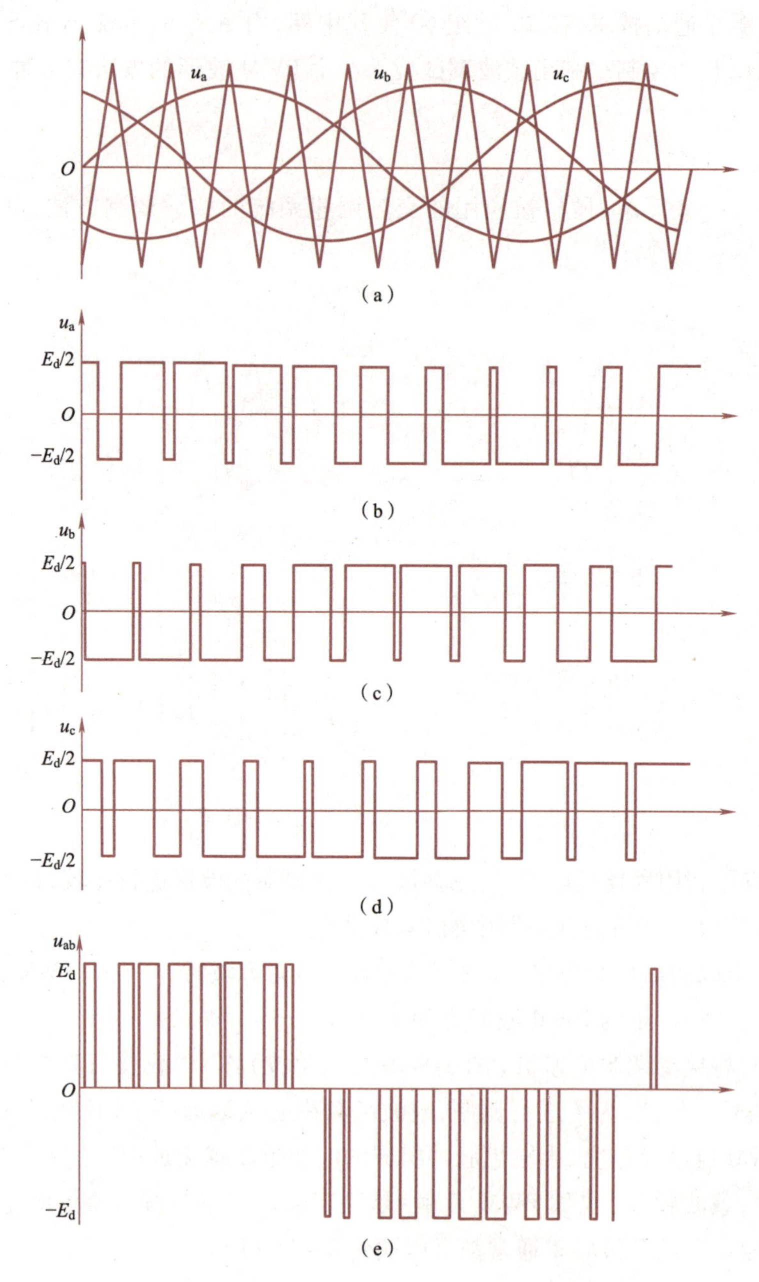

图 3-10　三相 PWM 的载波调制原理

3.3　永磁同步电动机伺服驱动系统

随着高性能永磁材料技术、电力电子技术、微电子技术的飞速发展以及矢量控制理论、自动控制理论研究的不断深入,永磁同步电动机伺服控制系统得到了迅速发展。由于其调速性能优越,克服了直流伺服电动机机械式换向器和电刷带来的一系列限制。其结构简单、运行可靠,且体积小、重量轻、效率高、功率因数高、转动惯量小、过载能力强;与异步伺服电动机相比,控制简单、不存在励磁损耗等问题,因而在高性能、高精度的伺服驱动等领域具有广阔的应用前景。

3.3.1　交流永磁同步电动机的矢量控制原理

交流永磁同步电动机采用的是正弦波供电方式,它可消除方波电流突变带来的转矩脉动,其运行平稳,动、静态特性好,但控制也比无刷直流电动机复杂,需要采用矢量控制技术。

正弦波与方波的区别在于正弦波电流的瞬时值随着相位变化。交流永磁同步电动机的理想状态是:能在转子磁场强度为最大值的位置,使定子绕组的电流也能够达到最大值,这样电动机便能够在同样的输入电流下获得最大的输出转矩。为了实现这一目的,就必须对定子电流的幅值与相位同时进行控制。幅值与相位构成了电流矢量,因此,这种控制称为“矢量控制”。

为了对交流电动机实施矢量控制,首先需要建立电动机的数学模型。根据矢量控制的理论,交流永磁同步电动机的数学模型可以按照以下步骤建立。

①将三相定子电流合称为统一的合成电流。

②将定子合成电流分解为两相正交电流,完成电流的 3-2 变换。

③将定子坐标系中的两相正交电流转换到转子坐标系上。

④在转子坐标系中建立定子平衡方程。

⑤根据转子磁场与定子电流的正交分量建立运行方程。

1. 定子电流合成

对于正弦波供电的电动机,为了便于分析,将三相定子电流以余弦的形式表示为

$$\begin{cases} i_{\mathrm{u}} = I_1 \cos \omega t \\ i_{\mathrm{v}} = I_1 \cos(\omega t + 2\pi/3) \\ i_{\mathrm{w}} = I_1 \cos(\omega t + 4\pi/3) \end{cases} \tag{3-1}$$

考虑到三相定子绕组本身在定子中的空间位置互差 $2\pi/3$,因此,三相合成电流 i_{s} 可以计算为

$$\begin{aligned} i_{\mathrm{s}} &= I_1 \cos \omega t + I_1 \cos(\omega t + 2\pi/3) \cdot \cos(2\pi/3) + I_1 \cos(\omega t + 4\pi/3) \cdot \cos(4\pi/3) \\ &= \frac{3}{2} I_1 \cos \omega t \end{aligned} \tag{3-2}$$

2. 定子电流变换

定子电流与转子磁场在电动机中都是空间旋转的矢量,且两者存在一定的夹角(转子磁场落后于定子电流)才能输出转矩,如果将两者在同一静止参考坐标系 a-b 上表示,可以得到图 3-11 所示的矢量图。

由图 3-11 可以得到定子电流矢量转换到转子磁链矢量 d-q 坐标中的表达式为

$$\begin{cases} i_{\mathrm{s}} = i_{\mathrm{s}} \cos \xi \\ i_{\mathrm{s}} = i_{\mathrm{s}} \sin \xi \\ i_d = i_a \cos \theta + i_b \sin \theta \\ i_q = -i_a \sin \theta + i_b \cos \theta \end{cases} \tag{3-3}$$

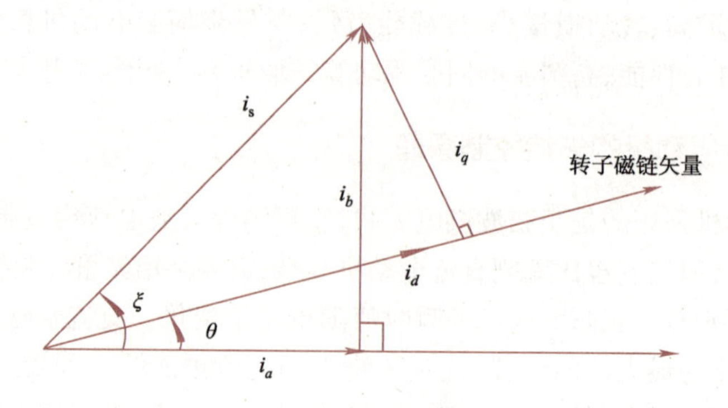

图 3-11 电流与磁场矢量图

式中的电流分量 i_q 与转子磁链矢正交,是产生输出转矩的有效分量,在同样的 i_s 下,若 $\xi-\theta=90°$,其值可以达到最大。

3. 定子电压平衡方程式

为了建立定子电压平衡方程,需要在 d-q 坐标轴中分解磁链。

假设转子永磁体产生的磁链为 ψ_r。而定子线圈产生的磁链可以按照 $\psi=Li$ 计算,d-q 坐标系上的合成磁链矢量表达式为

$$\psi=(\psi_r+Li_d)+\mathrm{j}Li_q \tag{3-4}$$

因转子的 d-q 坐标系以角速度 $\omega=\mathrm{d}\theta/\mathrm{d}t$ 旋转,考虑到方向后,磁链变化率可表示为

$$\frac{\mathrm{d}\psi}{\mathrm{d}t}=\frac{\partial\psi}{\partial t}+\mathrm{j}\omega\psi \tag{3-5}$$

将式(3-4)代入到式(3-5),并考虑到永磁体产生的磁链 ψ_r 为常数,整理后得到定子绕组上的感应电动势计算式为

$$e_1\frac{\mathrm{d}\psi}{\mathrm{d}t}=\left(L\frac{\mathrm{d}i_d}{\mathrm{d}t}-L\omega i_q\right)+\mathrm{j}\left(L\frac{\mathrm{d}i_d}{\mathrm{d}t}+L\omega i_q+\psi_r\omega\right) \tag{3-6}$$

分解到 d-q 坐标系上,定子电压平衡方程为

$$\begin{gathered}u_d=Ri_d+L\frac{\mathrm{d}i_d}{\mathrm{d}t}-L\omega i_q\\ u_q=Ri_q+L\frac{\mathrm{d}i_q}{\mathrm{d}t}+L\omega i_q+K\omega\end{gathered} \tag{3-7}$$

式中已经将转子永磁体产生的转子磁链 ψ_r 直接用电动机常数 K 的形式进行表示。

4. 电动机运行方程

如果控制与转子磁链同相的电压分量 u_d,使得式(3-7)中的 $i_d=0$,这就意味着电动机在旋转过程中始终有 $\xi-\theta=90°$,即电动机可以在输出最大转矩的情况下按照同步转速旋转,这时,可以得到如下永磁同步电动机的运行方程:

$$\begin{cases}u_d=-L\omega i_q\\ u_q=Ri_q+L\dfrac{\mathrm{d}i_q}{\mathrm{d}t}+K\omega\\ M=Ki_q\end{cases} \tag{3-8}$$

式(3-8)与直流电动机的运行特性的区别只是电枢电流换成了与定子电流中与转子磁链正交的电流分量 i_q,M 为电动机输出转矩。这就是在采用了矢量控制技术后,交流永磁同步电动机的运行特性可以等同于直流电动机的原因。

3.3.2　交流永磁同步电动机控制系统

交流永磁同步电动机伺服系统需要进行电流变换与矢量计算,因此,一般为采用微处理器的数字控制系统。图 3-12 所示为某实际交流永磁同步电动机数字伺服驱动器的原理框图。

该驱动器采用的是三相桥式二极管不可控整流电路,提高了驱动器输入功率因数,输入回路安装有短路保护与浪涌电压吸收装置。驱动器输入电压为三相 220 V(线电压),平波后的直流母线电压约为 320 V。

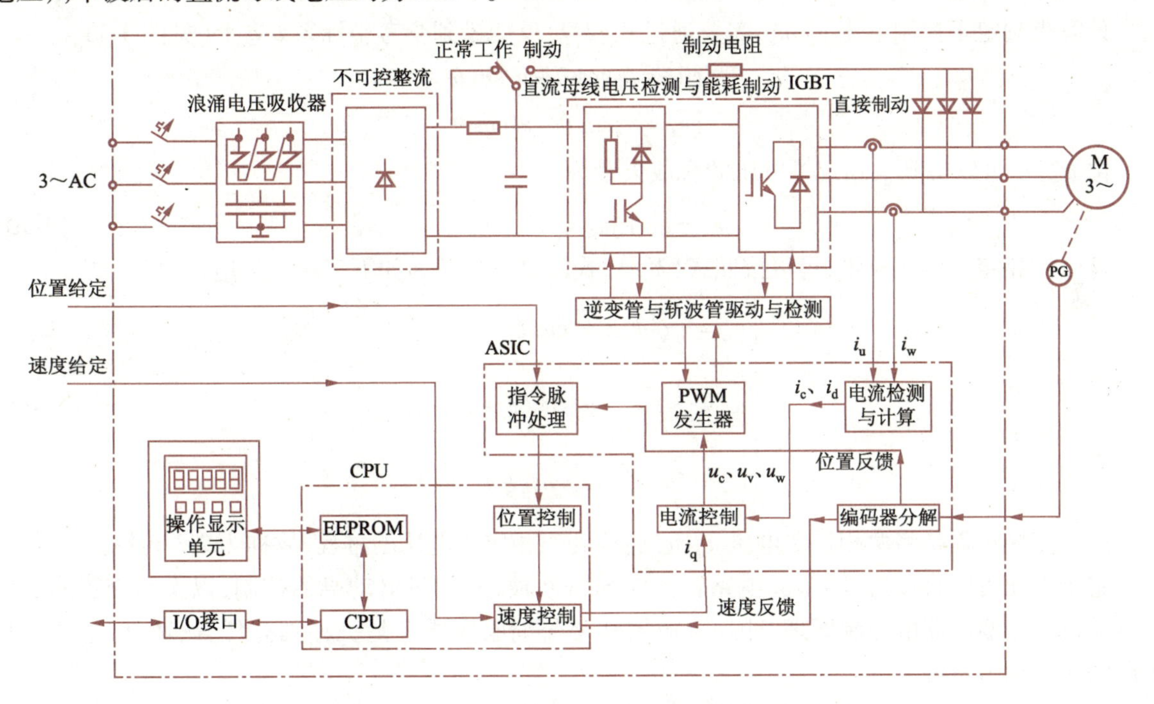

图 3-12　交流永磁同步电动机伺服驱动器的原理框图

驱动器的直流母线上安装有能耗制动电阻单元,可以为电动机制动提供能量释放回路。此外,为了加快电动机的制动过程,线路中还设计了将母线直流电压通过二极管直接加入电动机三相绕组的直流制动电路,这一制动回路可以在驱动器逆变回路不工作时,为电动机提供制动转矩。启动器的逆变回路采用了 IGBT 驱动,并带有为电动机制动提供能量反馈通道的续流二极管。

驱动器的速度与位置控制通过 CPU 进行控制,速度与位置调节器进行了数字化处理,调节器的参数可以根据系统情况进行修改。驱动器带有可以进行参数设置/状态显示的操作/显示单元与通信总线接口,不仅可以通过操作/显示单元检查驱动器的工作状态、进行参数的设置与修改,还可以用于网络控制。修改后的参数可以保存在 EEPROM 中。

驱动器带有 CPU,因此,它可以直接接收外部位置指令脉冲,构成位置闭环控制系统。如果需要,驱动器也可以接收来自外部的速度给定模拟电压,成为大范围、恒转矩调速的速度控制系统。

为了提高运算与处理速度,驱动器的电流检测与计算、电流控制、编码器信号分解、PWM 信号产生以及位置给定指令脉冲信号的处理均使用了专用集成电路(ASIC)。

由于三相正弦交流电始终有 $i_u + i_v + i_w = 0$,故只需要检测其中的两相,便可以在 ASIC 的电流检测与计算环节通过计算得到第三相的实际电流值。

电流反馈信号按照式(3-2)合成后,转换为幅值为电枢电流 2 ~ 3 倍的合成电流 i_s;然后再按式(3-3)转换为 d-q 坐标中的 i_d、i_q 电流,完成电流检测信号的 3-2 转换。

根据矢量控制式(3-8)的要求,控制时总是需要保持 i_d 为零,所以,在电流控制环节上需要有转矩电流 i_q 的给定输入。在电流控制环节中,根据转矩电流 i_q 给定 i_d、i_q 的电流反馈值,按照式(3-7)计算出定子控制电压 u_d、u_q。在电流控制过程中需要保持 $u_d = -L\omega i_q$,以实现 i_d 为零的控制要求。

计算得到定子控制电压 u_d、u_q,需要通过式(3-9)反变换到参考坐标系 a-b 上(见图 3-11)。

$$\begin{cases} u_a = u_d\cos\theta - u_q\sin\theta \\ u_b = u_d\sin\theta + u_q\cos\theta \end{cases} \tag{3-9}$$

由 u_d、u_q 可以得到三相定子电压的合成矢量为

$$u_s = u_a + \mathrm{j}u_b = \sqrt{u_a^2 + u_b^2}\,\mathrm{e}^{\mathrm{j}\xi} \tag{3-10}$$

这一三相定子电压矢量,可以按照式(3-1)、式(3-2),分解为如下三相定子电压:

$$\begin{cases} u_u = \dfrac{2}{3}\sqrt{u_a^2 + u_b^2}\cos\xi \\ u_v = \dfrac{2}{3}\sqrt{u_a^2 + u_b^2}\cos(\xi + 2\pi/3) \\ u_w = \dfrac{2}{3}\sqrt{u_a^2 + u_b^2}\cos(\xi + 4\pi/3) \end{cases} \tag{3-11}$$

以上变换过程是将两相控制电压 u_d、u_q 转换为三相定子电压的过程,故称为 2-3 转换。

定子电压可以直接通过 PWM 电路转换为 SPWM 波,实现对电动机的控制,以上是交流永磁同步电动机伺服驱动器的控制原理。因此,通用性交流伺服实质上是一种具有位置、速度、电流三环控制的闭环调节系统。

习　题

1. 逆变电路是将直流转换为频率可调的交流的电路。根据控制方式的不同,逆变控制主要可分为哪几种?
2. 简述使用 PWM 逆变时如何将直流电压(或电流)转换为电动机控制所需的正弦波。
3. 简述采用 PWM 逆变控制方式与电流型、电压型控制逆变有哪些区别。
4. 永磁同步电动机伺服控制系统有哪些优点?

第4章 伺服驱动器工作原理

伺服驱动器是用于控制交流永磁同步电动机(交流伺服电动机)位置、速度的装置,它需要实现高精度位置控制、大范围的恒转矩调速和转矩的精度控制,其调速要求比变频器等以感应电动机为对象的交流调速系统更高。因此,它必须使用驱动器生产厂家专门生产、配套提供的专用伺服电动机。

伺服有3种常见的控制方式:位置控制方式、速度控制方式、转矩控制方式。其中,位置控制在控制方式上用脉冲串和方向信号实现、速度控制和转矩控制均使用模拟量来控制。

4.1 位置控制单元

伺服电动机驱动器必须设置位置比例增益参数(KPP),伺服驱动器位置控制单元采用比例控制系统,所以称为位置比例增益参数。调整位置比例增益参数又称伺服电动机刚性调整。

将指令脉冲数与编码器反馈脉冲数进行比较,称为偏差计数。位置控制单元将偏差量转换成修正位置的速度指令,由速度控制单元处理后送驱动单元进行电动机驱动。因此,速度指令的幅度大小就可由KPP位置比例增益参数决定。KPP参数设置越大,控制反应越迅速,称为刚性较硬;反之称为刚性较软。将速度控制单元及驱动单元进行简化,如图4-1所示。

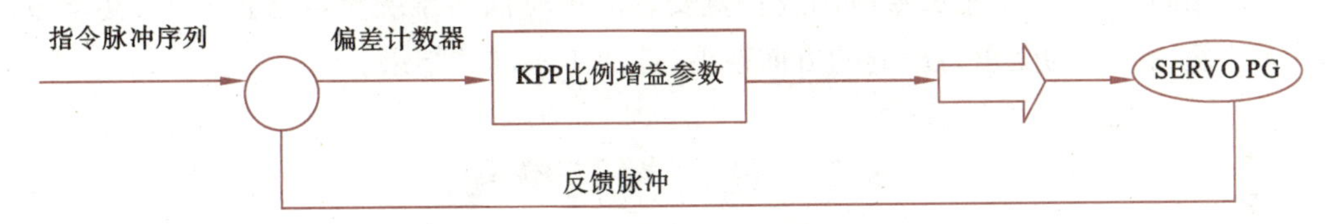

图4-1 伺服驱动器的位置控制简化示意图

因控制器输出的驱动信号与输入关系只是一个比例增益常量关系,所以称为比例控制器,而其输入信号是控制器的指令脉冲与伺服电动机编码器产生反馈脉冲的偏差量,偏差量经比例控制器乘以比例增益参数KPP再送往下一级控制单元处理。在此需要注意偏差计数器的功能,如果将偏差计数器的输出在旋转中清除归零,表示速度指令下降为零,则伺服电动机将突然停止。这种特性将应用于伺服电动机原点复位运行模式,但也需要考虑在多大的速度下电动机才能突然停止,即对电动机及机构而言是否可承受此冲击载荷。

位置控制单元的输入量及输出量是不同的,输入量为位置的偏差量,经控制器处理后的输出量转换为速度的量。因此,在进行位置控制,当前位置不等于设置位置时,需要将输出与朝位置误差量相反方向的速度进行修正;当前位置等于设置位置时,速度的输出必须为零。

偏差计数器不同于一般函数减法器,其进行的是两输入端脉冲数量互抵的动作,虽然最终必定互抵为零,但接收指令脉冲发送时,与反馈脉冲间存在延迟时间差,这就是偏差量原因之一。另一部分偏差量是因为外力产生的,当电动机停止因负载变化形成位移时,就造成偏差量的产生,也反映了修正输出的必要性。而比例控制器要对修正输出的幅度进行控制。

位置比例增益参数 KPP 的影响:

将 KPP 参数以阶跃输入对时间的暂态响应说明。当 KPP 值增大时,伺服电动机对位置有较好的响应,但也容易产生振动及噪声,也就是进入不稳定状态。

KPP 值调整后,效果将反应在伺服电动机定位及停止时。KPP 值增大时,上升时间减短,可快速到达设置点,相对的最大超调量随之增加。因此,必须考虑以下因素:

①机构是否能接受较大超调量。

②较短的上升时间并不表示能缩短稳定时间。

③KPP 值减少时,上升时间延长,需要较长的时间才能到达设置点,最大超调量减少,但不一定表示系统稳定时间延长。

针对以上情况进行 KPP 值的调整,求得的最短稳定时间即为最佳值测量值系统稳定时间,需要适当的仪器。在无适当的仪器或工具进行辅助时,只能以人工进行调整及判断 KPP 值是否适用。

①KPP 值调整判断标准。KPP 值的调整,实际上是介于快速与稳定性之间的取舍。为求快速而将 KPP 值调大,则上升时间缩短、超调量增加、系统不稳定性增加,最终将导致系统振荡而无法使用。

②不同负载系统 KPP 的值不相同。机构设计不同时,机构特性必定不相同,如伺服电动机负载水平运动、垂直运动或圆周运动都有不同的运动特性,工作台驱动方式齿轮齿排驱动、滚珠丝杠驱动、传动带驱动均有差异。

即使结构相同,将机构水平放置应用或垂直安装应用时伺服系统参数必定改变,甚至原来配置的电动机无法使用。因为受重力影响的方向改变,造成了不同的结果。

4.2 速度控制单元

位置偏差量经 KPP 值比例控制器运算后得到修正幅度,再送往速度控制单元进行速度控制。换言之,速度控制单元的速度设置值就是位置控制单元运算的结果。对控制工程而言,速度控制单元也可视为位置控制的一部分,二者是串级控制关系,速度控制单元在设计上较位置控制单元复杂。

速度控制单元实际上就是 PID 控制器的应用,PID 代表比例、积分、微分。速度控制单元 PID 控制器的框图如图 4-2 所示。调整 PID 控制 Kvp(比例增益)、Kvi(积分增益)、Kvd(微分增益)值,可使伺服系统的速度控制性能符合要求。

PID 控制器是指利用偏差信号的比例、积分或微分关系计算出控制量进行控制的系统,也称为 PID 调节器、PID 滤波器。它具有结构简单、稳定性好、工作可靠、调整方便等优点,对提高线性系统的性能十分有效。

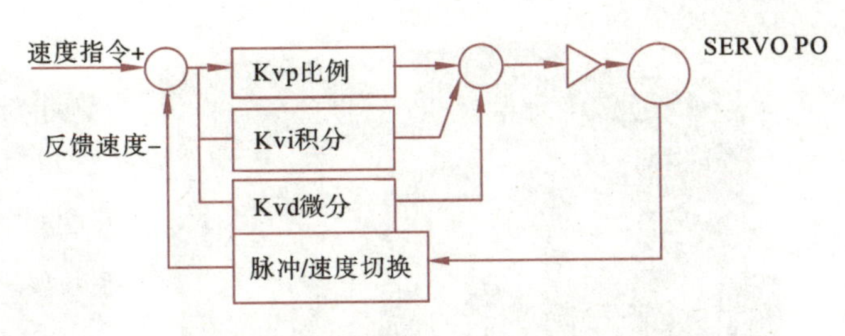

图 4-2　速度控制单元 PID 控制器的框图

4.3　驱动单元

交流伺服电动机驱动单元部分，基本上是一个变频器系统。位置控制单元为修正位置而改变速度指令，从而驱动电动机旋转。

变频器将交流电源先整流为直流电源，再重新调制成可变频率的输出电压，交流伺服电动机的转速随输出电压频率同步旋转。如今，变频器多采用 PWM 技术，即脉冲宽度调制技术，其输出电压波形是非正弦波形，施加负载后的电压平均值非常接近于正弦波形。

伺服电动机的最高输出转矩约为额定转矩的 3 倍。事实上，瞬间最高的转矩可达 3 倍额定负载转矩，但如果长时间高载荷运行，必定会发生异常报警。例如，伺服电动机加/减速时，输出转矩将超过额定转矩。

脉冲宽度调制技术使用高频脉冲技术为载波，对脉冲宽度进行调制。既然有高频载波，就必然有电磁干扰（EMI）问题，需要采用电抗器、滤波器、隔离变压器等隔离措施。

4.4　伺服驱动器的基本结构

完整的伺服驱动器应包含位置控制单元、速度控制单元及驱动单元。必须了解它们，才能正确使用伺服电动机。

伺服驱动器又称伺服放大器，是交流伺服系统的核心设备。伺服驱动器的品牌很多，常见的有三菱、松下、台达等。图 4-3 列出了一些常见伺服驱动器，下面以三菱通用伺服驱动器为例进行说明。

视　频
伺服驱动器基本结构

伺服驱动器的功能是将工频（50 Hz 或 60 Hz）交流电源转换为幅度和频率均可变的交流电源提供给伺服电动机。当伺服驱动器工作在速度控制模式时，通过控制输出电源的频率来对电动机进行调速；当工作在转矩模式时，通过控制输出电源的幅度来对电动机进行转矩控制；当工作在位置控制模式时，根据输入脉冲来决定输出电源的通断时间。图 4-4 所示为三菱系列通用伺服驱动器的内部结构简图。

伺服驱动器工作原理说明如下：

三相交流电源（200～230 V）或单相交流电源（230 V）经断路器 NFB 和接触器触点 MC 送到伺服驱动器内部的整流电路，交流电源经整流电路、开关 S（S 断开时经 R_1）对电容 C 充电，在电容上得

图 4-3　常见的伺服驱动器

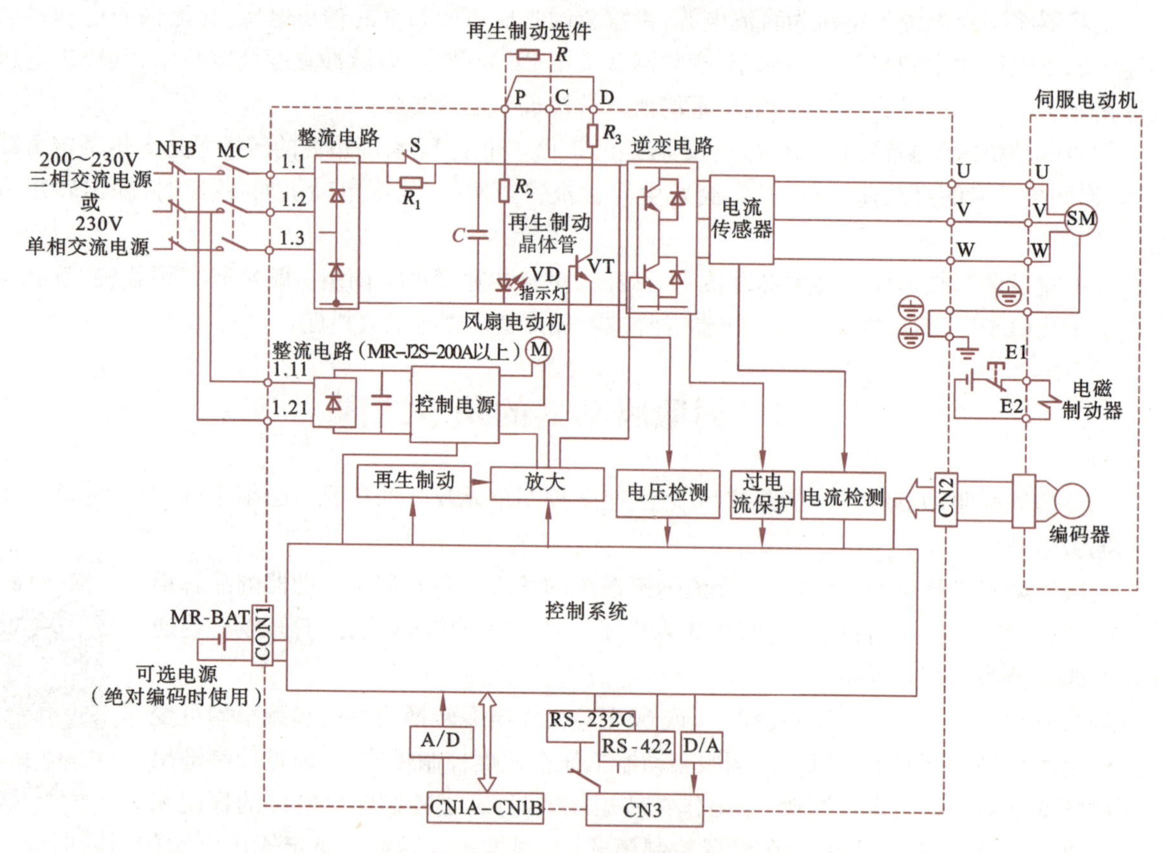

图 4-4　三菱系列通用伺服驱动器的内部结构简图

到上正下负的直流电压,该直流电压送到逆变电路,逆变电路将直流电压转换成 U、V、W 三相交流电压,输出给伺服电动机,驱动电动机运转。

R_1、S 为浪涌保护电路,在开机时 S 断开,R_1 对输入电流进行限制,用于保护整流电路中的二极管不被开机冲击电流烧坏，正常工作时 S 闭合，R_1 不再限流；R_2、VD 为电源指示电路，当电容 C 上存在电压时，VD 就会发光；VT、R_3 为再生制动电路，用于加快制动速度，同时避免制动时电动机产生的电压损坏有关电路；电流传感器用于检测伺服驱动器输出电流大小，并通过电流检测电路反馈给控制系统，以便控制系统能随时了解输出电流情况而做出相应的控制；有些伺服电动机除了带有编码器外，还带有电磁制动器，在制动器线圈未通电时伺服电动机转轴被抱闸，线圈通电后抱闸松开，电动机可正常运行。

控制系统有单独的电源电路，它除了为控制系统供电外，对于大功率型号的驱动器，它还要为内置的散热风扇供电；主电路中的逆变电路所需的控制脉冲也由控制系统提供。电压检测电路用于检测主电路中的电压，电流检测电路用于检测逆变电路的电流，它们都反馈给控制系统，控制系统根据设置的程序做出相应的控制（如过电压或过电流时让驱动器停止工作）。

如果给伺服驱动器接上备用电源（MR-BAT），就能构成绝对位置系统，这样在首次原点（零位）设置后，即使驱动器断电或报警重新运行，也不需要进行原点复位操作。控制系统通过一些接口电路与驱动器的外接端口（如 CN1A、CN1B 和 CN3 等）连接，以便接收到外围设备送来的指令，也能将驱动器的有关信息输出给外围设备。

习　题

1. 伺服控制系统中的位置控制单元，速度指令的幅度大小可由 KPP 位置比例增益参数决定。KPP 参数设置越大，控制反应越________，称为________；反之称为________。

2. 速度控制单元就是 PID 控制器的应用，PID 代表________、________、________。

3. 简述位置比例增益参数 KPP 对伺服系统控制的影响。

4. PID 控制器具有________、________、________、________等优点，对提高线性系统的性能十分有效。

5. 简述伺服驱动器中浪涌保护电路的作用。

第5章 三菱伺服驱动器的硬件系统

三菱公司常用的通用伺服驱动器产品有 MR-J3 系列、性能更高的 MR-J4 系列与小功率经济型 MR-ES 系列三大产品系列。下面以 MR-J4-A 型伺服驱动器为例进行介绍。

5.1 产品规格与技术性能

1. MR-J4-A 型伺服驱动器产品规格与技术性能(见表 5-1)

表 5-1 MR-J4-A 型三菱伺服驱动器产品规格与技术性能(400 V 等级)

型号 MR-J4-A_(-RJ)		60A4	100A4	200A4	350A4	500A4	700A4	11KA4	15KA4	22KA4
输出	额定电压	三相 AC 323 V								
	额定电流/A	1.5	2.8	5.4	8.6	14	17	32	41	63
主电路电源输入	电压・频率	三相 AC 380 V~480 V、50 Hz/60 Hz								
	额定电流/A	1.4	2.5	5.1	7.9	10.8	14.4	23.1	31.8	47.6
	允许的电压变动	三相 AC 323~528 V								
	允许的频率变动	±5% 以内								
	电源设备容量/kV・A	参照相关手册								
	浪涌电流[A]	参照相关手册								
控制电路电源输入	电压・频率	单相 AC 380~480 V、50 Hz/60 Hz								
	额定电流/A	0.1			0.2					
	允许的电压变动	单相 AC 323~528 V								
	允许的频率变动	±5% 以内								
	消耗功率/W	30			45					
	浪涌电流/A	参照相关章节								
接口用电源	电压	DC 24×(1±10%) V								
	电流容量/A	0.5(包含 CN8 连接器信号)(注①)								
控制方式		正弦波 PWM 控制、电流控制方式								
动态制动器		内置						外置(注⑥、注⑦)		
全闭环控制		支持								
机械侧编码器接口(注⑤)		三菱高速串行通信								
通信功能		USB:与计算机等的连接(支持 MR Configurator2)								
		RS-422/RS-485:最大 32 轴的 1:n 通信(注⑧)								

续表

编码器输出脉冲		支持(ABZ 相脉冲)
模拟监视		2 通道
位置控制模式	最大输入脉冲频率	4 pulse/s(差动接收器时)(注④),200 pulse/s(集电极开路时)
	定位反馈脉冲	编码器分辨率(伺服电机每转的分辨率):22 位
	指令脉冲倍率	电子齿轮 A/B 倍 $A=1\sim16\ 777\ 215$,$B=1\sim16\ 777\ 215$,$1/10<A/B<4\ 000$
	定位完成脉冲宽度设置	0 ~ ±65 535 pulse(指令脉冲单位)
	误差过大	±3 转(瞬时速度)
	转矩限制	通过参数设置或外部模拟输入(DC 0 ~ 10 V/最大转矩)进行设置
速度控制模式	速度控制范围	模拟速度指令 1:2 000,内部速度指令 1:5 000
	模拟速度指令输入	DC 0 ~ ±10 V/额定转速(通过"Pr. PC12"可以变更 10 V 时的转速)
	速度变动率	±0.01% 以下(负载变化:0% ~ 100%),0%(电源变化:±10%) ±0.2% 以下(环境温度:(25 ±10)℃)仅限模拟速度指令时
	转矩限制	通过参数设置或外部模拟输入(DC 0 ~ 10 V/最大转矩)进行设置
转矩控制模式	模拟转矩指令输入	DC 0 ~ ±8 V/最大转矩(输入阻抗:10 ~ 12 kΩ)
	速度限制	通过参数设置或外部模拟输入(DC 0 ~ ±10 V/额定转速)进行设置
定位模式		在软件版本 B3 以上的 MR-J4-_A_-RJ 伺服放大器中可以使用定位模式
保护功能		过电流切断、再生过电压切断、过载切断(电子热继电器)、伺服电动机过热保护、编码器异常保护、再生异常保护、欠电压保护、瞬时停电保护、超速保护、误差过大保护、磁极检测保护、线性伺服器控制异常保护
功能安全		STO(IEC/EN 61800-5-2)
安全性能	第三方认证规格(注⑨)	EN ISO 13849-1"种类 3 PL e"、IEC 61508 SIL3、EN 62061 SIL CL3、EN 61800-5-2
	响应性能	8 ms 以下(STO 输入 OFF→能源切断)
	(注②)、(注③)测试脉冲输入(STO)(注②)	测试脉冲间隔:1 ~ 25 Hz;测试脉冲 OFF 时间:最大 1 ms
	平均无危害事故时间(MTTFd)	100 年以上
	诊断范围(DC)	中(90% ~ 99%)
	危险侧故障的平均概率(PFH)	$6.40\times10^{-9}[1/h]$,其中 h 为使用时长,单位为小时

注:①0.5 A 是使用全部输入/输出信号时的值,通过减少输入/输出点数可以降低电流容量。
②测试脉冲是用于将发送至伺服放大器的信号按一定的周期设为瞬时 OFF,并由外部电路进行自我诊断的信号。
③不包括端子台部分。
④初始设置支持 1 Mpulse/s 以下的指令。要输入 1 Mpulse/s 以上、4 pulse/s 以下的指令时,请更改[PR. PA13]的设置。
⑤MR-J4-_A4 伺服放大器仅支持 2 线式。MR-J4-_A4-RJ 伺服放大器支持 2 线式、4 线式及 ABZ 相差动输出方式。
⑥该伺服放大器请使用外置动态制动器。如果不使用外置动态制动器,在紧急停止的情况下,伺服电动机不会紧急停止而是发生自由运行,从而导致事故发生,故请确保装置整体的安全。
⑦对应 SEMI-F47 规格时,无法使用外置动态制动器。请不要通过[Pr. PD23] ~ [Pr. PD26]、[Pr. PD28]及[Pr. PD47]分配 DB(动态制动互锁)。分配了 DB(动态制动互锁)时,伺服放大器在瞬间停电时为伺服 OFF。
⑧RS-485 通信在 2014 年 11 月以后生产的伺服放大器中可以使用。
⑨安全等级由[Pr. PF18 STO 诊断异常检测时间]的设置值及是否根据 TOFB 输出执行 STO 输入诊断决定。

2. MR-J4 系列伺服放大器型号代码定义

(1)额定铭牌(见图 5-1)

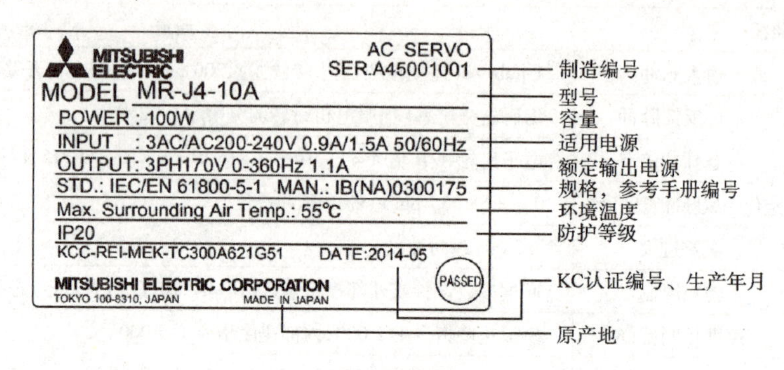

图 5-1 额定铭牌

(2)型号(见图 5-2)

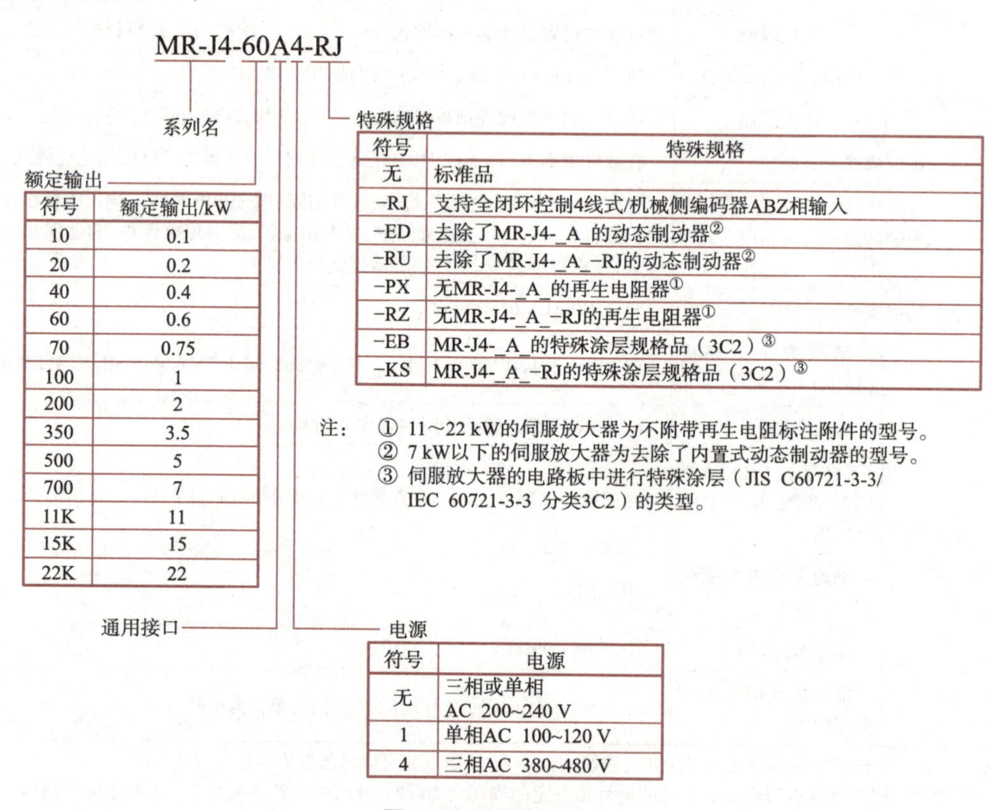

额定输出

符号	额定输出/kW
10	0.1
20	0.2
40	0.4
60	0.6
70	0.75
100	1
200	2
350	3.5
500	5
700	7
11K	11
15K	15
22K	22

特殊规格

符号	特殊规格
无	标准品
-RJ	支持全闭环控制4线式/机械侧编码器ABZ相输入
-ED	去除了MR-J4-_A_的动态制动器②
-RU	去除了MR-J4-_A_-RJ的动态制动器②
-PX	无MR-J4-_A_的再生电阻器①
-RZ	无MR-J4-_A_-RJ的再生电阻器①
-EB	MR-J4-_A_的特殊涂层规格品（3C2）③
-KS	MR-J4-_A_-RJ的特殊涂层规格品（3C2）③

注： ① 11～22 kW的伺服放大器为不附带再生电阻标注附件的型号。
② 7 kW以下的伺服放大器为去除了内置式动态制动器的型号。
③ 伺服放大器的电路板中进行特殊涂层（JIS C60721-3-3/IEC 60721-3-3 分类3C2）的类型。

电源

符号	电源
无	三相或单相 AC 200~240 V
1	单相AC 100~120 V
4	三相AC 380~480 V

图 5-2 型号代码定义

注:此处对型号的内容进行说明,并不表示所有符号的组合都存在。

5.2　电气连接总图

MR-J4-A 电气连接图如图 5-3(a)所示。

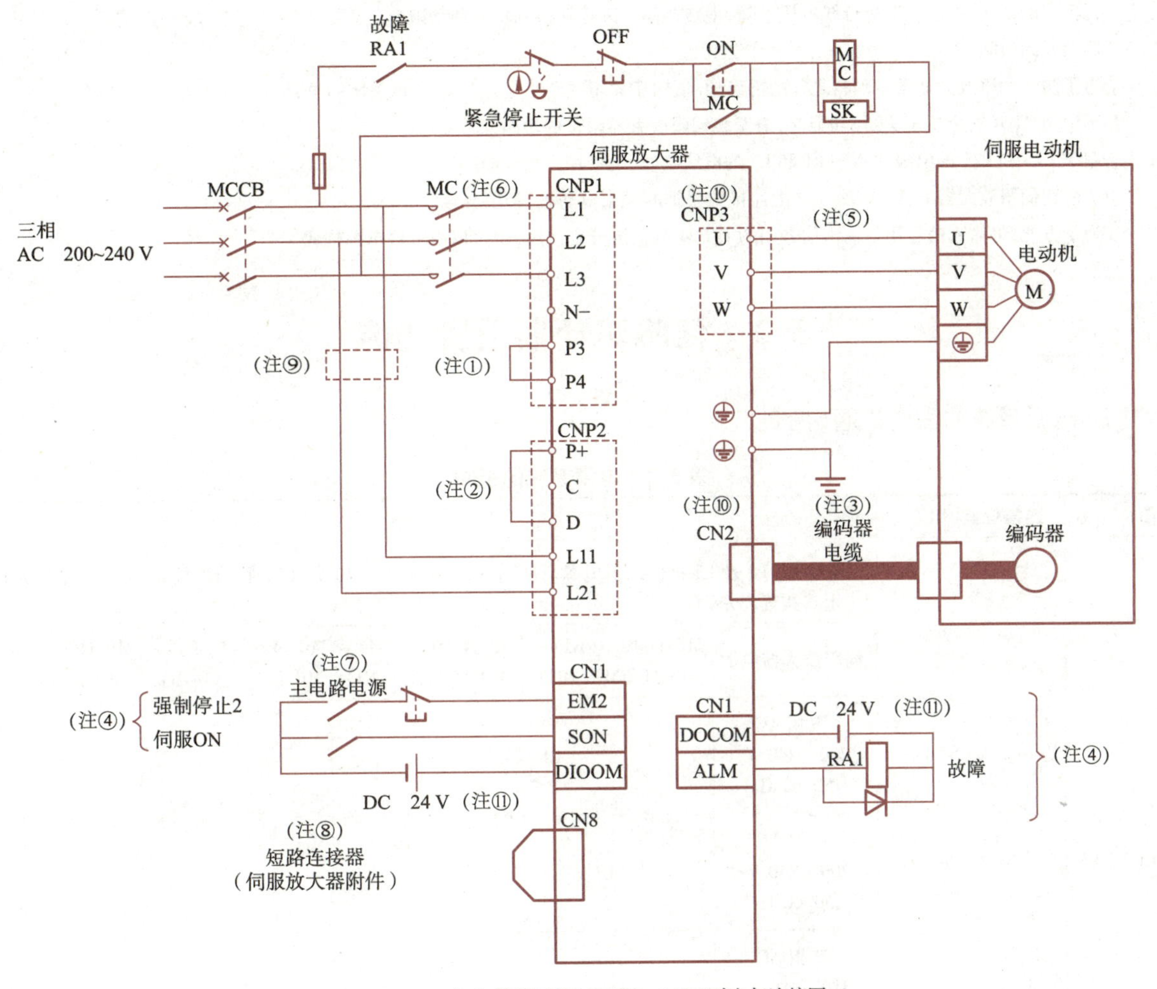

（a）使用三相AC 200～240 V时电气连接图

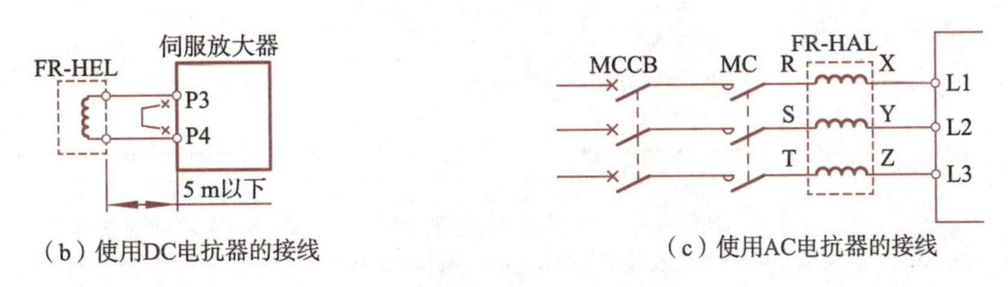

（b）使用DC电抗器的接线　　（c）使用AC电抗器的接线

图 5-3　MR-J4-A 电气连接图及电抗器的接线

注：

①P3 与 P4 之间在出厂状态下已连接。使用功率因数改善 DC 电抗器时，请务必拆除 P3 和 P4 之间的短路棒后再连接，如图 5-3(b)所示。此外，不能同时使用功率因数改善 DC 电抗器与功率因数改善 AC 电抗器。AC 电抗器接线如图 5-3(c)所示。

②必须连接 P+和 D(出厂状态为已接线)。

③编码器电缆推荐使用选件电缆。

④此图为漏型输入/输出接口的情况。

⑤此图为使用三相 AC 200~240 V 电源连接的情况。

⑥请使用动作延迟时间(从操作线圈有电流流过到触点关闭为止的时间)为 80 ms 以下的电磁接触器。根据主电路电压及运行模式的不同,可能会造成母线电压下降,由强制停止减速转换到动态制动减速。若不希望动态制动减速,请延迟电磁接触器的关闭时间。

⑦为了防止伺服放大器发生预料之外的再启动,请构建关闭主电路电源时 EM2 也关闭的电路。

⑧不使用 STO(安全扭矩关断)功能时,请安装伺服放大器附带的短路连接器。

⑨用于 L11 和 L21 的电线比用于 L1 和 L3 的电线细时,请使用无熔丝断路器。

⑩请勿在伺服放大器 U、V、W 及 CN2 上连接错误轴的伺服电动机,否则会导致故障。

⑪为了方便,将输入信号用与输出信号用的 DC 24 V 电源分别使用,也可以由 1 台电源构成。

5.3 伺服驱动器引脚功能

1. 电源系统的引脚说明(见表 5-2)

表 5-2 电源系统的引脚

<table>
<tr><th>简称</th><th>连接位置(用途)</th><th colspan="5">内容</th></tr>
<tr><td rowspan="6">L1-L2-L3</td><td rowspan="6">主电路电源</td><td colspan="5">请给 L1、L2 及 L3 提供以下电源。使用单相 AC 200~240 V 电源时,请连接到 L1 和 L3,不要在 L2 上连接任何东西</td></tr>
<tr><td>伺服放大器电源</td><td>MR-J4-10A(-RJ)~MR-J4-200A(-RJ)</td><td>MR-J4-350A(-RJ)~MR-J4-22KA(-RJ)</td><td>MR-J4-60A4(-RJ)~MR-J4-22KA4(-RJ)</td><td>MR-J4-10A1~MR-J4-40A1</td></tr>
<tr><td>三相 AC 200~240 V,50/60 Hz</td><td colspan="2">L1-L2-L3</td><td>—</td><td>—</td></tr>
<tr><td>单相 AC 200~240 V,50/60 Hz</td><td>L1-L3</td><td>—</td><td>—</td><td>—</td></tr>
<tr><td>三相 AC 380~480 V,50/60 Hz</td><td>—</td><td>—</td><td>L1-L2-L3</td><td>—</td></tr>
<tr><td>单相 AC 100~120 V,50/60 Hz</td><td>—</td><td>—</td><td>—</td><td>L1-L2</td></tr>
<tr><td>P3-P4</td><td>功率因数改善 DC 电抗器</td><td colspan="5">不使用功率因数改善 DC 电抗器时,请将 P3 和 P4 之间连接起来(出厂状态为已接线)。使用功率因数改善 DC 电抗器时,请将 P3 和 P4 间的接线拆除,然后在 P3 和 P4 间连接功率因数改善 DC 电抗器。此外,100 V 级伺服放大器无法使用功率因数改善 DC 电抗器。使用伺服放大器内置再生电阻时,请连接 P+和 C(出厂状态为已接线)</td></tr>
</table>

续表

<table>
<tr><th>简称</th><th>连接位置(用途)</th><th>内容</th></tr>
<tr><td>P+-C-D</td><td>再生选件</td><td>①200 V级/100 V级:
• MR-J4-500A(-RJ)以下及MR-J4-40A1(-RJ)以下使用伺服放大器内置再生电阻时,将P+和D之间连接起来(出厂状态为已接线)。使用再生选件时,请将P+和D之间的接线拆除,在P+和D之间连接再生选件。
• MR-J4-700A(-RJ)~MR-J4-22KA(-RJ)MR-J4-700A(-RJ)~MR-J4-22KA(-RJ)上没有D。使用再生选件时,请拆除连接P+及C的内置式再生电阻的电线后,将再生选件连接到P+和C上。
②400 V级:
• MR-J4-350A4(-RJ)以下使用伺服放大器内置再生电阻时,将P+和D之间连接起来(出厂状态为已接线)。使用再生选件时,请将P+和D之间的接线拆除,在P+和D之间连接再生选件。
• MR-J4-500A4(-RJ)~MR-J4-22KA4(-RJ)MR-J4-500A4(-RJ)~MR-J4-22KA4(-RJ)上没有D。使用伺服放大器内置再生电阻时,请连接P+和C(出厂状态为已接线)。使用再生选件时,请拆除连接P+及C的内置式再生电阻的电线后,将再生选件连接到P+和C上</td></tr>
<tr><td>L11-L21</td><td>控制电路电源</td><td>给L11和L21提供以下电源:
<table>
<tr><th>伺服放大器电源</th><th>MR-J4-10A(-RJ)~MR-J4-200A(-RJ)</th><th>MR-J4-350A(-RJ)~MR-J4-22KA(-RJ)</th><th>MR-J4-60A4(-RJ)~MR-J4-22KA4(-RJ)</th><th>MR-J4-10A1~MR-J4-40A1</th></tr>
<tr><td>三相AC 200~240 V,50/60 Hz</td><td colspan="2">L1-L2-L3</td><td>—</td><td>—</td></tr>
<tr><td>单相AC 200~240 V,50/60 Hz</td><td>L1-L3</td><td>—</td><td>—</td><td>—</td></tr>
<tr><td>三相AC 380~480 V,50/60 Hz</td><td>—</td><td>—</td><td>L1-L2-L3</td><td>—</td></tr>
<tr><td>单相AC 100~120 V,50/60 Hz</td><td>—</td><td>—</td><td>—</td><td>L1-L2</td></tr>
</table></td></tr>
<tr><td>U-V-W</td><td>伺服电动机电源输出</td><td>请将伺服放大器的电源输出(U-V-W)和伺服电动机的电源输入(U-V-W)进行直接接线。请勿在接线之间连接电磁接触器等,否则可能导致异常运行和故障</td></tr>
<tr><td>N-</td><td>电源再生转换器、电源再生共通转换器制动模块</td><td>该端子用于电源再生转换器、电源再生共通转换器、制动模块</td></tr>
<tr><td>接地标识</td><td>保护接地(PE)</td><td>连接到伺服电动机的接地端子及控制柜的保护接地(PE)上</td></tr>
</table>

(1)CN1引脚功能:(MR-J4-A)(见表5-3)

表5-3 CN1引脚功能

引脚编号	I/O(注①)	不同控制模式时的输入输出信号(注②)						相关参数
		P	P/S	S	S/T	T	T/P	
1	—	P15R	P15R	P15R	P15R	P15R	P15R	—
2	I	—	-/VC	VC	VC/VLA	VLA	VLA/-	—
3		LG	LG	LG	LG	LG	LG	—

续表

引脚编号	I/O(注①)	不同控制模式时的输入输出信号(注②)						相关参数
		P	P/S	S	S/T	T	T/P	
4	O	LA	LA	LA	LA	LA	LA	—
5	O	LAR	LAR	LAR	LAR	LAR	LAR	—
6	O	LB	LB	LB	LB	LB	LB	—
7	O	LBR	LBR	LBR	LBR	LBR	LBR	—
8	O	LZ	LZ	LZ	LZ	LZ	LZ	—
9	O	LZR	LZR	LZR	LZR	LZR	LZR	—
10	I	PP	PP/ -	(注⑥)	(注⑥)	(注⑥)	- /PP	Pr. PD43/Pr. PD44(注⑤)
11	I	PG	PG/ -	—	—	—	- /PG	—
12		OPC	OPC/ -	—	—	—	- /OPC	—
13	O	(注④)	(注④)	(注④)	(注④)	(注④)	(注④)	Pr. PD47(注⑤)
14	O	(注④)	(注④)	(注④)	(注④)	(注④)	(注④)	Pr. PD47(注⑤)
15	I	SON	SON	SON	SON	SON	SON	Pr. PD03/Pr. PD04
16	I	—	- /SP2	SP2	SP2/SP2	SP2	SP2/ -	Pr. PD05/Pr. PD06
17	I	PC	PC/ST1	ST1	ST1/RS2	RS2	RS2/PC	Pr. PD07/Pr. PD08
18	I	TL	TL/ST2	ST2	ST2/RS1	RS1	RS1/TL	Pr. PD09/Pr. PD10
19	I	RES	RES	RES	RES	RES	RES	Pr. PD11/Pr. PD12
20	—	DICOM	DICOM	DICOM	DICOM	DICOM	DICOM	—
21	—	DICOM	DICOM	DICOM	DICOM	DICOM	DICOM	—
22	O	INP	INP/SA	SA	SA/ -	—	- /INP	Pr. PD23
23	O	ZSP	ZSP	ZSP	ZSP	ZSP	ZSP	Pr. PD24
24	O	INP	INP/SA	SA	SA/ -		- /INP	Pr. PD25
25	O	TLC	TLC	TLC	TLC/VLC	VLC	VLC/TLC	Pr. PD26
26	—	—	—	—	—	—	—	—
27	I	TLA	(注③) TLA	(注③) TLA	(注③) TLA/TC	TC	TC/TLA	—
28	—	LG	LG	LG	LG	LG	LG	—
29	—	—	—	—	—	—	—	—
30	—	LG	LG	LG	LG	LG	LG	—
31	—	—	—	—	—	—	—	—
32	—	—	—	—	—	—	—	—
33	O	OP	OP	OP	OP	OP	OP	—
34	—	LG	LG	LG	LG	LG	LG	—
35	I	NP	NP/ -	(注⑥)	(注⑥)	(注⑥)	- /NP	Pr. PD45/Pr. PD46(注⑤)
36	I	NG	NG/ -	—	—	—	- /NG	
(注⑧)37	I	PP2	PP2/ -	(注⑦)	(注⑦)	(注⑦)	- /PP2	Pr. PD43/Pr. PD44(注⑤)

续表

引脚编号	I/O(注①)	不同控制模式时的输入输出信号(注②)						相关参数
		P	P/S	S	S/T	T	T/P	
(注⑧)38	I	NP2	NP2/-	(注⑦)	(注⑦)	(注⑦)	-/NP2	Pr. PD45/Pr. PD46(注⑤)
39	—	—	—	—	—	—	—	—
40	—	—	—	—	—	—	—	—
41	I	CR	CR/SP1	SP1	SP1/SP1	SP1	SP1/CR	Pr. PD13/Pr. PD14
42	I	EM2	EM2	EM2	EM2	EM2	EM2	—
43	I	LSP	LSP	LSP	LSP/-	—	-/LSP	Pr. PD17/Pr. PD18
44	I	LSN	LSN	LSN	LSN/-	—	-/LSN	Pr. PD19/Pr. PD20
45	I	LOP	LOP	LOP	LOP	LOP	LOP	Pr. PD21/Pr. PD22
46	—	DOCOM	DOCOM	DOCOM	DOCOM	DOCOM	DOCOM	—
47	—	DOCOM	DOCOM	DOCOM	DOCOM	DOCOM	DOCOM	—
48	O	ALM	ALM	ALM	ALM	ALM	ALM	—
49	O	RD	RD	RD	RD	RD	RD	Pr. PD28
50	—	—	—	—	—	—	—	—

注:①I:输入信号;O:输出信号。

②P:位置控制模式;S:速度控制模式;T:转矩控制模式;P/S:位置/速度控制切换模式;S/T:速度/转矩控制切换模式;T/P:转矩/位置控制切换模式。

③通过[Pr. PD03]~[Pr. PD22]设置可使用 TL(外部转矩限制选择)信号,即可使用 TLA。

④初始状态下没有分配输出软元件。请根据需要通过[Pr. PD47]分配输出软元件。

⑤可在软件版本 B3 以上的 MR-J4-_A_-RJ 伺服放大器中使用。

⑥可作为漏型接口的输入软元件使用。初始状态下没有分配输入软元件。使用时,请根据需要通过[Pr. PD43]~[Pr. PD46]分配软元件。此时,请对 CN1-12 引脚提供 DC 24 V 的+极。此外,可在软件版本 B3 以上的伺服放大器中使用。

⑦可作为源型接口的输入软元件使用。初始状态下没有分配输入软元件。使用时,请根据需要通过[Pr. PD43]~[Pr. PD46]分配软元件。

⑧这些引脚可在软件版本为 B7 以上,并且是 2015 年 1 月以后生产的 MR-J4-_A_-RJ 伺服放大器中使用。

表 5-3 中简称的说明见表 5-4。

表 5-4　简称的说明

简　　称	信号名称	简　　称	信号名称	简　　称	信号名称
SON	伺服开启	LSP	正转行程末端	LSN	反转行程末端
CR	清除	SP1	速度选择 1	SP2	速度选择 2
PC	比例控制	ST1	正转启动	ST2	反转启动
TL	转矩限制选择	RES	复位	EMG	紧急停止
LOP	控制切换	VC	模拟量速度指令	VLA	模拟量速度限制
TLA	模拟量转矩限制	TC	模拟量转矩指令	RS1	正转选择
RS2	反转选择	TLC	转矩限制中	VLC	速度限制中

续表

简　称	信号名称	简　称	信号名称	简　称	信号名称
RD	准备完成	ZSP	零速	INP	定位完毕
SA	速度到达	ALM	故障		
PP	正转/反转脉冲串	LZ	编码器 Z 相脉冲（差动线驱动器）	LB	编码器 B 相脉冲（差动线驱动器）
NP		LZR		LBR	
PG		LA	编码器 A 相脉冲（差动线驱动器）	DICOM	数字接口电源输入
NG		LAR		OPC	集电极开路电源输入
DOCOM	数字接口公共端	P15R	DC 15 V 电源输出	LG	控制公共端
SD	屏蔽				

(2)CN2 引脚功能

编码器接头:接伺服电动机的编码器。

(3)CN3 引脚功能

电动机电源接头:连接伺服电动机。

(4)CN4 引脚功能

电池接头(CN4):连接的电池用于绝对位置的数据保存。

(5)CN5 引脚功能

USB 通信接头:连接个人计算机用于进行伺服设置。

(6)CN6 引脚功能

模拟监控接头:输出模拟监控。

2. 信号说明

控制模式的记号表示如下:

P—位置控制模式;S—速度控制模式;T—转矩控制模式;○—出厂设置下可以使用的信号;△—通过设置参数 N0. PD03～PD08 · PD10～PD12 · PD13-PD16 · PD18 可以使用的信号。

接头引脚号栏的引脚是初始状态下的值。

(1)输入/输出软元件

• 输入软元件,见表 5-5。

表 5-5　输入软元件说明

软元件名称	简称	连接器引脚编号	功能和用途	I/O 分类	控制模式		
					P	S	T
强制停止 2	EM2	CN1-42	将 EM2 设为 OFF(与公共端开路),可以通过指令使伺服电动机减速停止。从强制停止状态将 EM2 设为 ON(短接公共端)即可解除强制停止状态。[Pr. PA04]的设置内容如下所示。	DI-1	○	○	○

续表

<table>
<tr><th rowspan="2">软元件名称</th><th rowspan="2">简称</th><th rowspan="2">连接器
引脚编号</th><th rowspan="2">功能和用途</th><th rowspan="2">I/O 分类</th><th colspan="3">控制模式</th></tr>
<tr><th>P</th><th>S</th><th>T</th></tr>
<tr><td>强制停止 2</td><td>EM2</td><td>CN1-42</td><td>
<table>
<tr><th rowspan="2">[Pr. PA04]的设置值</th><th rowspan="2">EM2/EM1的选择</th><th colspan="2">减速方法</th></tr>
<tr><th>EM2 或 EM1 为 OFF</th><th>发生报警</th></tr>
<tr><td>0___</td><td>EM1</td><td>不进行强制停止减速,MBR(电磁制动互锁)变为 OFF</td><td>不进行强制停止减速,MBR(电磁制动互锁)变为 OFF</td></tr>
<tr><td>2___</td><td>EM2</td><td>强制停止减速后,MBR(电磁制动互锁)变为 OFF</td><td>强制停止减速后,MBR(电磁制动互锁)变为 OFF</td></tr>
</table>
EM2 和 EM1 为互斥功能。但是,在转矩控制模式时,EM2 会变成与 EM1 功能相同的软元件</td><td>DI-1</td><td>○</td><td>○</td><td>○</td></tr>
<tr><td>强制停止 1</td><td>EM1</td><td>(CN1-42)</td><td>使用 EM1 时,将[Pr. PA04]设置为“0___”,设为可以使用。将 EM1 设为在 OFF(与公共端开路)后进入强制停止状态,切断基本电路,动态制动器动作后使伺服电动机减速停止。从强制停止状态将 EM1 设为 ON(短接公共端)即可解除强制停止状态</td><td>DI-1</td><td>△</td><td>△</td><td>△</td></tr>
<tr><td>伺服 ON</td><td>SON</td><td>CN1-15</td><td>将 SON 设为 ON 时基本电路中有电源进入,成为可以运行的状态;设为 OFF 时基本电路被切断,伺服电动机呈自由运行状态。将[Pr. PD01]设置为“___4”后,可以在内部变更为自动 ON(常时 ON)</td><td>DI-1</td><td>○</td><td>○</td><td>○</td></tr>
<tr><td>复位</td><td>RES</td><td>CN1-19</td><td>将 RES 设为 ON 50 ms 以上时可以让报警复位。也存在 RES(复位)没法解除的报警。没有发生报警的状态下,将 RES 设为 ON 即会切断基本电路。将[Pr. PD30]设置为“__1_”,就不会切断基本电路。该软元件不用于停止操作,在运行中请勿设为 ON</td><td>DI-1</td><td>○</td><td>○</td><td>○</td></tr>
<tr><td>正转行程末端</td><td>LSP</td><td></td><td>运行时,请将 LSP 及 LSN 设为 ON。否则,伺服将紧急停止并保持伺服锁定状态。将[Pr. PD30]设置为“___1”时,伺服将减速停止
<table>
<tr><th colspan="2">(注)输入软元件</th><th colspan="2">运行</th></tr>
<tr><th>LSP</th><th>LSN</th><th>CCW 方向
正方向</th><th>CW 方向
反方向</th></tr>
<tr><td>1</td><td>1</td><td>○</td><td>○</td></tr>
<tr><td>0</td><td>1</td><td>—</td><td>○</td></tr>
<tr><td>1</td><td>0</td><td>○</td><td>—</td></tr>
<tr><td>0</td><td>0</td><td>—</td><td>—</td></tr>
</table>
注:0—OFF;1—ON。○:包含此功能;—:不包含此功能</td><td>DI-1</td><td>○</td><td>○</td><td>△</td></tr>
</table>

续表

<table>
<tr><th rowspan="2">软元件名称</th><th rowspan="2">简称</th><th rowspan="2">连接器引脚编号</th><th rowspan="2">功能和用途</th><th rowspan="2">I/O 分类</th><th colspan="3">控制模式</th></tr>
<tr><th>P</th><th>S</th><th>T</th></tr>
<tr><td>反转行程末端</td><td>LSN</td><td>CN1-44</td><td>将[Pr. PD01]做如下设置时，可以在内部变更为自动 ON(常闭)
<table><tr><td rowspan="2">[Pr. PD01]</td><td colspan="2">状态</td></tr><tr><td>LSP</td><td>LSN</td></tr><tr><td>-</td><td></td><td></td></tr><tr><td>_4_ _</td><td>自动 ON</td><td>—</td></tr><tr><td>_8_ _</td><td>—</td><td>自动 ON</td></tr><tr><td>_C_ _</td><td>自动 ON</td><td>自动 ON</td></tr></table>LSP 或 LSN 变为 OFF 时，发生[AL. 99 行程限制警告]，WNG(警告)变为 ON。使用 WNG 时，请通过[Pr. PD23]~[Pr. PD26]、[Pr. PD28]及[Pr. PD47]设置为可以使用状态。但是，MR-J4-03A6(-RJ)伺服放大器不能使用[Pr. PD47]。
转矩控制模式的情况下，该软元件在正常运行时无法使用。线性伺服电动机控制模式及 DD 电动机控制模式下仅在磁极检测中的运行时可使用。此外，转矩控制模式下磁极检测完成后，该信号即变为无效</td><td></td><td></td><td></td><td></td></tr>
<tr><td>外部转矩限制选择</td><td>TL</td><td>CN1-18</td><td>将 TL 设为 OFF 时，[Pr. PA11 正转转矩限制]及[Pr. PA12 反转转矩限制]变为有效，将 TL 设为 ON 时，TLA(模拟量转矩限制)变为有效</td><td>DI-1</td><td>○</td><td>△</td><td>—</td></tr>
<tr><td>内部转矩限制选择</td><td>TL1</td><td>—</td><td>通过[Pr. PD03]~[Pr. PD22]将 TL1 设为可以使用后，[Pr. PC35 内部转矩限制 2/内部推力控制 2]即变为可选</td><td>DI-1</td><td>△</td><td>△</td><td>△</td></tr>
<tr><td>正转启动</td><td>ST1</td><td>CN1-17</td><td rowspan="2">启动伺服电动机，旋转方向如下：
<table><tr><td colspan="2">(注)输入软元件</td><td rowspan="2">伺服电动机启动方向</td></tr><tr><td>ST2</td><td>ST1</td></tr><tr><td>0</td><td>0</td><td>停止(伺服锁定)</td></tr><tr><td>0</td><td>1</td><td>CCW</td></tr><tr><td>1</td><td>0</td><td>CW</td></tr><tr><td>1</td><td>1</td><td>停止(伺服锁定)</td></tr></table>注：0—OFF；1—ON
运行中将 ST1 和 ST2 同时设为 ON 或 OFF 时，根据[Pr. PC02]中的设置值减速停止后维持伺服锁定状态。
将[Pr. PC23]设置为“_ _ _1”后，在减速停止后不会伺服锁定</td><td rowspan="2">DI-1</td><td rowspan="2">—</td><td rowspan="2">○</td><td rowspan="2">—</td></tr>
<tr><td>反转启动</td><td>ST2</td><td>CN1-18</td></tr>
<tr><td>正转选择</td><td>RS1</td><td>CN1-18</td><td rowspan="2">选择伺服电动机的转矩输出方向。转矩输出方向如下：
<table><tr><td colspan="2">(注)输入软元件</td><td rowspan="2">转矩输出方向</td></tr><tr><td>RS2</td><td>RS1</td></tr><tr><td>0</td><td>0</td><td>不输出转矩</td></tr><tr><td>0</td><td>1</td><td>正转运行、反转再生</td></tr><tr><td>1</td><td>0</td><td>(反转运行、正转再生)</td></tr><tr><td>1</td><td>1</td><td>不输出转矩</td></tr></table>注：0—OFF；1—ON</td><td rowspan="2">DI-1</td><td rowspan="2">—</td><td rowspan="2"></td><td rowspan="2">○</td></tr>
<tr><td>反转选择</td><td>RS2</td><td>CN1-17</td></tr>
</table>

续表

<table>
<tr><th rowspan="2">软元件名称</th><th rowspan="2">简称</th><th rowspan="2">连接器
引脚编号</th><th rowspan="2">功能和用途</th><th rowspan="2">I/O 分类</th><th colspan="3">控制模式</th></tr>
<tr><th>P</th><th>S</th><th>T</th></tr>
<tr><td>速度选择 1</td><td>SP1</td><td>CN1-41</td><td rowspan="3">①速度控制模式时选择运行时的指令转速
<table><tr><td colspan="3">(注)输入软元件</td><td rowspan="2">速度指令</td></tr><tr><td>SP3</td><td>SP2</td><td>SP1</td></tr><tr><td>0</td><td>0</td><td>0</td><td>VC(模拟量速度指令)</td></tr><tr><td>0</td><td>0</td><td>1</td><td>Pr. PC05 内部速度指令 1</td></tr><tr><td>0</td><td>1</td><td>0</td><td>Pr. PC06 内部速度指令 2</td></tr><tr><td>0</td><td>1</td><td>1</td><td>Pr. PC07 内部速度指令 3</td></tr><tr><td>1</td><td>0</td><td>0</td><td>Pr. PC08 内部速度指令 4</td></tr><tr><td>1</td><td>0</td><td>1</td><td>Pr. PC09 内部速度指令 5</td></tr><tr><td>1</td><td>1</td><td>0</td><td>Pr. PC10 内部速度指令 6</td></tr><tr><td>1</td><td>1</td><td>1</td><td>Pr. PC11 内部速度指令 7</td></tr></table>注:0—OFF;1—ON
②转矩控制模式时选择运行时的限制转速
<table><tr><td colspan="3">(注)输入软元件</td><td rowspan="2">速度指令</td></tr><tr><td>SP3</td><td>SP2</td><td>SP1</td></tr><tr><td>0</td><td>0</td><td>0</td><td>VC(模拟量速度指令)</td></tr><tr><td>0</td><td>0</td><td>1</td><td>Pr. PC05 内部速度指令 1</td></tr><tr><td>0</td><td>1</td><td>0</td><td>Pr. PC06 内部速度指令 2</td></tr><tr><td>0</td><td>1</td><td>1</td><td>Pr. PC07 内部速度指令 3</td></tr><tr><td>1</td><td>0</td><td>0</td><td>Pr. PC08 内部速度指令 4</td></tr><tr><td>1</td><td>0</td><td>1</td><td>Pr. PC09 内部速度指令 5</td></tr><tr><td>1</td><td>1</td><td>0</td><td>Pr. PC10 内部速度指令 6</td></tr><tr><td>1</td><td>1</td><td>1</td><td>Pr. PC11 内部速度指令 7</td></tr></table>注:0—OFF;1—ON</td><td>DI-1</td><td>—</td><td>○</td><td>○</td></tr>
<tr><td>速度选择 2</td><td>SP2</td><td>CN1-16</td><td>DI-1</td><td>—</td><td>○</td><td>○</td></tr>
<tr><td>速度选择 3</td><td>SP3</td><td>—</td><td>DI-1</td><td>—</td><td>△</td><td>△</td></tr>
<tr><td>比例控制</td><td>PC</td><td>CN1-17</td><td>将 PC 设为 ON,速度放大器从比例积分形式切换为比例形式。伺服电动机在停止状态,即使由于外部原因让其只是旋转 1 个脉冲,也会产生转矩来补偿其位置偏差。定位完成(停止)后轴被机械锁住时,同时将 PC(比例控制)设为 ON,就可以抑制想要补偿位置偏差的无用的转矩。长时间锁定时,请将 PC(比例控制)和 TL(外部转矩限制选择)同时设为 ON,通过 TLA(模拟量转矩限制)使转矩输出在额定转矩以下。请不要使用通过转矩控制的 PC(比例控制)。通过转矩控制使用 PC(比例控制)时,可能会以超过速度限制值的速度运行</td><td>DI-1</td><td>○</td><td>△</td><td>—</td></tr>
<tr><td>清除</td><td>CR</td><td>CN1-41</td><td>将 CR 设为 ON,即会清除设备开启时位置控制计数器中的滞留脉冲。请将脉冲幅度设置在 10 ms 以上。通过[Pr. PB03 位置指令加减速时间常数]设置的延迟量也被清除。将[Pr. PD32]设置为“___1”,则在 CR 为 ON 的期间会始终执行清除</td><td>DI-1</td><td>○</td><td>—</td><td>—</td></tr>
</table>

续表

<table>
<tr><th rowspan="2">软元件名称</th><th rowspan="2">简称</th><th rowspan="2">连接器
引脚编号</th><th rowspan="2">功能和用途</th><th rowspan="2">I/O 分类</th><th colspan="3">控制模式</th></tr>
<tr><th>P</th><th>S</th><th>T</th></tr>
<tr><td>电子齿轮
选择 1</td><td>CM1</td><td>—</td><td rowspan="2">通过 CM1 和 CM2 的组合,可以选择 4 种电子齿轮的分子。在绝对位置检测系统中不能使用 CM1 和 CM2
<table>
<tr><td colspan="2">(注)输入软元件</td><td rowspan="2">电子齿轮分子</td></tr>
<tr><td>CM2</td><td>CM1</td></tr>
<tr><td>0</td><td>0</td><td>Pr. PA06</td></tr>
<tr><td>0</td><td>1</td><td>Pr. PC32</td></tr>
<tr><td>1</td><td>0</td><td>Pr. PC33</td></tr>
<tr><td>1</td><td>1</td><td>Pr. PC34</td></tr>
</table>
注:0—OFF;1—ON</td><td>DI-1</td><td>△</td><td>—</td><td>—</td></tr>
<tr><td>电子齿轮
选择 2</td><td>CM2</td><td>—</td><td>DI-1</td><td>△</td><td>—</td><td>—</td></tr>
<tr><td>增益切换</td><td>CDP</td><td>—</td><td>将 COP 设为 ON 时,负载惯量比和各增益值切换为[Pr. PB29]~[Pr. PB36],[Pr. PB56]~[Pr. PB60]的值</td><td>DI-1</td><td>△</td><td>△</td><td>△</td></tr>
<tr><td>控制切换</td><td>LOP</td><td>CN1-45</td><td>位置/速度控制切换模式:用于控制模式的选择
<table>
<tr><td>(注)LOP</td><td>控制模式</td></tr>
<tr><td>0</td><td>位置</td></tr>
<tr><td>1</td><td>速度</td></tr>
</table>
注:0—OFF;1—ON
速度/转矩控制切换模式:用于控制模式的选择
<table>
<tr><td>(注)LOP</td><td>控制模式</td></tr>
<tr><td>0</td><td>速度</td></tr>
<tr><td>1</td><td>转矩</td></tr>
</table>
注:0—OFF;1—ON
转矩/位置控制切换模式:用于控制模式的选择
<table>
<tr><td>(注)LOP</td><td>控制模式</td></tr>
<tr><td>0</td><td>转矩</td></tr>
<tr><td>1</td><td>位置</td></tr>
</table>
注:0—OFF;1—ON</td><td>DI-1</td><td colspan="3">参照功能
与用途栏</td></tr>
<tr><td>第 2 加减
速选择</td><td>STAB2</td><td>—</td><td>可以选择速度控制模式及转矩控制模式中伺服电动机旋转时的加速减速时间常数。S 字加减速时间常数一直是恒定的
<table>
<tr><td>(注) STAB2</td><td>加减速时间常数</td></tr>
<tr><td>0</td><td>Pr. PC01 加速时间常数
Pr. PC02 减速时间常数</td></tr>
<tr><td>1</td><td>Pr. PC30 加速时间常数 2
Pr. PC31 减速时间常数 2</td></tr>
</table>
注:0—OFF;1—ON</td><td>DI-1</td><td>—</td><td>△</td><td>△</td></tr>
<tr><td>ABS 传送
模式</td><td>ABSM</td><td>CN1-17</td><td>ABS 传送模式请求软元件。将[Pr. PA03]设置为“___1”,选择了 DIO 绝对位置检测系统时,CN1-17 引脚变为 ABSM</td><td>DI-1</td><td>△</td><td>—</td><td>—</td></tr>
</table>

续表

软元件名称	简称	连接器引脚编号	功能和用途	I/O 分类	控制模式		
					P	S	T
ABS 要求	ABSR	CN1-18	ABS 请求软元件。将[Pr. PA03]设置为“_ _ _1”，选择了DIO 绝对位置检测系统时，CN1-18 引脚变为 ABSM	DI-1	△	—	—
全闭环选择	CLD	—	将[PR. PE01]的半闭环控制/全闭环控制切换设为有效时可使用。将 CLD 设为 OFF 后为半闭环控制，将 CLD 设为 ON 后为全闭环控制。MR-J4-03A6(-RJ)伺服放大器，此软元件不能使用	DI-1	△	—	—
清除电动机侧、机械侧偏差计数器	MECR	—	启动 MECR 时，电机侧、机械侧位置偏差计数器归零。 ①全闭环控制时动作。 ②对位置控制的滞留脉冲没有影响。 ③即使在半闭环控制中将该软元件设为 ON，也不会影响运行。 ④[Pr. PE03]在全闭环控制异常检测功能无效的条件下将该软元件设为 ON，也不会影响运行。 注意：MR-J4-03A6(-RJ)型伺服放大器中，此软元件不能使用	DI-1	△	—	—

• 输出软元件，见表 5-6。

表 5-6　输出软元件说明

软元件名称	简称	连接器引脚编号	功能和用途	I/O 分类	控制模式		
					P	S	T
故障	ALM	CN1-48	发生报警时 ALM 变为 OFF。不发生报警时，接通电源 2.5 ~ 3.5 s 后 ALM 变为 ON。将[Pr. PD34]设置为“_ _1_”时，发生报警或警告时，ALM 变为 OFF	DO-1	○	○	○
动态制动互锁	DB	—	使用该信号时，通过[Pr. PD23] ~ [Pr. PD26]、[Pr. PD28]及[Pr. PD47]设置为可以使用。需要动态制动的动作时，DB 变为 OFF。11 kW 以上的伺服放大器中使用外置动态制动时，需要该软元件。7 kW 以下的伺服放大器中，不需要使用该软元件。通过 11 kW 以上的伺服放大器对应 SEMI-F47 规格时，无法使用外置动态制动器。不要通过[Pr. PD23] ~ [Pr. PD26]、[Pr. PD28]及[Pr. PD47]分配 DB(动态制动互锁)。分配了DB(动态制动互锁)时，伺服放大器在瞬间停电时为伺服 OFF	DO-1	○	○	○
准备完成	RD	CN1-49	伺服 ON 后进入可运行状态时，RD 变为 ON	DO-1	○	○	○
到位	INP	CN1-22 CN1-24	滞留脉冲在设置的到位范围内时 INP 为 ON。到位范围可以通过[Pr. PA10]变更。如果扩大到位范围，则低速旋转时有可能出现始终为 ON。伺服 ON 后 INP 变为 ON	DO-1	○	—	—
速度到达	SA	—	伺服电动机转速到达下列范围时，SA 为 ON。设置速度为 ±[(设置速度 ×0.05) +20]r/min 设置速度在 20 r/min 以下则始终为 ON。SON(伺服为 ON 时)OFF 时或 ST1(正转启动)和 ST2(反转启动)同时 OFF 时，即使通过外力使伺服电动机的转速达到设置速度也不会变为 ON	DO-1	—	○	—

续表

软元件名称	简称	连接器引脚编号	功能和用途	I/O 分类	控制模式		
					P	S	T
速度限制中	VLC	CN1-25	通过转矩控制模式[Pr. PC05 内部速度限制 1]~[Pr. PC11 内部速度限制 7]或 VLA（模拟速度限制）达到限制速度时，VLC 变为 ON。在 SON（伺服 ON）为 OFF 时 VLC 变为 OFF	DO-1	—	—	○
转矩限制中	TLC		输出转矩时，到达[Pr. PA11 正转转矩限制]，[Pr. PA12 反转转矩限制]或 TLA（模拟转矩限制）设置的转矩时，TLC 变为 ON	DO-1	○	○	○
零速检测	ZSP	CN1-23	伺服电动机转速在零速以下时，ZSP 变为 ON。零速可以通过[Pr. PC17]变更。 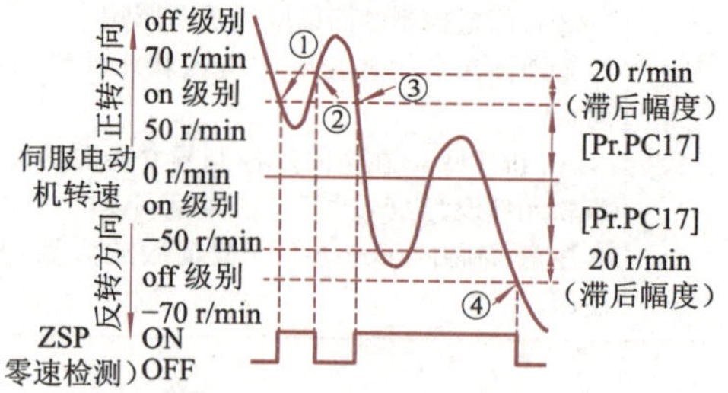 正转方向 off 级别 70 r/min；on 级别 50 r/min；伺服电动机转速 0 r/min；反转方向 on 级别 −50 r/min；off 级别 −70 r/min；20 r/min（滞后幅度）[Pr.PC17]；[Pr.PC17] 20 r/min（滞后幅度）；ZSP（零速检测）ON OFF；①②③④ 在伺服电动机的转速减速到 50 r/min 时的点①，ZSP 变为 ON；在电动机的转速再次上升至 70 r/min 时的点②，ZSP 变为 OFF。再次减速至 50 r/min 时的点③，ZSP 变为 ON，在到达 −70 r/min 时的点④变为 OFF。伺服电动机的转速达到 ON 级别 ZSP 变为 ON，再次上升达到 OFF 级别为止的范围称为滞后幅度。该伺服放大器的滞后幅度为 20 r/min	DO-1	○	○	○
电磁制动互锁	MBR	—	使用该软元件时，请通过[Pr. PC16]设置电磁制动器的动作延迟时间。伺服 OFF 或发生报警时，MBR 变为 OFF	DO-1	△	△	△
警告	WNG	—	发生警告时，WNG 变为 ON；未发生警告时，在接通电源 2.5~3.5 s 后 WNG 变为 OFF	DO-1	△	△	△
电池警告	BWNG	—	发生[AL. 92 电池断线警告]或[AL. 9F 电池警告]时，BWNG 变为 ON。未发生电池警告时，在电源开启 2.5~3.5 s 后 WNG 变为 OFF	DO-1	△	△	△
报警代码	ACD0	（CN1-24）	使用这些信号时，将[Pr. PD34]设置为“___1”。发生报警时就会输出该信号。没有发生报警时，输出各种常规信号。将[Pr. PA03]设定为“___1”后，选择了 DIO 绝对位置检测系统的状态下，且在 CN1-22 引脚、CN1-23 引脚或 CN1-24 引脚中选择 MBR、DB 或 ALM 的状态下，选择报警代码输出时，发生[AL. 37 参数异常]	DI-1	△	△	△
—	ACD1	（CN1-23）					
—	ACD2	（CN1-22）					
可变增益选择	CDPS	—	增益切换中 CDPS 变为 ON	DO-1	△	△	△
绝对位置丢失中	ABSV	—	绝对位置丢失时，ABSV 变为 ON	DO-1	△	—	—
ABS 数据发送位 0	ABSB0	（CN1-22）	输出 ABS 数据发送位 0。将[Pr. PA03]设置为“___1”，选择了 DIO 绝对位置检测系统时，CN1-22 引脚只在 ABS 传送模式中变为 ABSB0	DO-1	△	—	—

续表

软元件名称	简称	连接器引脚编号	功能和用途	I/O 分类	控制模式		
					P	S	T
ABS 数据发送位 1	ABSB1	（CN1-23）	输出 ABS 数据发送位 1。将［Pr. PA03］设置为“___1”，选择了 DIO 绝对位置检测系统时，CN1-23 引脚只在 ABS 传送模式中变为 ABSB1	DO-1	△	—	—
ABS 数据发送准备完毕	ABST	（CN1-25）	输出 ABS 数据发送准备完毕。将［Pr. PA03］设置为“___1”，选择了 DIO 绝对位置检测系统时，CN1-25 引脚只在 ABS 传送模式中变为 ABST	DO-1	△	—	—
Tough Drive 中	MTTR	—	通过［Pr. PA20］将 Tough Drive 设置为“有效”的情况下，瞬停 Tough Drive 动作时 MTTR 即变为 ON。MR-J4-03A6(-RJ)型伺服放大器中，此软元件不能使用	DO-1	△	△	△
全闭环控制中	CLDS	—	全闭环控制中，CLDS 变为 ON。MR-J4-03A6(-RJ)型伺服放大器中，此软元件不能使用	DO-1	△	—	—

（2）输入软元件（见表 5-7）

表 5-7　输入软元件说明

软元件名称	简称	连接器引脚编号	功能和用途	I/O 分类	控制模式		
					P	S	T
模拟转矩限制	TLA	CN1-27	速度控制模式下使用该信号时，请通过［Pr. PD03］～［Pr. PD22］将 TL（外部转矩限制选择）设为可以使用的状态。TLA 有效时，在伺服电动机输出转矩全范围内限制转矩输出。请在 TLA 和 LG 间施加 DC 0～10 V 电压。请在 TLA 上连接电源正极。+10 V 时输出最大转矩。在 TLA 中输入最大转矩以上的限制值时，将被限制为最大转矩。分辨率：10 位	模拟量输入	○	△	—
模拟转矩指令	TC	CN1-27	控制伺服电动机可输出转矩的全范围内的转矩输出。请在 TLA 和 LG 间施加 DC 0～±8 V 电压。±8 V 时输出最大转矩。此外，输入 ±8 V 时的对应转矩可以通过［Pr. PC13］更改。在 TC 中输入最大转矩以上的限制值时，将被限制为最大转矩	模拟量输入	—	—	○
模拟速度指令	VC	CN1-2	请在 VC 和 LG 间施加 DC 0～±10 V 电压。±10 V 时变为通过［Pr. PC12］设置的转速。在 VC 中输入允许转速以上的指令值时，将被限制为允许转速。分辨率：相当于 14 位。 此外，MR-J4-_A_-RJ 100 W 以上的伺服放大器时，［Pr. PC60］设置为“__1_”后，模拟输入的分辨率可以提高到 16 位。此功能在 2014 年 11 月以后生产的伺服放大器中可以使用	模拟量输入	—	○	—
模拟速度限制	VLA	CN1-2	请在 VLA 和 LG 间施加 DC 0～±10 V 电压。±10 V 时变为通过［Pr. PC12］设置的转速。在 VLA 中输入允许转速以上的限制值时，将被限制为允许转速	模拟量输入	—	—	○

续表

软元件名称	简称	连接器引脚编号	功能和用途	I/O 分类	控制模式		
					P	S	T
正转脉冲串 反转脉冲串	PP NP PP2 NP2 PG NG	CN1-10 CN1-35 CN1-37 CN1-38 CN1-11 CN1-36	输入指令脉冲串： ①集电极开路方式时，最大输入频率为 200 kpulse/s。A 相、B 相脉冲串时，200 kpulse/s 为 4 倍频后的频率。 • 漏型输入接口：在 PP 和 DOCOM 之间输入正转脉冲串。在 NP 和 DOCOM 之间输入反转脉冲串。 • 源型输入接口：在 PP2 和 PG 之间输入正转脉冲串。在 NP2 和 NG 之间输入反转脉冲串。 ②差动输入方式时，最大输入频率为 4 kpulse/s。A 相、B 相脉冲串时，4 Mpulse/s 为 4 倍频后的频率。 在 PG 和 PP 之间输入正转脉冲串。在 NG 和 NP 之间输入反转脉冲串。 指令输入脉冲串形式、脉冲串逻辑及指令输入脉冲串滤波器可以通过[Pr. PA13]进行变更。 指令脉冲串大于 1 Mpulse/s 小于 4 Mpulse/s 时，请将[Pr. PA13]设置为“_0__”	DI-2	○	—	—

(3)输出软元件(见表 5-8)。

表 5-8 输出软元件说明

软元件名称	简称	连接器引脚编号	功能和用途	I/O 分类	控制模式		
					P	S	T
编码器 A 相脉冲(差动线驱动器)	LA LAR	CN1-4 CN1-5	通过[Pr. PA15]设置的编码器输出脉冲以差动线驱动器方式输出。 伺服电动机 CCW 方向旋转时，编码器 B 相脉冲比编码器 A 相脉冲相位仅滞后 π/2。 A 相脉冲及 B 相脉冲的旋转方向和相位差之间的关系可以通过[Pr. PC19]变更	DO-2	○	○	○
编码器 B 相脉冲(差动线驱动器)	LB LBR	CN1-6 CN1-7					
编码器 Z 相脉冲(差动线驱动器)	LZ LZR	CN1-8 CN1-9	编码器的零点信号以差动线驱动器方式输出。伺服电动机每转输出 1 个脉冲。到达零点位置时变为 ON。(负逻辑)最小脉冲幅度约为 400 μs。采用该脉冲进行原点复位时请将蠕变速度控制在 100 r/min 以下	DO-2	○	○	○
编码器 Z 相脉冲(集电极开路)	OP	CN1-33	编码器的零点信号以集电极开路方式输出	DO-2	○	○	○
模拟监视 1	MO1	CN6-3	[Pr. PC14]设置的数据在 MO1 和 LG 间通过电压输出。输出电压：±10 V；分辨率：相当于 10 位	模拟量输出	○	○	○
模拟监视 2	MO2	CN6-2	[Pr. PC15]设置的数据在 MO1 和 LG 间通过电压输出。输出电压：±10 V；分辨率：相当于 10 位	模拟量输出	○	○	○

(4)通信(见表 5-9)

表 5-9 通信信号说明

软元件名称	简称	连接器 引脚编号	功能和用途	I/O 分类	控制模式		
					P	S	T
RS-422/ RS-485 I/F	SDP SDN RDP RDN	CN3-5 CN3-4 CN3-3 CN3-6	RS-422/RS-485 通信用端子	—	○	○	○

(5)电源(见表 5-10)

表 5-10 电源信号说明

软元件名称	简称	连接器 引脚编号	功能和用途	I/O 分类	控制模式		
					P	S	T
数字 I/F 用 电源输入	DICOM	CN1-20 CN1-21	请接入输入/输出接口用 DC 24 V 电压[DC 24 ×(1 ± 10%) V 500 mA]。电源容量根据使用的输入/输出接口的点数不同而变化。 漏型接口连接 DC 24 V 外部电源的 + 极。 源型接口连接 DC 24 V 外部电源的 − 极	—	○	○	○
集电极开路 漏型接口用 电源输入	OPC	CN1-12	通过漏型接口输入集电极开路方式的脉冲串时,该端子连接 DC 24 V 的正极	—	○	—	—
			CN1-10 引脚及 CN1-35 引脚通过 DI 使用时,该端子连接 DC 24 V 的正极。CN1-10 引脚及 CN1-35 引脚在 2014 年 11 月以后生产的伺服放大器中可以使用	—	—	○	○
数字 I/F 用公共端	DOCOM	CN1-46 CN1-47	伺服放大器的 EM2 等输入信号的公共端子,和 LG 是隔离的。漏型接口连接 DC 24 V 外部电源的 − 极。源型接口连接 DC 24 V 外部电源的正极	—	○	○	○
DC 15 V 电源输出	P15R	CN1-1	在 P15R 和 LG 间输出 DC 15 V 电压。可作为 TC/TLA/VC/VLA 用的电源使用。允许电流 30 mA	—	○	○	○
控制公共端	LG	CN1-3 CN1-28 CN1-30 CN1-34 CN3-1 CN3-7 CN6-1	TLA/TC/VC/VLA/OP/MO1/MO2/P15R 的公共端子。各引脚在内部已连接	—	○	○	○
屏蔽	SD	板	连接屏蔽线的外部导体	—	○	○	○

5.4 伺服驱动器的接线

1. 位置控制接线

位置控制接线如图 5-4 所示(漏型输入/输出接口)。

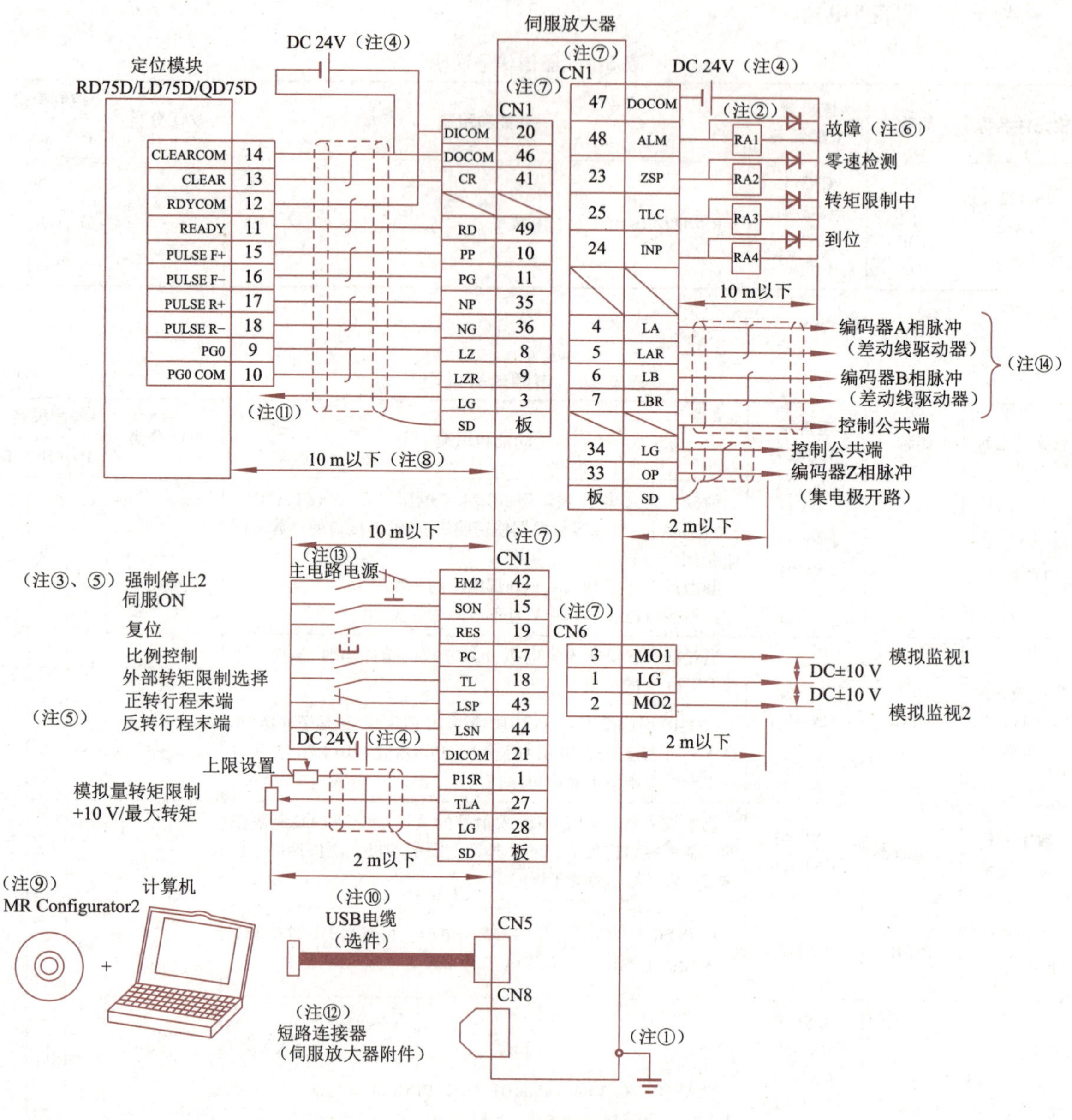

图 5-4　位置控制接线

注:

①为了防止触电,请务必将伺服放大器的保护接地(PE)端子(带有接地⏚标志的端子)连接到控制柜的保护接地端子上。

②请勿弄错二极管方向。连接错误可能会导致伺服放大器发生故障出现不能输出信号、EM2(强制停止2)等保护电路不能动作的情况。

③请务必安装强制停止开关(常闭触点)。

④请从外部供给接口用的 DC 24×(1±10%)V 电源,将这些电源的电流容量总和控制在500 mA。500 mA 是输入/输出信号全部使用时的值,可以通过减少输入/输出点数降低电流容量。为了方便,将输入信号用与输出信号用的 DC 24 V 电源分别标注,也可以由 1 台电源构成。

⑤运行时请务必将 EM2(强制停止 2)、LSP(正转行程末端)及 LSN(反正行程末端)设为 ON(常闭触点)。

⑥ALM(故障)在未发生报警的正常情况下变为 ON。(常闭触点)变为 OFF(报警发生)时,通过顺控程序停止可编程控制器的信号。

⑦在伺服放大器的内部连接有相同名称的信号。

⑧指令脉冲串输入采用差动线驱动器方式的情况。采用集电极开路方式时在 2 m 以下。

⑨请使用 SW1DNC-MRC2-系列软件。

⑩可使用 CN3 连接器的 RS-422/RS-485 通信连接控制器或参数模块。但是,USB 通信功能(CN5 连接器)和 RS-422/RS-485 通信功能(CN3 连接器)是互斥的,不能同时使用。

⑪RD75D、LD75D 及 QD75D 不需要连接 LG 引脚。但是根据使用的定位模块,为了提高抗干扰能力,建议将伺服放大器的 LG 和控制公共端间进行连接。

⑫不使用 STO 功能(安全扭矩关断)时,请安装伺服放大器附带的短路连接器。

⑬为了防止伺服放大器发生预料之外的再启动,请构建关闭主电路电源时 EM2 也关闭的电路。

⑭因为控制器侧连接的指令电缆的断开或干扰发生误动作时,可能会导致位置偏移。通过在控制器侧确认编码器 A 相脉冲及编码器 B 相脉冲,可防止位置偏移。

2. 速度控制接线

速度控制接线如图 5-5 所示(漏型输入/输出接口)。

3. 转矩控制接线

转矩控制接线如图 5-6 所示(漏型输入/输出接口)。

5.5　定位模块的应用

5.5.1　QD75 定位模块特点

1. 单轴、双轴以及四轴用模块

①本系列共有 6 种机型:采用脉冲输出的集电极开路输出方式的 QD75P1、QD75P2、QD75P4 型 3 种,以及差动驱动输出方式的 QD75D1、QD75D2 和 QD75D4 型 3 种。

②在基板上安装 QD75 时,需要占用一个插槽,而每个 QD75 占用 I/O 的点数均为 32 点。

在可编程控制器 CPU 的输入/输出点数范围内,最大允许安装 64 个定位模块。

2. 丰富的定位控制功能

①具备大量定位系统所必需的功能:

- 每轴最大允许对 600 个定位地址、控制方式、运行模式等定位数据进行设置。

以上定位数据均保存于缓冲存储器内,能够自由进行数据的读/写操作。

- 能够采用直线控制方式对各轴(最大能够同时执行 4 根轴)进行定位。

本控制方式不仅能够利用一个定位数据进行单独定位,也能使用多个定位数据进行连续定位控制。

- 在同时对多轴进行定位控制时,可以通过 2 轴-4 轴的速度控制和位置控制进行直线插补控制;也能采用 2 轴进行圆弧插补控制。

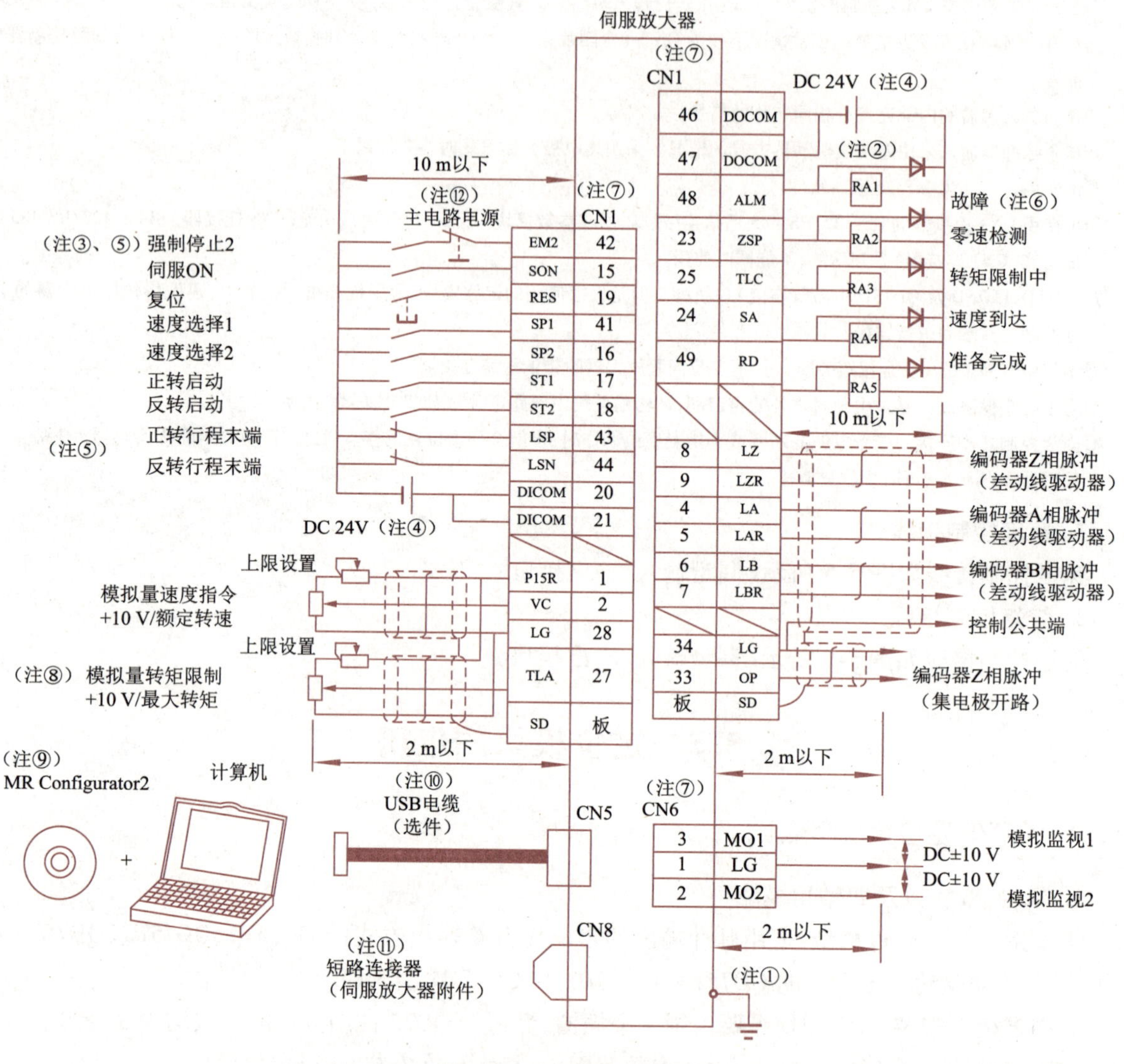

图 5-5 速度控制接线

注:

①为了防止触电,请务必将伺服放大器的保护接地(PE)端子(带有⏚标志的端子)连接到控制柜的保护接地端子上。

②请勿弄错二极管方向。连接错误可能会导致伺服放大器发生故障出现不能输出信号、EM2(强制停止2)等保护电路不能动作的情况。

③请务必安装强制停止开关(常闭触点)。

④请从外部供给接口用的 DC 24 × (1 ± 10%) V 电源,将这些电源的电流容量总和控制在 500 mA。500 mA 是输入/输出信号全部使用时的值,可以通过减少输入/输出点数降低电流容量,DC 24 V 电源可同时供输入信号用和输出信号用。

⑤运行时请务必将 EM2(强制停止 2)、LSP(正转行程末端)及 LSN(反正行程末端)设为 ON。

⑥ALM(故障)在未发生报警的正常情况下变为 ON。

⑦在伺服放大器的内部连接有相同名称的信号。

⑧通过[Pr. PD03]~[Pr. PD22]设置可使用 TL(外部转矩限制选择)信号,即可使用 TLA。

⑨请使用 SW1DNC-MRC2-_系列软件。

⑩可使用 CN3 连接器的 RS-422/RS-485 通信连接控制器或参数模块。但是,USB 通信功能(CN5 连接器)和 RS-422/RS-485 通信功能(CN3 连接器)是互斥的,不能同时使用。

⑪不使用 STO 功能时,请安装伺服放大器附带的短路连接器。

⑫为了防止伺服放大器发生预料之外的再启动,请构建关闭主电路电源时 EM2 也关闭的电路。

在源型接口中,漏型接口的电源的正负极对调。

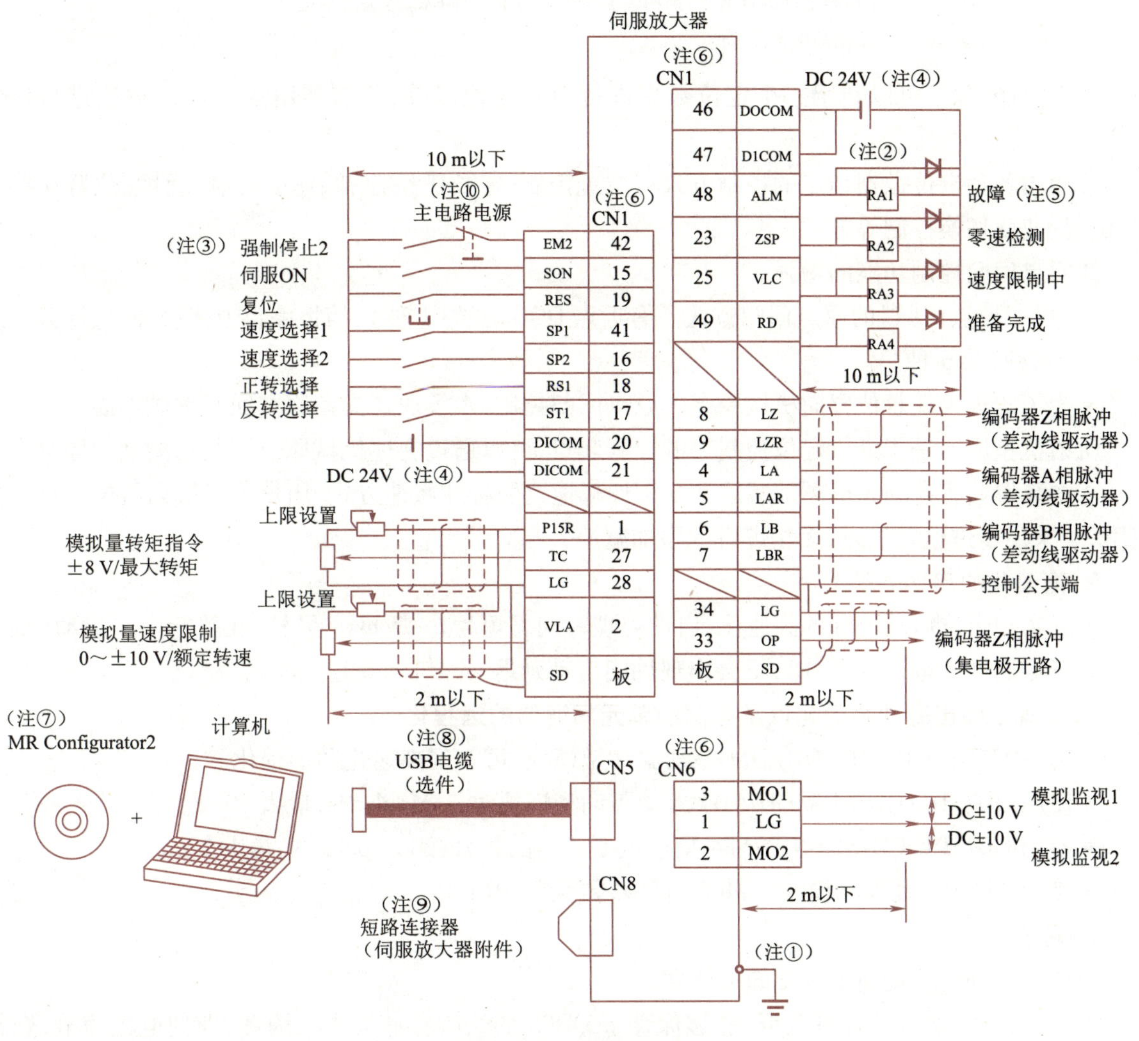

图 5-6　转矩控制接线

注：

①为了防止触电,请务必将伺服放大器的保护接地(PE)端子(带有⏚标志的端子)连接到控制柜的保护接地(PE)端子上。

②请勿弄错二极管方向。连接错误可能会导致伺服放大器发生故障出现不能输出信号、EM2(强制停止 2)等保护电路不能动作的情况。

③请务必安装强制停止开关(常闭触点)。

④请从外部供给接口用的 DC 24 × (1 ± 10%) V 电源,将这些电源的电流容量总和控制在 500 mA。500 mA 是输入/输出信号全部使用时的值,可以通过减少输入/输出点数降低电流容量,DC 24 V 电源可同时供输入信号用和输出信号用。

⑤ALM(故障)在未发生报警的正常情况下变为 ON。

⑥在伺服放大器的内部连接有相同名称的信号。

⑦请使用 SW1DNC-MRC2-_系列软件。

⑧可使用 CN3 连接器的 RS-422/RS-485 通信连接控制器或参数模块。但是,USB 通信功能(CN5 连接器)和 RS-422/RS-485 通信功能(CN3 连接器)是互斥的,不能同时使用。

⑨不使用 STO 功能时,请安装伺服放大器附带的短路连接器。

⑩为了防止伺服放大器发生预料之外的再启动,请构建关闭主电路电源时 EM2 也关闭的电路。

在源型接口中,漏型接口的电源的正负极对调。

以上控制,除了可以利用一个定位数据进行单独定位以外,还能利用多个定位数据进行连续定位。

②使用各种定位数据指定的控制方式有位置控制、定长进给控制、速度控制、速度/位置切换控制、位置/速度切换控制等方式。

③原点回归控制功能的增强:

- "机械原点回归"的原点回归方式。有近点 DOG 方式(1 种)、挡板停止方式(3 种)、计数方式(两种)共 6 种。
- 为了实现由任意位置向机械原点的原点回归控制,本模块还具备原点回归重试功能。

所谓机械原点是指进行定位控制等的控制起点,可以通过上述机械原点回归功能确立原点。

④本装置共有自动梯形图加减速和 S 型加减速这两种加减速方式,用户可以根据需要自行选择使用。(采用步进电动机时,无法进行 S 型加减速)

3. 高速化的启动处理

为了实现定位启动处理的高速化,启动处理时间缩短为 6 ~ 7 ms。另外,在执行同步启动(处于独立运行或插补法运行方式)时,不会出现轴间启动延迟。

4. 实现了输出脉冲高速化以及与驱动单元间通信的远程化

使用 QD75D1/QD75D2/QD75D4 差动驱动型模块,可实现高速化和远程化。

- 使用 QD75D1/QD75D2/QD75D4 差动驱动型模块时:1 Mpulse/s,最大 10 m。
- 使用 QD75P1/QD75P2/QD75P4 集电极型开路的场合:200 kpulse/s,最大 2 m。
- 使用 AD75 差动驱动模块时:400 kpulse/s,最大 10 m。

5. 易于维护

QD75 如下所述,提高了设备的可能性:

①定位数据、参数等各种数据,能够保存于 QD75 的快闪存储器中。因此,即使电池掉电,数据也不会丢失。

②故障内容更为细分化,一次诊断能力进一步得到提高。

③能够分别保存 16 个故障/警告的内容。

6. 能够使用智能模块专用指令

①设计了定位启动指令、示教指令等专用指令。

②通过使用专用指令,可以简化程序。

7. 能够通过定位用软件包,对定位模块进行设置、监视和测试

①通过定位用软件包,可以不考虑缓冲器地址,直接对 QD75 的参数以及定位数据进行设置。

②在编写定位控制用的顺控程序之前，可以使用定位用软件包的测试功能对接线进行检查，并能通过已设置的参数和定位数据执行 QD75 的试运行。

另外，通过对控制状态进行监视等手段，可以大幅提高调试效率。

5.5.2　定位模块的选择

定位模块的选择有多种，例如三菱的 FX 系列就有 20GM 和 20SSC，Q 系列的有 QD75P、QD75D、QD75M、QD75MH 等多种，而且还可以有多轴选择。下面将主要对 Q 系列定位模块进行分析。

1. QD75P1、QD75P2 和 QD75P4 的性能规格（见表 5-11）

表 5-11　QD75P1、QD75P2 和 QD75P4 的性能规格

项　目	规　格		
	QD75P1	QD75P2	QD75P4
轴数	1 个轴	2 个轴	4 个轴
最大输出脉冲数	200 kpulse/s		
伺服系统之间的最大连接距离	2 m		
适用线径	0.3 mm^2（当使用 A6CON1 时）； AWG#24（当使用 A6CON2 时）； AWG#23（当使用 A6CON4 时）		
适用连接器	A6CON1、A6CON2、A6CON4		
占用的 I/O 点数	32 点；		
5V DC 电流消耗/A	0.40	0.46	0.58
闪存 ROM 写次数	最大 100 000 次		
质量/kg	0.15	0.15	0.16

2. QD75D1 QD75D2 和 QD75D4 的性能规格（见表 5-12）

表 5-12　QD75D1 QD75D2 和 QD75D4 的性能规格

项　目	规　格		
	QD75D1	QD75D2	QD75D4
轴数	1 个轴	2 个轴	4 个轴
最大输出脉冲数	1 Mpulse/s		
伺服系统之间的最大连接距离	10 m		
适用线径	0.3 mm^2（当使用 A6CON1 时）； AWG#24（当使用 A6CON2 时）； AWG#23（当使用 A6CON4 时）		
适用连接器	A6CON1、A6CON2、A6CON4		
占用的 I/O 点数	32 点		
5V DC 电流消耗/A	0.52	0.56	0.82
闪存 ROM 写次数	最大 100 000 次		
质量/kg	0.15	0.15	0.16

3. 外围设备连接器信号布局(p 和 d)(见表 5-13)

表 5-13 外围设备连接器信号布局

引脚布局	轴 4(AX4)		轴 3(AX3)		轴 2(AX2)		轴 1(AX1)	
	引脚编号	信号名称	引脚编号	信号名称	引脚编号	信号名称	引脚编号	信号名称
B20 A20 B19 A19 B18 A18 B17 A17 B16 A16 B15 A15 B14 A14 B13 A13 B12 A12 B11 A11 B10 A10 B9 A9 B8 A8 B7 A7 B6 A6 B5 A5 B4 A4 B3 A3 B2 A2 B1 A1	2B20	空	2A20	空	1B20	PULSERB −	1A20	PULSERB +
	2B19	空	2A19	空	1B19	PULSERA −	1A19	PULSERA +
	*3 2B18	PULSE R PULSE R −	*3 2A18	PULSE R PULSE R −	*3 1B18	PULSE R PULSE R −	*3 1A18	PULSE R PULSE R −
	*3 2B17	PULSE COM PULSE R +	*3 2A17	PULSE COM PULSE R +	*3 1B17	PULSE COM PULSE R +	*3 1A17	PULSE COM PULSE R +
	*3 2B16	PULSE COM PULSE F −	*3 2A16	PULSE COM PULSE F −	*3 1B16	PULSE COM PULSE F −	*3 1A16	PULSE COM PULSE F −
	*3 2B15	PULSE F PULSE F +	*3 2A15	PULSE F PULSE F +	*3 1B15	PULSE F PULSE F +	*3 1A15	PULSE F PULSE F +
	2B14	CLRCOM	2A14	CLRCOM	1B14	CLRCOM	1A14	CLRCOM
	2B13	CLEAR	2A13	CLEAR	1B13	CLEAR	1A13	CLEAR
	2B12	RDYCOM	2A12	RDYCOM	1B12	RDYCOM	1A12	RDYCOM
	2B11	READY	2A11	READY	1B11	READY	1A11	READY
	2B10	PGOCOM	2A10	PGOCOM	1B10	PGOCOM	1A10	PGOCOM
	2B9	PGO5	2A9	PGO5	1B9	PGO5	1A9	PGO5
	2B8	PGO24	2A8	PGO24	1B8	PGO24	1A8	PGO24
	2B7	COM	2A7	COM	1B7	COM	1A7	COM
	2B6	COM	2A6	COM	1B6	COM	1A6	COM
	2B5	CHG	2A5	CHG	1B5	CHG	1A5	CHG
	2B4	STOP	2A4	STOP	1B4	STOP	1A4	STOP
	2B3	DOG	2A3	DOG	1B3	DOG	1A3	DOG
	2B2	RLS	2A2	RLS	1B2	RLS	1A2	RLS
	2B1	FLS	2A1	FLS	1B1	FLS	1A1	FLS

注：*1 用 1□□□表示的引脚编号表示右侧连接器的引脚编号；用 2□□□表示的引脚编号表示左侧连接器的引脚编号。例如，1A12 是左侧连接器中的 A12 引脚，2A12 是右侧连接器中的 A12 引脚。

*2 关于 QD75P1 或 QD75D1，1B1～1B18 将是“空”。

*3 假如上面一排和下面一排显示信号名称，则上面一排表示 QD75P1、QD75P2 和 QD75P4 的信号名称，下面一排表示 QD75D1、QD75D2 和 QD75D4 的信号名称。

5.5.3 QDP1 的使用

对于这一节模块的使用，将通过 GX Configurator-QP 的操作程序和功能进行介绍。

GX Configurator-QP 可以通过 QCPU、Q 相应的串行口通信模块或 Q 相应的 MELSECNET/H 网络远程 I/O 模块实现下列功能：

①定位数据和参数的设置。

②通过定位数据进行模拟。

③从/向定位模块读取/写入数据。

④定位控制状态的监视。

⑤定位控制试运行。

⑥QCPU 软元件和 QD75 缓冲存储器之间的自动刷新设置。

GX Configurator-QP 可用于下列定位模块，见表 5-14。

表 5-14　可用 GX Configurator-QP 的模块

定位类型	类　型
开集电极输出类型	QD75P1、QD75P2、QD75P4
差动驱动器输出类型	QD75D1、QD75D2、QD75D4
SSCNET 连接类型	QDM1、QDM2、QDM4

GX Configurator-QP 可以通过下列模块访问，见表 5-15。

表 5-15　可访问 GX Configurator-QP 的模块

模块类型	类　型
QCPU	Q00JCPU、Q00CPU、Q01CPU、Q02CPU、Q06CPU、Q12HCPU、Q25HCPU、Q12PHCPU、Q25PHCPU
Q 相应的串行口通信模块	QJ71C24、QJ71C24 R2
Q 相应的 MELSECNET/H 网络远程 I/O 模块 *	QJ72LP25、QJ72BR15、QJ72LP25G、QJ72LP25GE

注：* 表示仅当与远程 I/O 模块直接连接时。

1. 特点

(1)多工程同时编辑

可以同时打开多个工程，本软件可以很容易地对定位数据和块启动数据(通过复制和粘贴进行使用)进行编辑。

(2)多模块的高效调试

既然 GX Configurator-QP 可以通过 QCPU、Q 相应的串行口通信模块或 Q 相应的 MELSECNET/H 网络远程 I/O 模块(*)对 QD75 进行访问，所以不需要与主/扩展基板上的 QD75 直接连接的电缆。

而且，由于需要连接的 QD75 通过工程进行设置，所以可以向多模块批量写入数据或对其进行监视。

使用多 QD75 时，可以降低软件启动等待时间和手工操作时间，提高调试效率。

(3)实现最佳定位数据

无须复杂的计算即可实现最佳定位数据设置定位数据，可以通过副弧设置以及自动轴速度设置进行设置。副弧设置产生于两条指定的线性插补控制数据、圆弧插补控制数据，其中两条线性路径所形成的角度转化为圆弧(曲线)路径。副轴速度设置根据工作时间、位移、加速/减速时间以及电动机规格等计算轴速度(指令速度)。

2. 功能列表

GX Configurator-QP 主要功能见表 5-16。

表 5-16 GX Configurator-QP 主要功能

功能			说明	所用的 QD75	
				QD75P/QD75D	QD75M
编辑	参数设置		设置#1 基本参数、#2 基本参数、#1 和#2 扩展参数、OPR 基本参数和 OPR 扩展参数	○	○
	伺服参数设置		设置伺服基本参数、伺服调节参数和伺服扩展参数	×	○
	定位数据设置		在轴基础上设置定位数据,例如模式、控制方式、加速/减速时间地址	○	○
	M 代码注释设置		为定位数据在轴基础上指定的 M 代码设置注释	○	○
	副弧		通过循环插补自动生成定位数据确保在两个连续轴线性插补交点处平滑移动	○	○
	轴速度自动设置		通过设置从定位启动至到达目标位置所需要的时间自动计算匀速运动时轴的速度	○	×
	块启动数据设置		在轴基础上设置点所指定的定位数据启动模式等	○	○
	条件数据设置		在轴基础上设置作为块启动数据中特殊启动条件的数据	○	○
	模拟		从设置定位数据模拟轴动作、显示波形数据进行单轴控制。显示轨迹数据进行两根轴插补控制	○	○
监视	定位监视		从定位数据编辑窗口输入监视模式并在工作过程中对定位数据进行监视	○	○
	块启动监视		从块启动数据编辑窗口输入监视模式并在工作过程中对块启动数据进行监视	○	○
	动作监视		监视所有轴的工作状态,例如进给当前值、轴进给速度、轴状态以及被执行定位数据的编号	○	○
	历史记录监视		对所有轴的启动历史记录、警告及出错进行监视	○	○
	信号监视		对所有轴的状态信号、外部信号或 X/Y 软元件进行监视	○	○
	动作监视		对所有轴的控制状态、QD75 参数设置或其他进行监视	○	○
	伺服监视		对所有轴的伺服放大器和伺服电动机的状态进行监视	×	○
	采样监视	信号	在同步采样的同时对指定的信号进行监视	○	○
		缓冲存储器	在同步采样的同时对指定的缓冲存储器数据进行监视	○	○
	系统监视		显示指定 QD75 的类型和 I/O 地址以及系统配置	○	○
测试	无电缆模式		在伺服放大器和电动机之间不进行布线的情况下单独对 QD75 进行测试	○	×
	定位数据编辑		在测试模式下写入设置	○	○
	操作测试	定位开始	指定定位数据数量及块启动数据点数并进行试运行	○	○
		当前值更改	执行进给当前值的更改测试	○	○
		速度更改	在定位启动测试的轴上进行速度更改测试	○	○
		OPR	进行原点复位测试	○	○
		微动运行	进行微动运行测试	○	○
		寸动运行	通过实际操作使轴移动指定距离	○	○
		MPG 运行	通过手动脉冲发生器进行试运行	○	○

续表

功　能		说　明	所用的 QD75	
			QD75P/QD75D	QD75M
诊断	检查连接	显示外围设备的信号。此外，通过微动运行时对初始运行进行测试	○	×
跟踪	波形显示	在规定的时间跟踪速度指令并显示有关时间轴的波形数据	○	×
	轨迹显示	在规定的时间跟踪位置指令或实值并显示轴的跟踪数据	○	×
扩展	自动刷新设置	在 QD75 和 QCPU 之间分配 QD75 缓冲存储器和 QCPU 软元件以便自动刷新	○	○
	导航	根据导航进行操作（从参数和定位数据设置到简单的试运行及设置数据存储）	○	×

5. 5. 4　GX Configurator-QP 的基本应用操作

1. 创建新工程

设置用来创建新工程及工程项目的 QD75 类型（以创建 QD75P1 为例）。

①选择“开始”→“程序”→MELSOFT Application→GX Configurator-QP 命令打开定位模块设置软件，单击 New Project 按钮，弹出创建新工程对话框，如图 5-7 所示。

②单击 Reference 按钮，弹出如图 5-8 所示对话框。

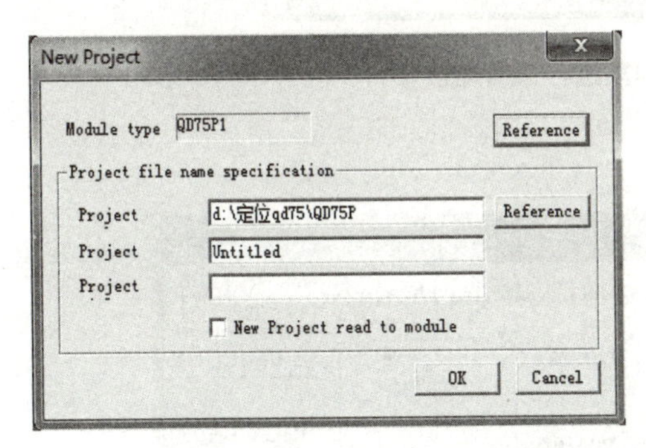

图 5-7　创建新工程

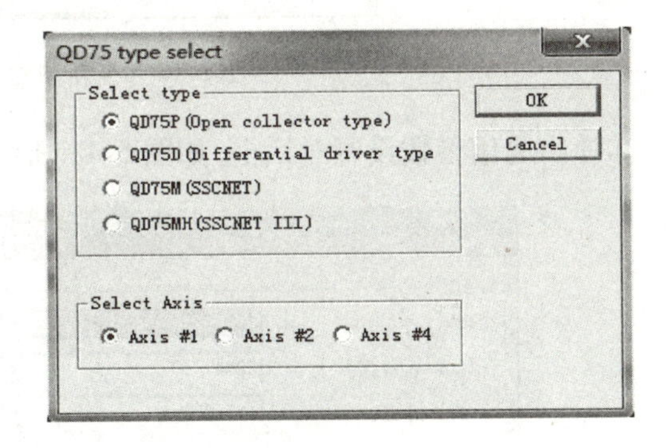

图 5-8　选择类型

③在图 5-8 中进行选择后单击 OK 按钮，弹出如图 5-9 所示对话框。

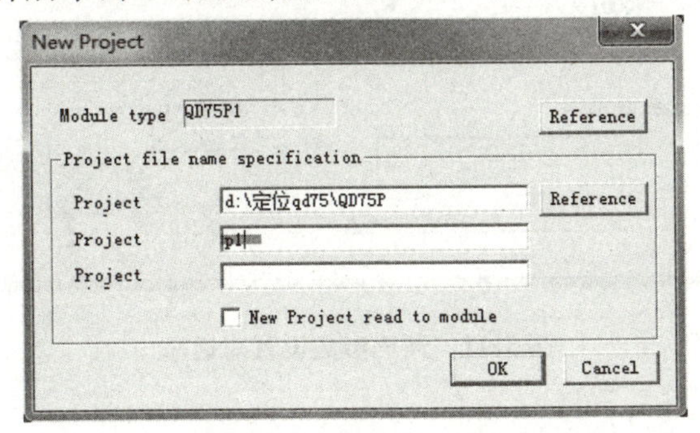

图 5-9　设置工程名称

- 设置工程保存路径为(自定义)。
- 设置工程名称。

指定工程文件名称时,最多可以用150个字符设置工程路径和工程名称。单击OK按钮,创建一个新的工程。

2. 在新创建的工程里进行通信连接

①选择菜单栏中的Online→Connection setup命令,如图5-10所示。

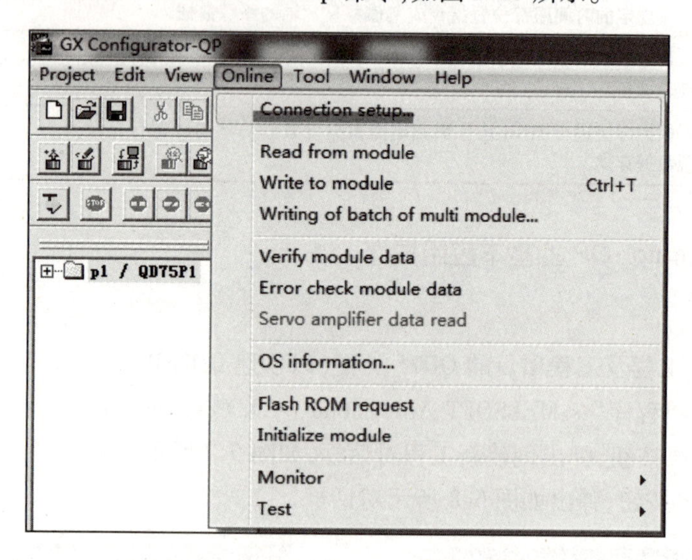

图5-10 在新创建的工程里进行通信连接

②弹出通信参数设置对话框,如图5-11所示。

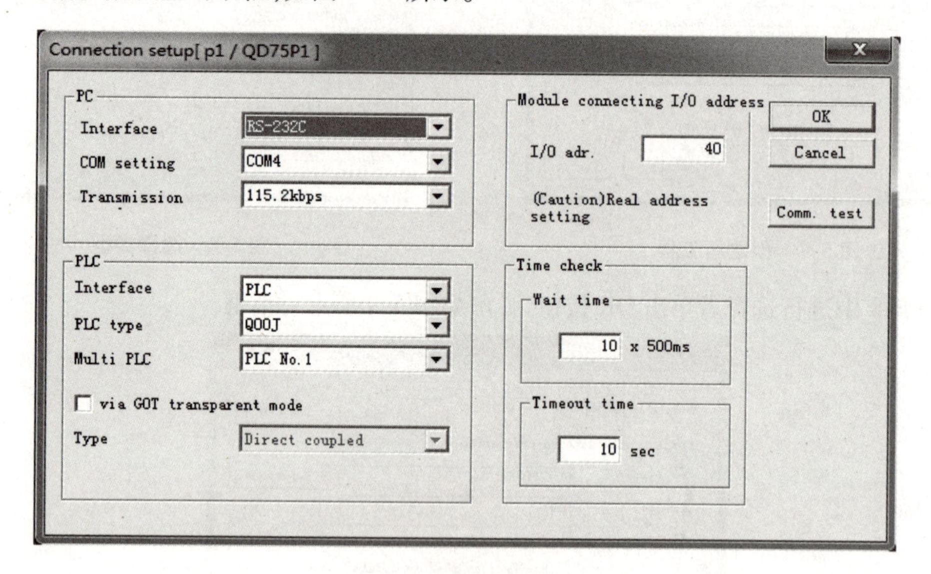

图5-11 通信参数设置对话框

通信参数设置说明见表5-17。

表 5-17　通信参数设置说明

条　目	说　明
(个人计算机)	①连接个人计算机侧接口的类型; ②选择范围为 RS-232 或 USB(如果串行口通信或梯形图逻辑试验作为 PLC 侧接口被选定,则固定为 RS-232C); ③使用 PC-CPU 模块时,选择 Q 系列总线
COM	如果个人计算机侧的接口为 RS-232C,选择 COM 口,选择范围为 COM1 ~ COM10
波特率	如果个人计算机侧的接口为 RS-232C,选择波特率,选择范围为 9.6 ~ 115.2 kbit/s
(PLC 侧接口)	①选择需要连接的 PLC 的类型; ②选择 PLC、串行口通信或梯形图逻辑试验
PLC 类型	选择通信 QD75 或远程 I/O 的控制 PLC 的类型
多 PLC 指定	在多 PLC 系统配置中,选择通信 QD75 的控制 PLC 的 PLC 编号,选择范围:不选、1 号 PLC、2 号 PLC、3 号 PLC 及 4 号 PLC。对于单个 PLC 的系统配置,选择"不选"或"1 号 PLC"
I/O 地址	用十六进制对需要访问的 QD75 的 I/O 地址(起始 I/O 地址号)进行设置
等待时间	设置 QD75 接收 GX Configurator-QP 启动或类型请求前的超时时间。如果出现超时情况,所有正在工作的轴都将停止
超时时间	设置通信出错时的通信中止时间
通信试验	无论连接设置屏幕上设置的目标 PLC CPU 是否能访问,都对其进行试验。在可以访问的情况下,显示被访问的 PLC CPU 及通信速度

这里只要参考实际的硬件配置进行设置即可。

在相应文本填写完成后,进行通信测试。单击 comm. test 按钮,如果显示 Succeeded in connection with QD75P1(Q00J),表示通信正常。

3. 检查连接

目的:确保 QD75P 和伺服放大器之间以及伺服电动机、伺服放大器和外围设备之间的电缆正确连接。

基本操作:

①接通定位控制系统的电源并停止 PLC CPU。

②设置连接目标。

③选择 Diagnosis→Checking connect,如图 5-12 所示。

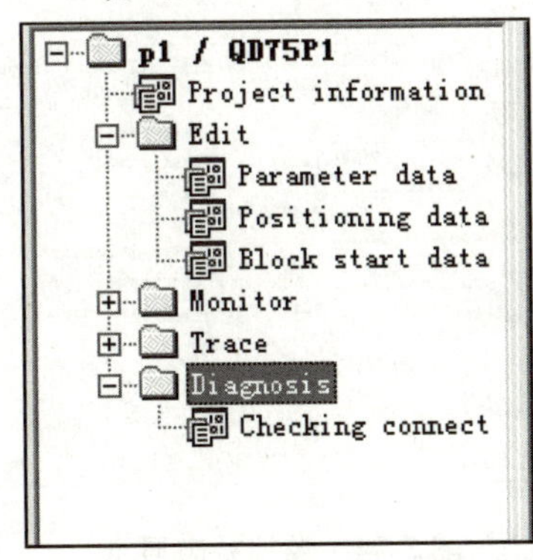

图 5-12　监控选择

④在检查连接窗口中单击 Online 按钮,如图 5-13 所示。

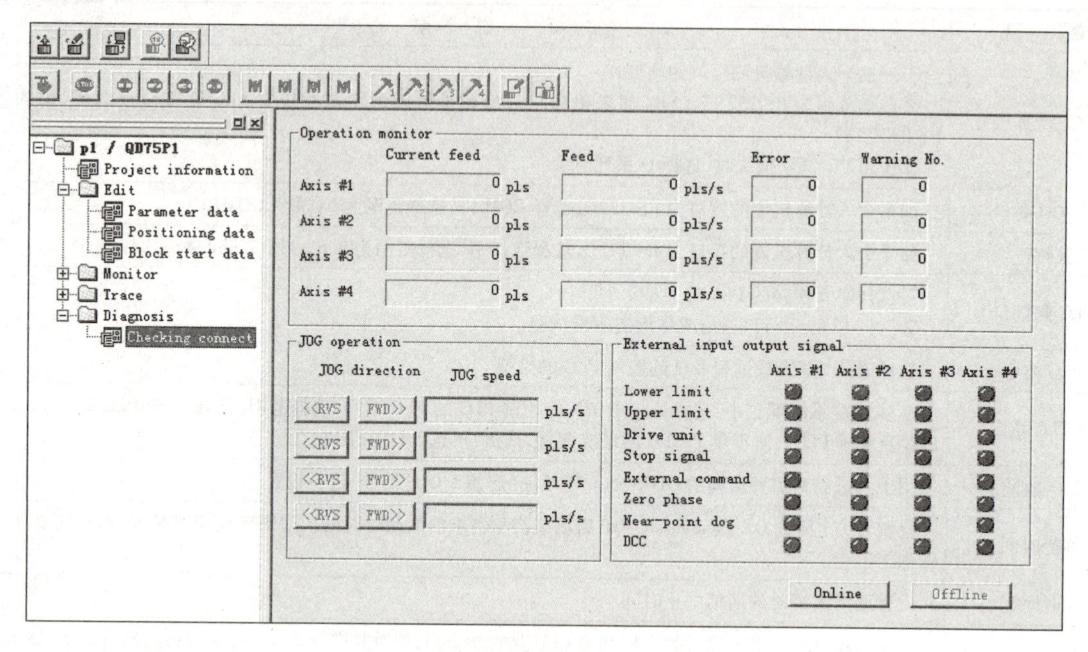

图 5-13　输入输出标志

⑤确保外部 I/O 信号处于下列状态:

- 驱动器模块准备完毕,上限、下限:ON(红色)。
- 停止位:OFF(灰色)。

⑥设置微动速度。显示效果如图 5-14 所示。

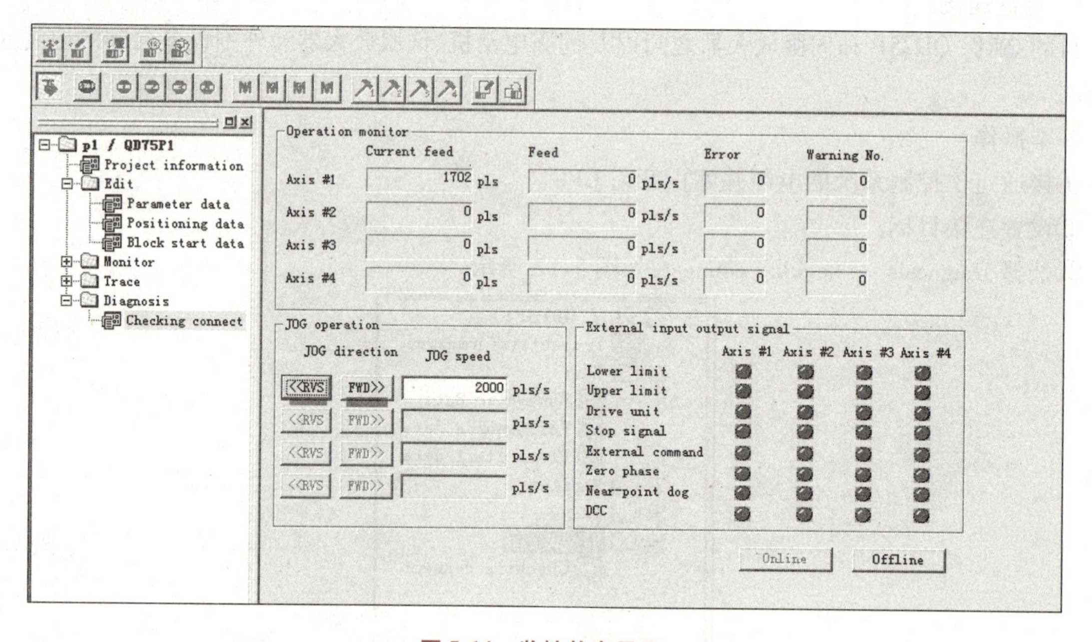

图 5-14　监控状态显示

单击 RVS 按钮、FWD 按钮对其电动机进行控制(正反转)。

出现异常时,应通过帮助功能检查错误代码内容,然后单击 Online→Test→error reset→error reset #1 – #4。

4. 进入 GX Configurator-QP 初始界面

选择 Project information 可查看相应的工程信息,如图 5-15 所示。

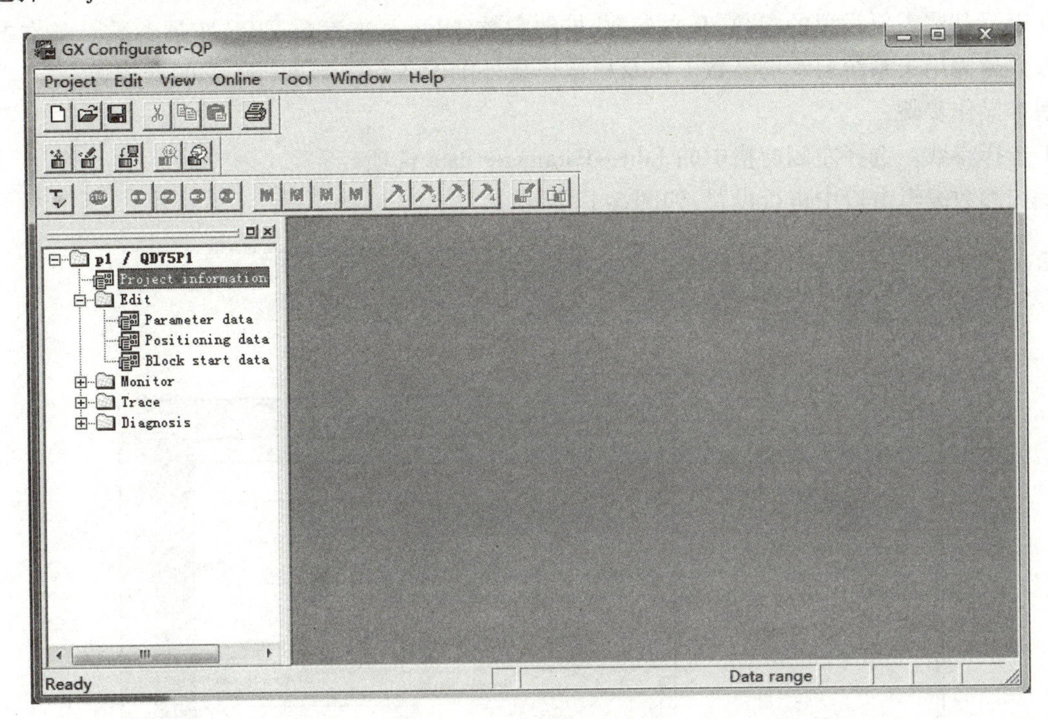

图 5-15　软件初始界面

项目信息如图 5-16 所示。

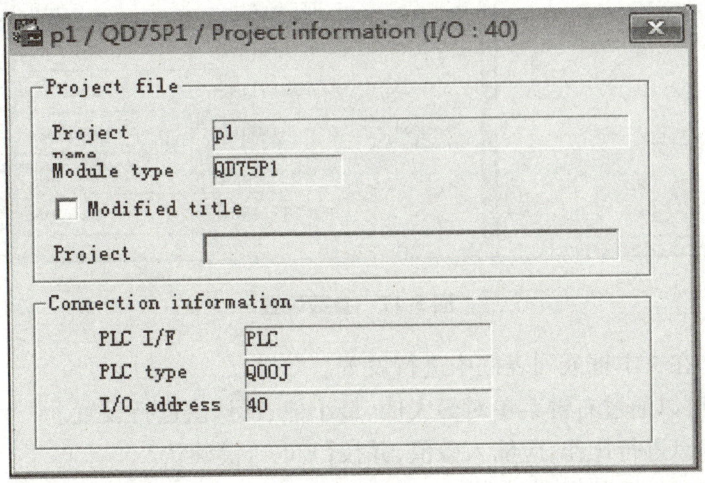

p1 / QD75P1 / Project information (I/O : 40)

Project file

Project name　p1

Module type　QD75P1

Modified title

Project

Connection information

PLC I/F　PLC

PLC type　Q00J

I/O address　40

图 5-16　项目信息

在 Edit 中进行数据定义:

对需要写入 QD75 的块启动数据、定位数据、伺服参数及参数进行设置,并通过模拟或错误检查功能设置范围和数据匹配情况进行检查。

在开始进行定位操作之前,向 QD75 写入当前参数、伺服参数、定位参数及块启动数据。

5. 参数设置

有以下基本需要设置的参数:基本参数、扩展参数、OPR 基本参数、OPR 扩展参数。基本参数和扩展参数分为用于系统启动的参数 1 以及根据连接外围设备和控制进行优化的参数 2。

基本操作步骤:

①选择参数。选择左侧窗格中的 Edit→Parameter data 选项。

②在参数编辑窗口中进行设置,如图 5-17 所示。

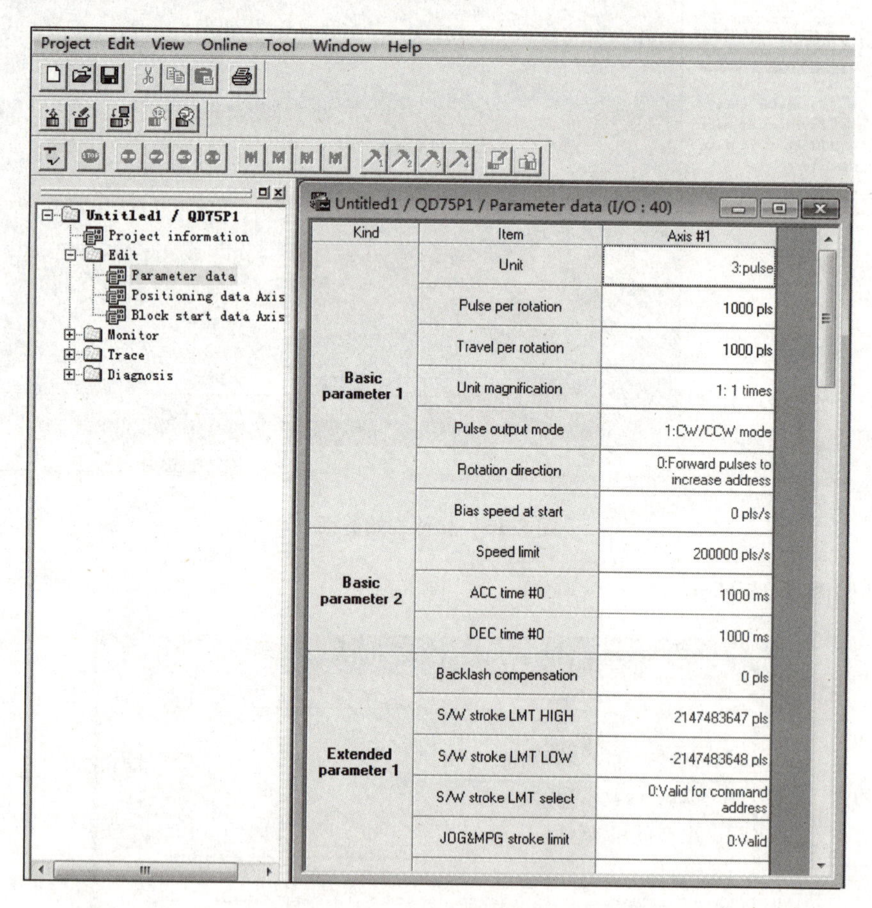

图 5-17 参数设置

- 双击单元格并在文本框或列表框中进行设置。
- 在文本框中,可以通过右键菜单对最大值、最小值、默认值进行设置。
- 如果是通过键盘进行操作,应输入数值,并按【Enter】键确认。
- 在显示设置值和设置数据的列表框中,按空格键显示列表。
- 按【↑】或【↓】键进行选择,按【Enter】键确定所输入的值。

要点：在参数编辑窗口中，不同的显示内容所表示的含义如下。

- 蓝色字元：默认（初始化）设置。
- 黑色字元：默认值设置以外的设置（无错误）。
- 红色字元：设置范围错误。

由于更改模块设置将会改变设置的范围，所以除默认值设置外的任何设置（黑色字元）都可能引起设置范围出错。更该模块设置之后，应进行出错检查确认设置。

只有在采用功能版本为 B 或者更新版本的 QD75 情况下，扩展参数 1 中的速度/位置功能选择才有效。

6. 定位数据设置

目的：对定位数据进行设置，例如运行模式、控制方式、SLV 轴、加速时间编号、减速时间编号、地址和指令速度。

基本操作：

①选择设置定位数据的轴。选择图 5-17 左侧窗格中的 Edit→Positioning data Axis #1 选项。

②在定位数据编辑窗口中设置数据，如图 5-18 所示。

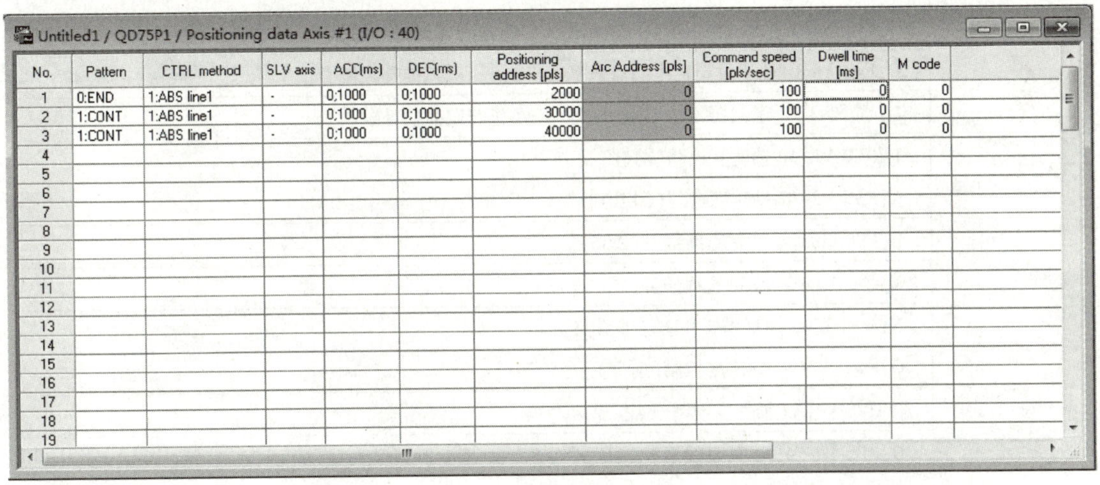

Untitled1 / QD75P1 / Positioning data Axis #1 (I/O : 40)

No.	Pattern	CTRL method	SLV axis	ACC(ms)	DEC(ms)	Positioning address [pls]	Arc Address [pls]	Command speed [pls/sec]	Dwell time [ms]	M code
1	0:END	1:ABS line1	-	0;1000	0;1000	2000	0	100	0	0
2	1:CONT	1:ABS line1	-	0;1000	0;1000	30000	0	100	0	0
3	1:CONT	1:ABS line1	-	0;1000	0;1000	40000	0	100	0	0
4										
5										
6										
7										
8										
9										
10										
11										
12										
13										
14										
15										
16										
17										
18										
19										

图 5-18　定位数据设置

双击单元格并在文本框或列表框中进行设置。具体设置值的含义见表 5-18。

表 5-18　具体设置值的含义

条　目	说　明
No（编号）	显示定位数据编号：位于第 1～600 范围的定位数据。但是，第 1～100 则显示初始设置。要更改显示范围，可使用选项功能
Pattern（模式）	选择定位控制运行模式，选择范围 0～2。0：END（结束指令）；1：CONT（继续定位控制）；2：LOCUS（继续轨迹定位控制）
CTRL method（CTRL 方式）	从 1～9 及 A～Z 中选择运行定位控制方式
	1：ABS 线 1［#1 轴直线控制（ABS）］
	2：INC 线 1［#1 轴直线控制（INC）］

续表

条　目	说　明
CTRL method (CTRL 方式)	3:进给 1(#1 轴固定进给控制)
	4:FWD V1[#1 轴速度控制(前进)]
	5:RVS V1[#1 轴速度控制(倒退)]
	6:FWD V/P[速度-位置切换控制(前进)]
	7:RVS V/P[速度-位置切换控制控制(倒退)]
	8:FWD P/V[位置-速度切换控制(前进)]
	9:RVS P/V[位置-速度切换控制(倒退)]
	A:ABS 线 2[#2 轴直线插补控制(ABS)]
	B:INC 线 2[#2 轴直线插补控制(INC)]
	C:进给 2(#2 轴直线插补固定进给控制)
	D:ABS ArcMP[通过指定副点(ABS)进行圆弧插补控制]
	E:INC ArcMP[通过指定副点(INC)进行圆弧插补控制]
	F:INC ArcRGT[通过指定中心点(ABS/CW)进行圆弧插补控制]
	G:INC ArcLFT[通过指定中心点(ABS/CCW)进行圆弧插补控制]
	H:INC ArcRGT[通过指定中心点(INC/CW)进行圆弧插补控制]
	I:INC ArcLFT[通过指定中心点(INC/CCW)进行圆弧插补控制]
	J:FWD V2[#2 轴速度控制(前进)]
	K:RVS V2[#2 轴速度控制(倒退)]
	L:ABS Line 3[#3 轴直线插补(ABS)]
	M:INC Line 3[#3 轴直线插补(INC)]
	N:Feed 3(#3 轴直线插补固定进给控制)
	O:FWD V3[#3 轴速度控制(前进)]
	P:RVS V3[#3 轴速度控制(倒退)]
	Q:ABS Line 4[#4 轴直线插补(ABS)]
	R:INC Line 4[#4 轴直线插补(INC)]
	S:Feed 4(#4 轴直线插补固定进给控制)
	T:FWD V4[#4 轴速度控制(前进)]
	U:RVS V4[#4 轴速度控制(倒退)]
	V:NOP(NOP 指令)
	W:地址 CHG(当前值更改)
	X:JUMP(JUMP 指令)
	Y:LOOP(LOOP 指令开始清除到 LEND 指令部分)
	Z:LEND(从 LOOP 指令结尾清除到 LEND 指令部分)
SLVaxis(SLV 轴)	控制方式为线行插补控制(2 轴)或圆弧插补控制时,设置插补轴。使用 SLV 轴设置对话框
ACC、DEC	从 0~3 中选择 ACC 时间或 DEC 时间并在基本参数 2 和扩展参数 2 中进行设置

续表

条　目	说　明
Positioning address （定位地址）	为绝对系统设置地址或为递增系统设置移动距离；设置控制方式为地址更改时新的当前值
Arc Address （圆弧地址）	设置辅助点或中心点（指定用于圆弧插补控制）的地址
Command speed （指令速度）	设置定位指令速度。将指令速度设置为“－1”，在当前速度下进行控制
Dwell time （停留时间）	①控制方式不包括 JUMP。设置下一个定位数据完成之前的延迟时间为 0～65 535 ms； ②控制方式为 JUMP。设置跳转目的地 1～600 任意位置
Mcode（M 代码）	①控制代码不包括 JUMP 或 LOOP。与 1～65 535 ms 范围内的定位控制同步设置 M 代码（用于进行工作，处理等）； ②控制方式为 JUMP，设置 1～10 范围内任意条件数据（用作 JUMP 指令执行条件），条件控制器为“同步启动轴装置”的条件数据设置无效，设“0”无条件执行 JUMP 指令； ③控制方式为 LOOP，在 1～66 535 范围内设置重复计数
定位注释	每个定位数据分配一条注释。最多可以设置 32 个字符的注释

要点：定位数据编辑窗口中单元格（列表）颜色的含义。

- 黄色：不得进行设置，因为数据在插补控制的插补轴一侧。
- 红色：项目需要设置、尚未设置或出错。
- 灰色：不需要进行设置（设置值无效）。

块数据的定义：对于块数据的定义一般不常用，所以在此不再进行介绍。

以上各文本位置的定义，根据实际的控制功能进行定义。

7. 监控伺服系统工作状态

基本操作：

①选择监控。选择图 5-18 左侧窗格中的 Monitor→Operation monitor 选项。

②在打开的 Operation monitor 界面进行监控，如图 5-19 所示。

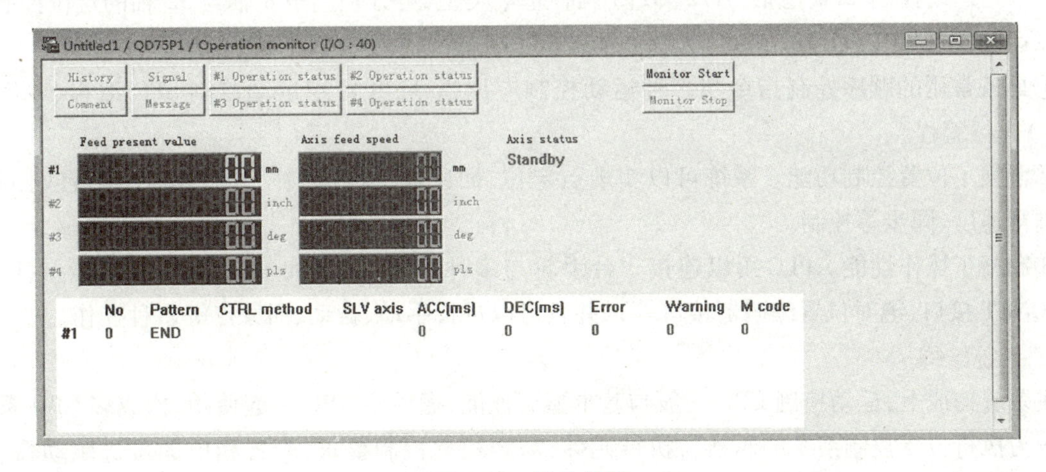

图 5-19　操作监控

③单击图 5-20 中的 Monitor Start 按钮,显示效果如图 5-20 所示(可对伺服进行监控,并且显示伺服是否有错误,如图中 Error 103)。

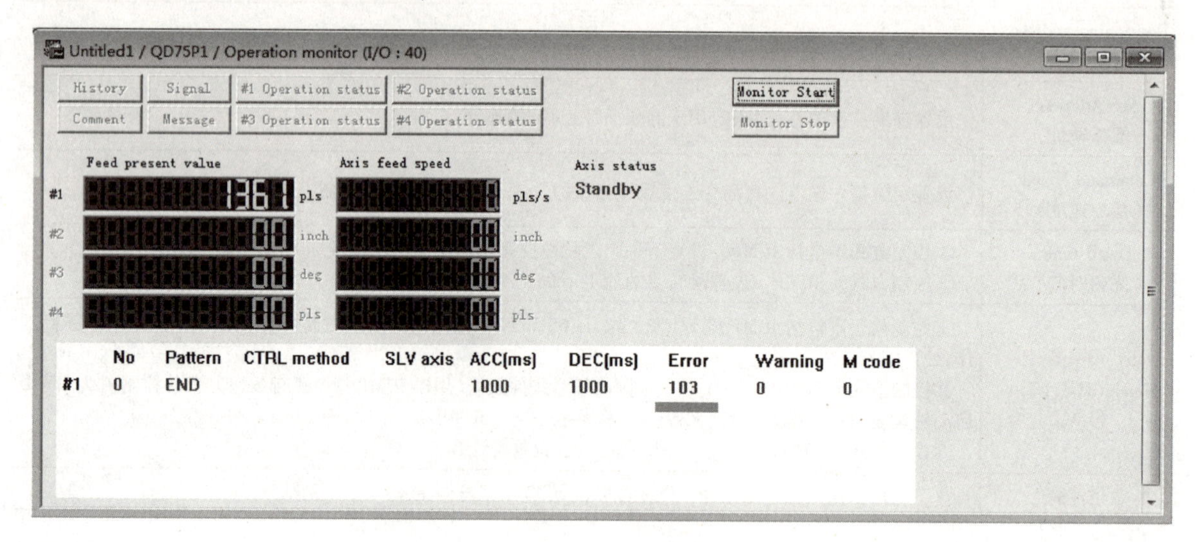

图 5-20 监控开始

对于 Monitor 中的 Sampling monitor(Signal)(采样监控标志),Sampling monitor(Buffer)(取样监控缓冲)这里不做详细说明。

5.6 运动控制 CPU 的应用

5.6.1 运动控制 CPU 简介

1. 主要特点

Q 系列运动控制 CPU 包括 Q172、Q173 两种基本类型,可分别用于 8 轴与 32 轴的定位控制。

以运动控制 CPU(Q172、Q173)为核心构成的 PLC 系统主要有以下特点:

①具备常用的顺序控制指令与多种运动控制应用指令,并可用运动控制 SFC 编程、专用语言(SV22)进行编程。

②增强了位置控制功能。系统可以实现点定位、回原点、直线插补、圆弧插补、螺旋线插补,并可以进行速度、同步等控制。

③提高了操作性能。PLC 可以连接 3 台手轮与多种外部接口(如 PC/AT 兼容机接口、USB 接口、SSCNET 接口、绝对位置编码器接口等),并且可以进行手动、自动、回原点等多种操作。

2. 系统结构

在系统构成上,运动控制 CPU 一般与基本型高性能、通用型 CPU 一起使用,构成多 CPU 系统。

作为执行位置控制系统的驱动与执行元件,需要根据控制要求,配置相应的步进驱动器、步进电动机或伺服驱动器、伺服电动机、直线电动机等驱动部分。驱动器与 CPU 间通过 SSCNET 构成触摸屏、文本单元等人机操作界面。

3. 基本性能

Q 系列运动控制 CPU 目前有两种规格，即 Q172 与 Q173。两种 CPU 的主要性能与参数见表 5-19，运动 SFC 的性能见表 5-20。

表 5-19　Q173/Q172 过程控制性能一览表

<table>
<tr><th colspan="2" rowspan="2">项　　目</th><th colspan="2">性 能 参 数</th></tr>
<tr><th>Q173</th><th>Q172</th></tr>
<tr><td colspan="2">最大控制轴数</td><td>32</td><td>8</td></tr>
<tr><td rowspan="2">运算周期</td><td>SV13</td><td>0.88 ms/1 ~ 8 轴；
1.77 ms/9 ~ 16 轴；
3.55 ms/17 ~ 18 轴</td><td>0.88 ms/1 ~ 8 轴</td></tr>
<tr><td>SV22</td><td>0.88 ms/1 ~ 4 轴；
1.77 ms/5 ~ 12 轴；
3.55 ms/17 ~ 32 轴；
7.11 ms/25 ~ 32 轴</td><td>0.88 ms/1 ~ 4 轴，1.77 ms/5 ~ 8 轴</td></tr>
<tr><td colspan="2">编语言程</td><td>运动控制 SFC，专用定位指令、机械定位语言</td><td></td></tr>
<tr><td rowspan="2">程序容量</td><td>伺服控制程序</td><td colspan="2">14 KB</td></tr>
<tr><td>总容量</td><td colspan="2">287 KB</td></tr>
<tr><td rowspan="10">通用编程功能</td><td>可编程最大 I/O 点</td><td colspan="2">8 192</td></tr>
<tr><td>可控制最大 I/O 点</td><td colspan="2">256</td></tr>
<tr><td>内部继电器(M)</td><td colspan="2" rowspan="2">合计 8 192 点</td></tr>
<tr><td>锁存继电器(L)</td></tr>
<tr><td>链接继电器(B)</td><td colspan="2">8 192 点</td></tr>
<tr><td>报警继电器(F)</td><td colspan="2">2 048 点</td></tr>
<tr><td>特殊继电器(M)</td><td colspan="2">256 点</td></tr>
<tr><td>数据寄存器(D)</td><td colspan="2">8 192 点</td></tr>
<tr><td>连接寄存器(W)</td><td colspan="2">8 192 点</td></tr>
<tr><td colspan="3" style="display:none"></td></tr>
<tr><td rowspan="4">运动编程</td><td>运动寄存器(#)</td><td colspan="2">8 192 点</td></tr>
<tr><td>自动运行定时器(FT)</td><td colspan="2">1 点</td></tr>
<tr><td>定位点数</td><td colspan="2">3 200 点</td></tr>
<tr><td>M 代码编程</td><td colspan="2">可以</td></tr>
<tr><td rowspan="7">运动控制功能</td><td>插补方式</td><td colspan="2">4 轴直线插补、2 轴直线插补、3 轴螺旋线插补</td></tr>
<tr><td>控制方式
(SV13/SV22)</td><td colspan="2">点定位、速度控制、速度/位置切换控制、固定进给、等速控制、位置跟随控制、速度切换控制、高速振动控制、同步控制</td></tr>
<tr><td>控制方式(SV43)</td><td colspan="2">点定位、高速振动控制、等速控制</td></tr>
<tr><td>加减速控制</td><td colspan="2">线性加速、S 行加速</td></tr>
<tr><td>绝对位置检测</td><td colspan="2">可以使用</td></tr>
<tr><td>调节补偿</td><td colspan="2">电子齿轮、漂移补偿</td></tr>
<tr><td>操作方式</td><td colspan="2">手动、回原点、自动、示教、手轮、同步</td></tr>
</table>

续表

<table>
<tr><th colspan="2" rowspan="2">项　目</th><th colspan="2">性能参数</th></tr>
<tr><th>Q173</th><th>Q172</th></tr>
<tr><td rowspan="5">接口连接功能</td><td>编程接口</td><td colspan="2">PC/AT 兼容机</td></tr>
<tr><td>外部接口</td><td colspan="2">SSCENT、USB、RS-232</td></tr>
<tr><td>手轮连接</td><td colspan="2">3 台</td></tr>
<tr><td>限位开关输出</td><td colspan="2">32 点</td></tr>
<tr><td colspan="3">可安装的相关单元：
Q172LX:4 台　Q172LX:1 台
Q173PX:4 台　Q173LX:3 台
Q172EX:4 台　Q172LX:6 台</td></tr>
</table>

表 5-20　运动 SFC 的性能

<table>
<tr><th colspan="4">项　目</th><th>Q173 CPU(N)/Q172 CPU(N)</th></tr>
<tr><td rowspan="2">程序容量</td><td colspan="3">代码合计(运动 SFC 图 + 运算控制 + 转移)</td><td>287 KB</td></tr>
<tr><td colspan="3">文本合计(运算控制 + 转移)</td><td>224 KB</td></tr>
<tr><td rowspan="3">运动 SFC 程序</td><td colspan="3">运动 SFC 程序数</td><td>256(No. 0 ~ 255)</td></tr>
<tr><td colspan="3">运动 SFC 图大小/一个程序</td><td>最大 64 KB(包括运动 SFC 图注解)</td></tr>
<tr><td colspan="3">运动 SFC 步数/一个程序</td><td>最多 4 094 步</td></tr>
<tr><td rowspan="6">运算控制程序(F/FS)/转移程序(G)</td><td colspan="3">运算控制程序的数目</td><td>F(执行一次类)和 FS(扫描执行类)加起来为 4 096(F/FS0 ~ F/FS4095)</td></tr>
<tr><td colspan="3">转换程序的数目</td><td>4 096(G0 ~ G4095)</td></tr>
<tr><td colspan="3">代码大小/一个程序</td><td>最大 64 KB(32 766 步)</td></tr>
<tr><td colspan="3">()嵌套/一块</td><td>最大 32 KB</td></tr>
<tr><td colspan="2" rowspan="2">表达式</td><td>运算控制程序</td><td>计算式/位条件式</td></tr>
<tr><td>转移程序</td><td>计算式/位条件式/比较条件式</td></tr>
<tr><td rowspan="7">执行规格</td><td colspan="3">同时执行程序的数量</td><td>最大 256</td></tr>
<tr><td colspan="3">同时激活步数</td><td>最大 256 步/所有程序</td></tr>
<tr><td rowspan="5">执行的任务</td><td colspan="2">普通任务</td><td>在运动主周期里执行</td></tr>
<tr><td rowspan="3">事件任务(可做标记)</td><td>固定周期</td><td>在固定周期里执行(0. 88 ms、1. 77 ms、3. 55 ms、7. 11 ms、14. 2 ms)</td></tr>
<tr><td>外部中断</td><td>中断模块 QI60 的 16 点输入中已设置的输入为 ON 时 QI60(16 点)</td></tr>
<tr><td>PLC 中断</td><td>来自 PLC 的中断指令执行</td></tr>
<tr><td colspan="2">NMI 任务</td><td>中断模块 QI60 的 16 点输入中已设置的输入为 ON 时 QI60(16 点)</td></tr>
<tr><td>I/O(X/Y)点数</td><td colspan="4">8 192 点</td></tr>
</table>

Q173 和 Q172 是继 A 系列运动控制器的更新换代产品。Q173 可控制 32 轴;(SV22 4 轴)仅为 0. 88 ms,是以往的 1/4。Q173 和 Q172 CPU 单元具有运动处理器,能高速度完成高精度计算和大量数据通信,具有多轴插补、速度多样的运动控制器。

5.6.2　运动控制 CPU 的使用

1. 运动系统构成

设备构成、外围设备构成、Q173 CPU(N)/Q172 CPU(N)系统构成概要描述如下：

①Q173 CPU(N)系统的设备构成如图 5-21 所示。

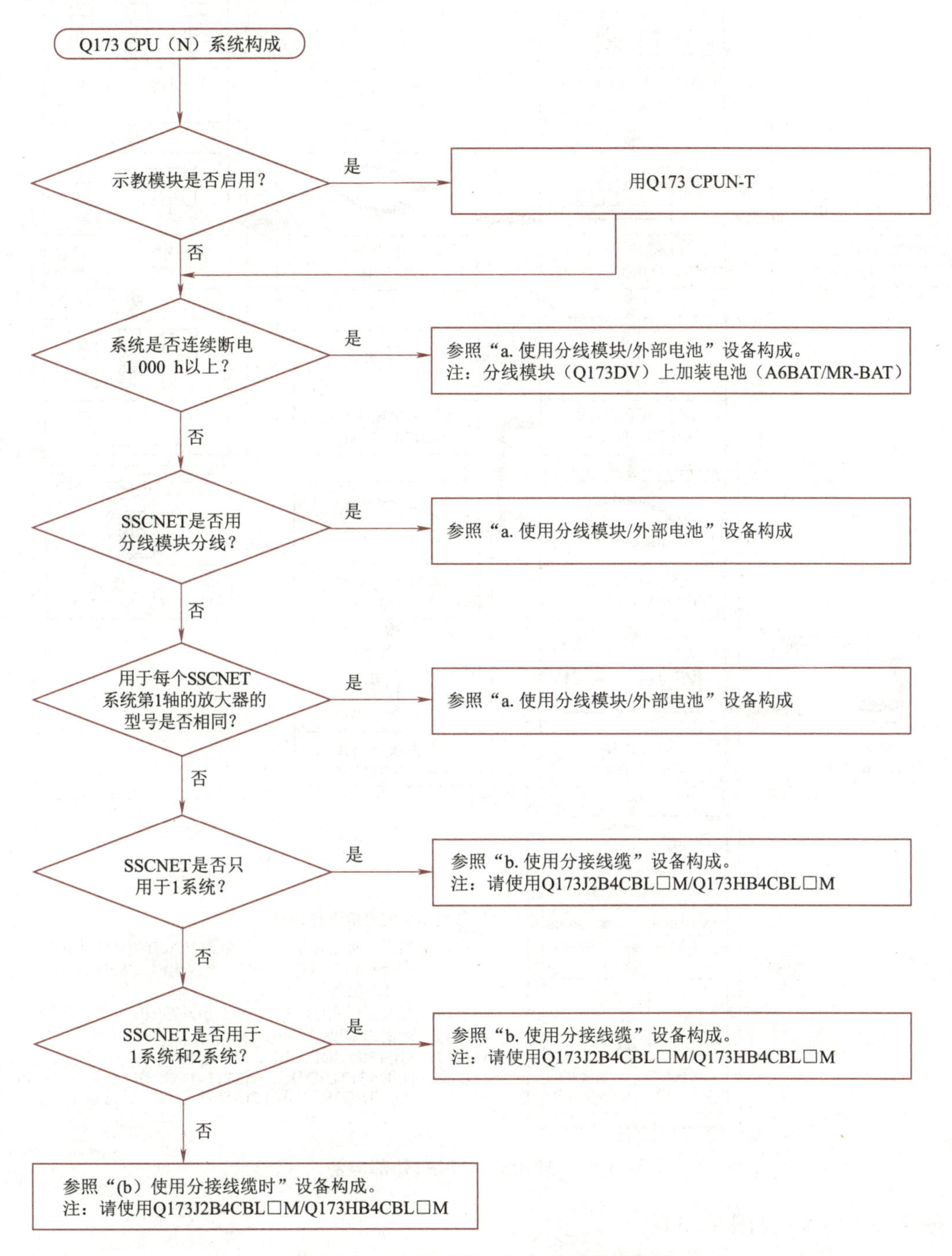

图 5-21　Q173 CPU(N)系统的设备构成

说明:内置可充电池的可连续掉电时间,根据充电时间可以不同。充电 40 h,系统电源可以连续断开 1 100 h。

- 使用分线模块、外部电池时(见图 5-22)。

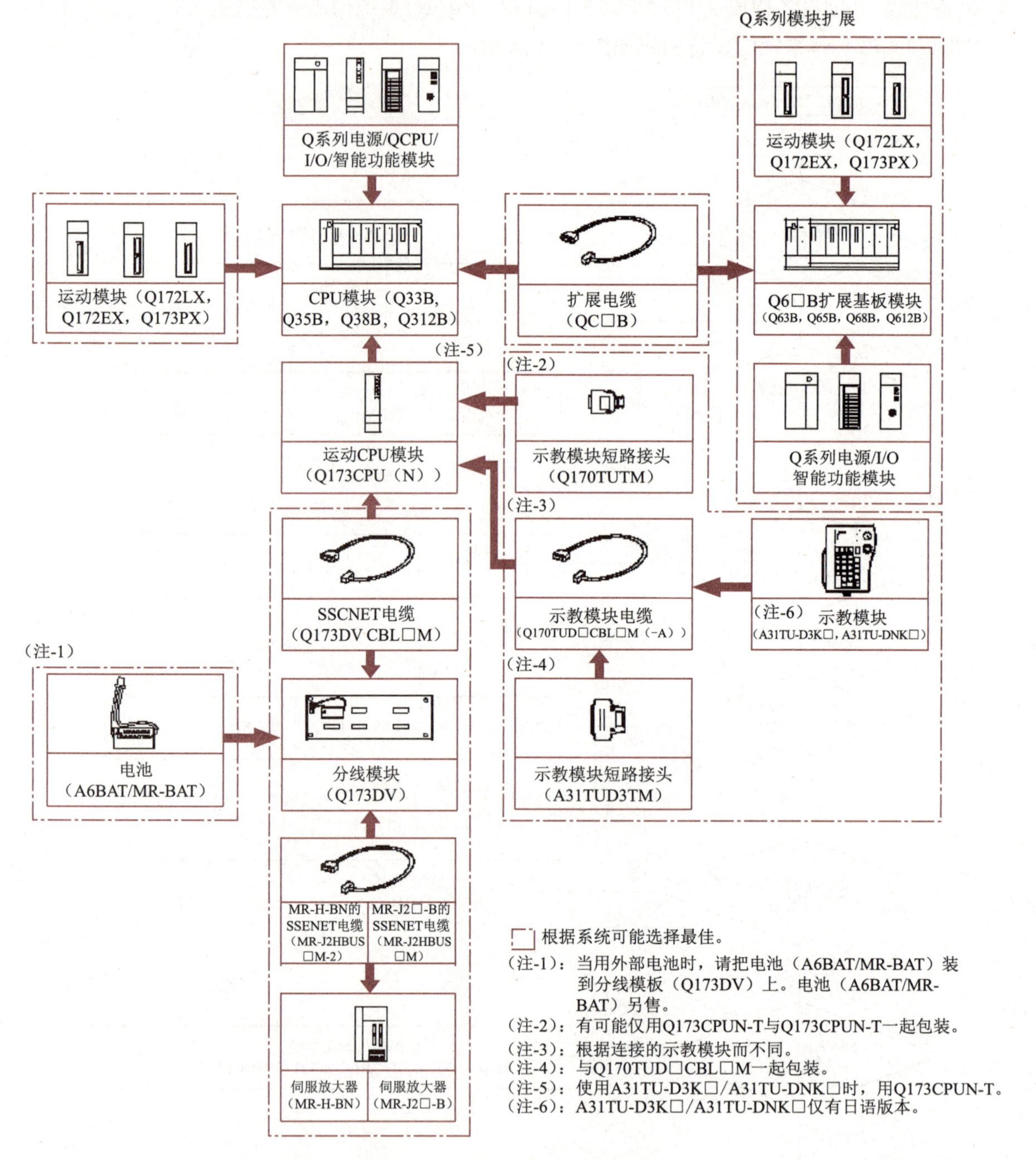

图 5-22 使用分线模块、外部电池

- 使用分接电缆(见图 5-23)。

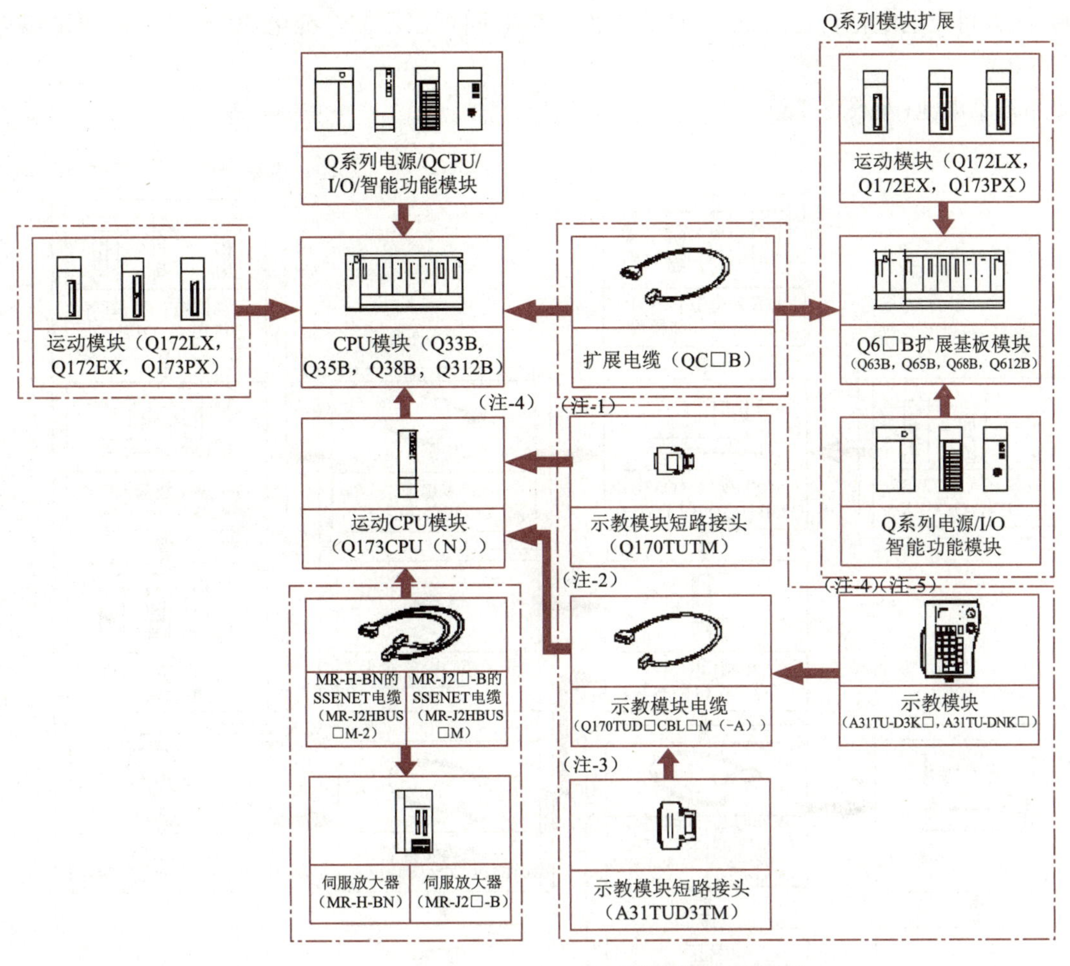

根据系统可能选择最佳。

（注-1）：可以仅用Q173CPUN-T与Q173CPUN-T一起包装。
（注-2）：根据连接的示教模块而不同。
（注-3）：与Q170TUD□CBL□M一起包装。
（注-4）：使用A31TU-D3K□/A31TU-DNK□时，用Q173CPUN-T。
（注-5）：A31TU-D3K□/A31TU-DNK□仅有口语版本。

图 5-23　使用分接电缆

②Q172CPU(N)系统的设备构成如图 5-24 所示。

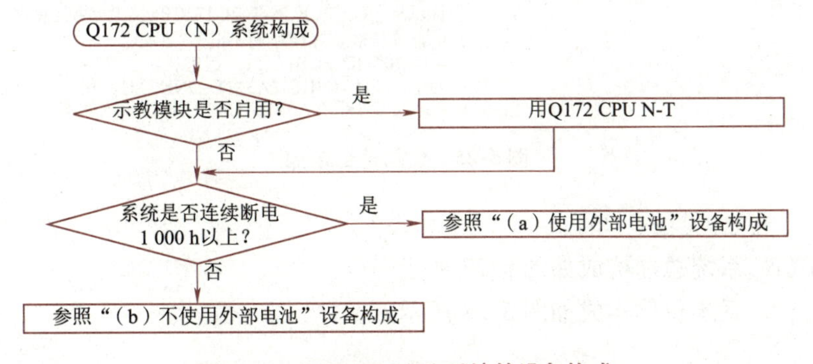

图 5-24　Q172CPU(N)系统的设备构成

说明:内置可充电电池可连续掉电时间,根据充电时间可以不同。充电 40 h,系统电源可以连续断开 1 100 h。

• 使用外部电池(见图 5-25)。

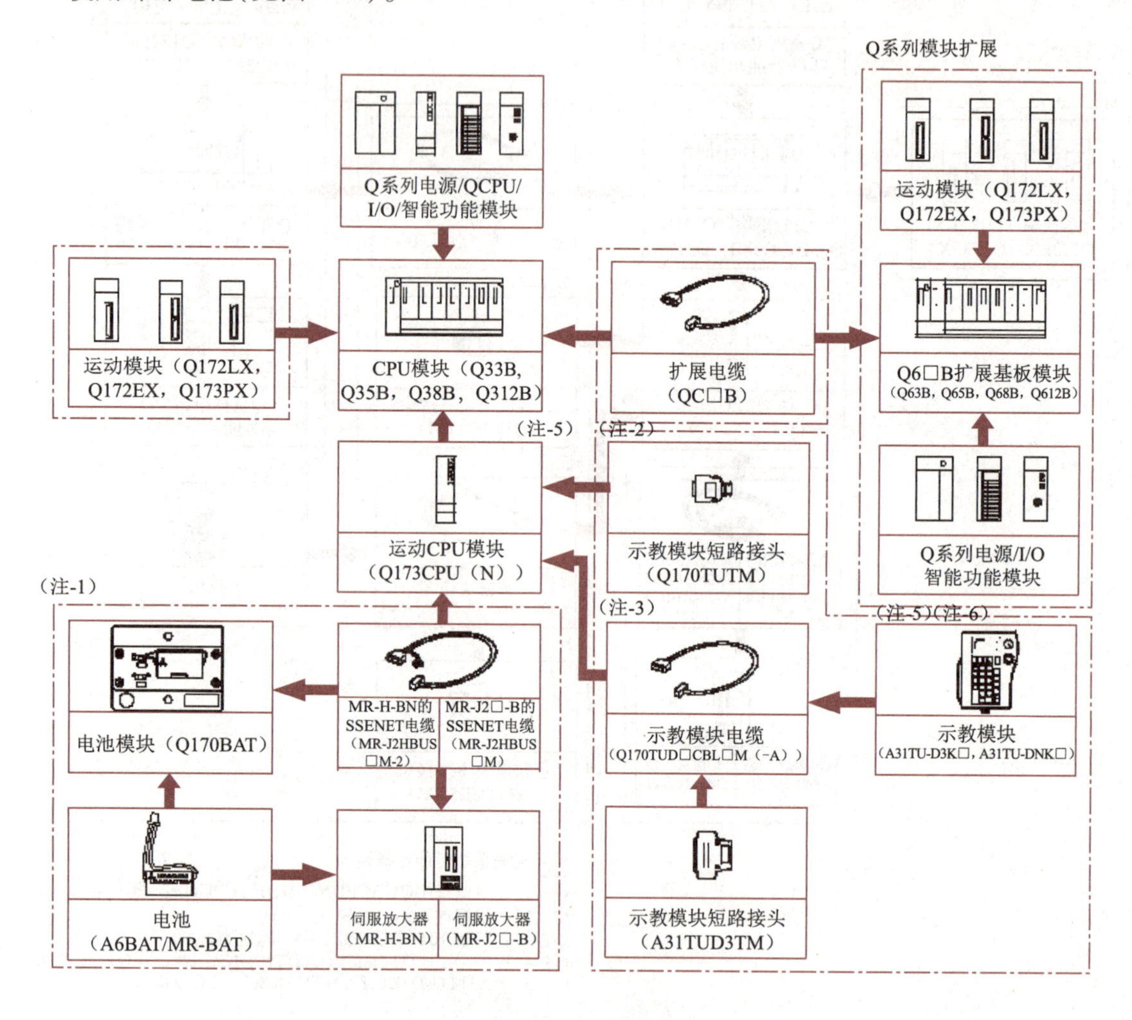

□ 根据系统可能选择最佳。

（注-1）：当用外部电池时，请把电池SSENET电缆（Q172HB CBL□）M-B/Q172-J2B CBL□M-B）、电池模块（Q170BAT）和电池（A6BAT/MR-BAT）装到电池模板上。（A6BAT/MR-BAT）另售。
（注-2）：可以只用Q172CPUN-T与Q172CPUN-T一起包装。
（注-3）：根据连接的示教模块而不同。
（注-4）：与Q170TUD□CBL□M一起包装。
（注-5）：当用A31TU-D3K□/A31TU-DNK□时，用Q172CPUN-T。
（注-6）：A31TU-D3K□/A31TU-DNK□仅有日语版本。

图 5-25　使用外部电池

• 不使用外部电池(见图 5-26)。

③Q173 CPU(N)系统总体构成如图 5-27 所示。

④Q172 CPU(N)系统总体构成如图 5-28 所示。

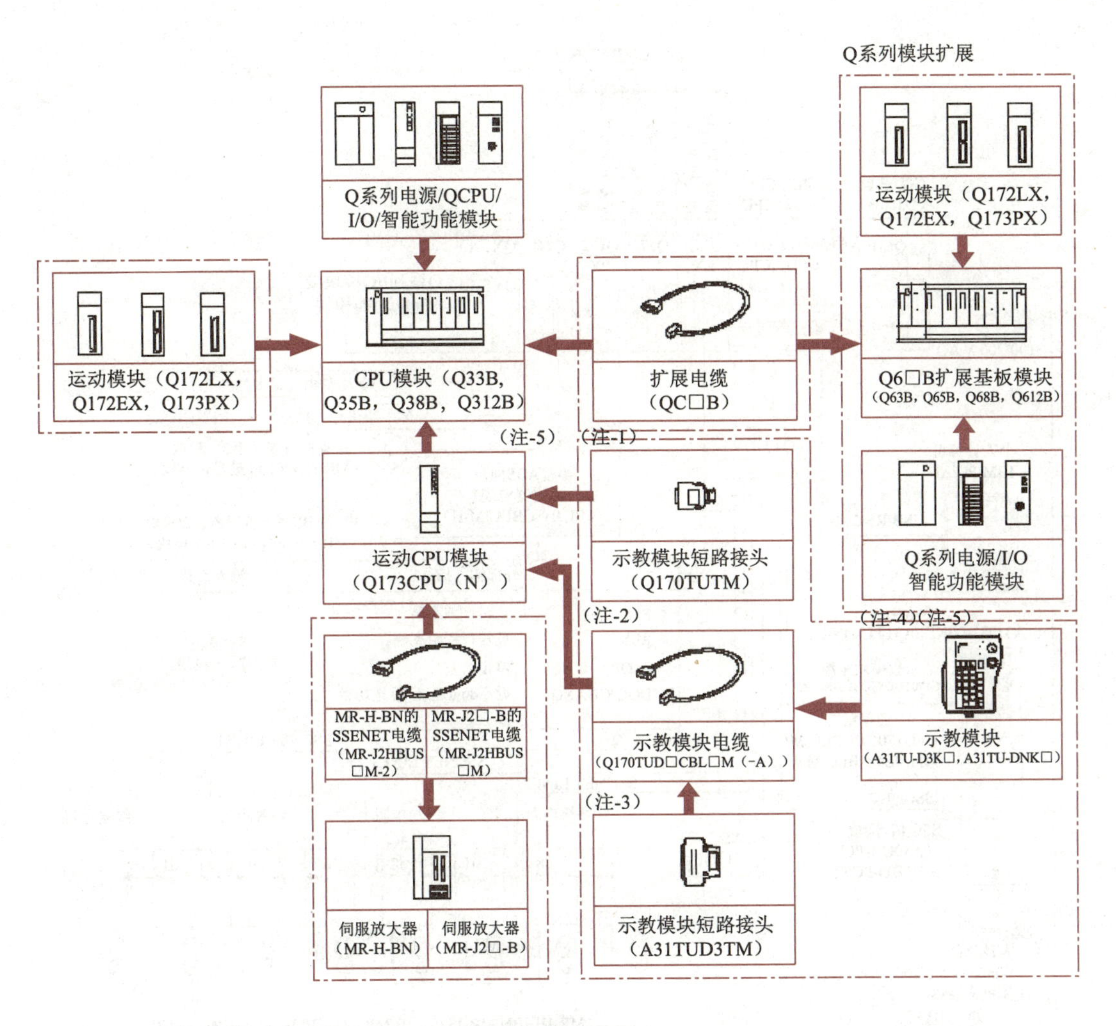

□ 根据系统可能选择最佳

（注-1）：当用外部电池时，请把电池SSENET电缆（Q172HB CBL□M-B/Q172-J2B CBL□M-B）、电池模块（Q170BAT）和电池（A6BAT/MR-BAT）装到电池模板上。（A6BAT/MR-BAT）另售。

（注-2）：可以只用Q172CPUN-T与Q172CPUN-T一起包装。

（注-3）：根据连接的示教模块而不同。

（注-4）：与Q170TUD□CBL□M一起包装。

（注-5）：当用A31TU-D3K□/A31TU-DNK□时，用Q172CPUN-T。

（注-6）：A31TU-D3K□/A31TU-DNK□仅有日语版本。

图 5-26　不使用外部电池

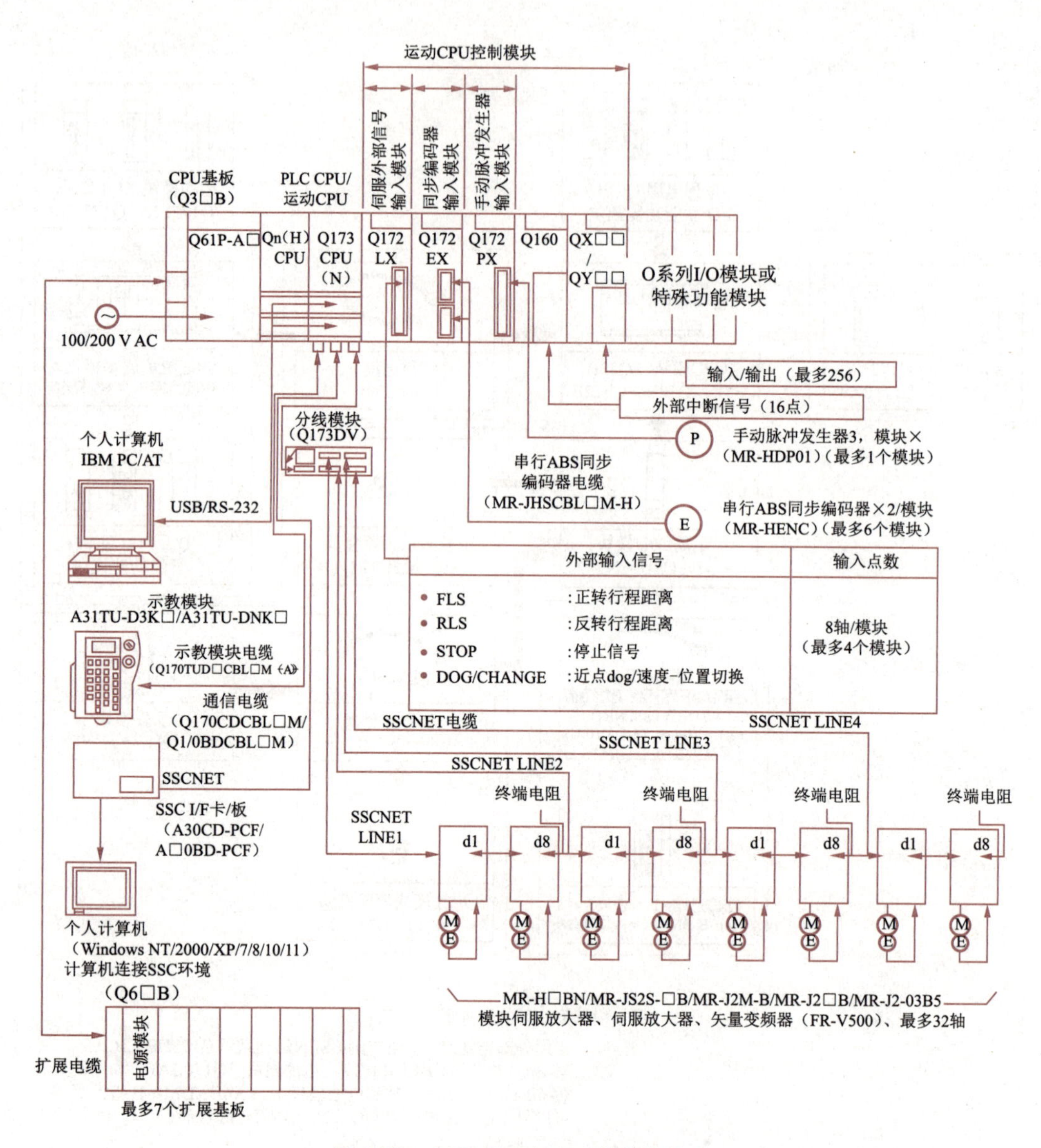

图 5-27　Q173CPU(N)系统总体构成

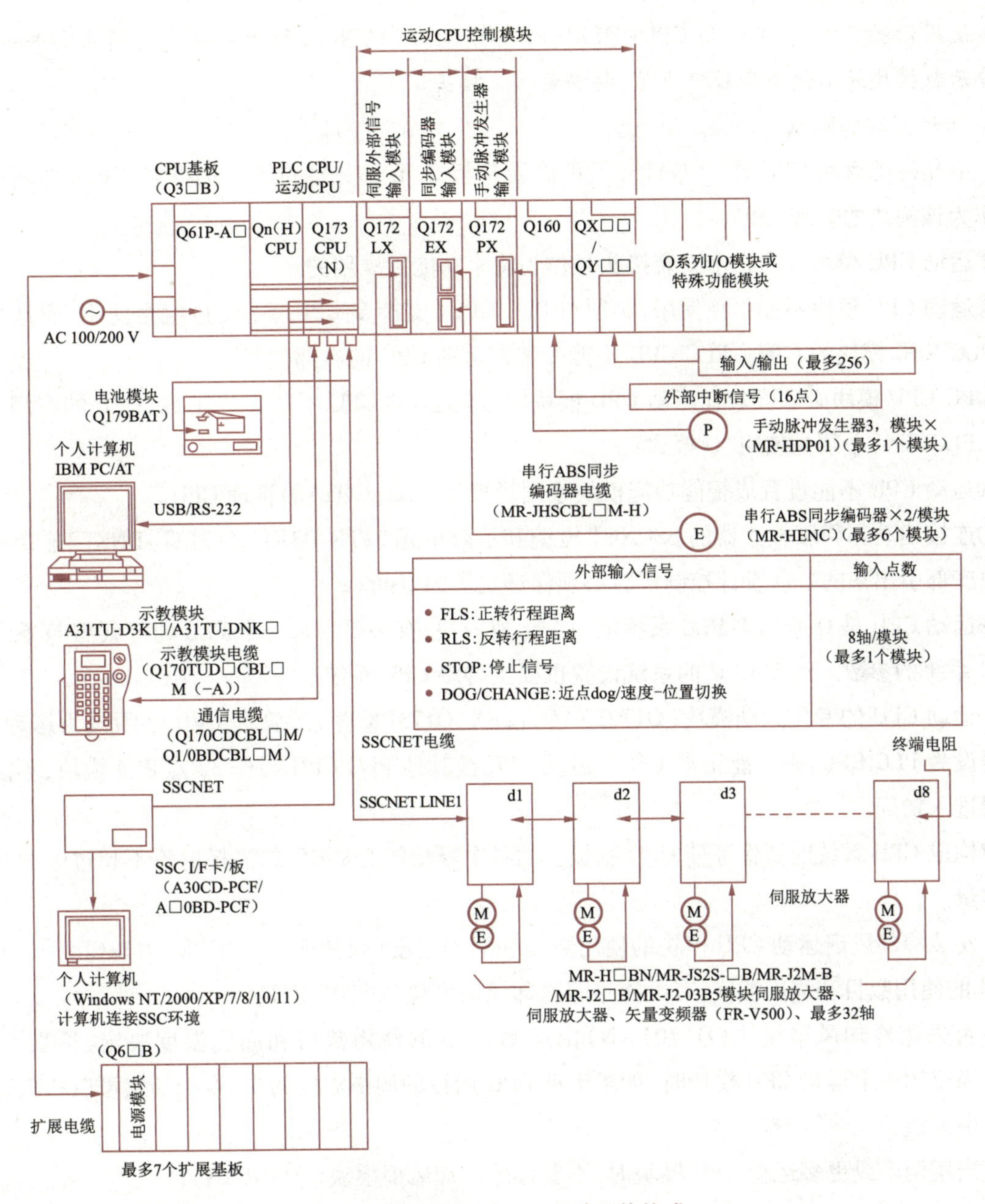

图 5-28　Q172CPU(N)系统总体构成

注意

①如果运动控制器或者伺服放大器异常时的动作与系统的安全指示操作不同，则需要运动控制器或伺服放大器构成一个安全的外部电路。

②系统中应用部件(除了运动控制器、伺服放大器、伺服电动机以外的额定特性)的规格和特性必须要与运动控制器、伺服放大器、伺服电动机相兼容。

③参数设置要与运动控制器、伺服放大器、伺服电动机、再生电阻规格、系统用途相适应，否则保护功能无效。

④使用示教模块时,在运动 CPU(Q173CPUN-T/Q172CPUN-T)和示教模块之间需要电缆,并且在去掉示教模块或不使用示教模块时,要安装短路接头。

2. 运动系统的限制

①不允许把运动 CPU 作为 QA1S6□B 扩展基板单元上安装的模块的管理 CPU,必须把 PLC CPU 作为该模块的管理 CPU。

②运动 CPU 模块的内存卡安装接头是作为将来功能扩展用的。

③运动 CPU 模块不能单独使用,必须与 PLC CPU(支持多 CPU 系统的)组合使用,而且必须安装在 PLC CPU 模块的右侧。PLC CPU 不能安装在运动 CPU 的右部位置。

④PC CPU 模块必须安装在运动 CPU 模块的右侧,运动 CPU 不能安装在 PC CPU 的右侧。

⑤PLC CPU 必须是使用"Q 模式"。

⑥运动 CPU 不能设置成智能功能模块或图形操作终端(GOT)的管理 CPU。

⑦连接运动和伺服放大器的 SSCNET 电缆和示教单元 31TU-D3K□/A31TU-DNK□连接线缆是在模块底部引出来的。在设计控制板时必须保证足够的空间。

⑧运动 CPU 是 Q 系列多 PLC 系统的一个组成模块,有必要为每一个 PLC CPU 设置 Q 系列多功能 PLC 系统的参数。运动 CPU 的系统设置也要支持多 CPU 系统。

⑨运动 CPU 的专用运动模块(Q172LX、Q172EX、Q173PX 等)的管理 CPU 必须设为运动 CPU。如果误设为 PLC CPU,则不能正常工作。运动 CPU 被其他 PLC CPU 当作 32 点智能模块,不能从其他机器进入访问。

⑩构成 CPU 系统时要保证使 CPU 基板上的各个模块的 5 V DC 总消耗电流不超过电源模块的输出容量。

⑪安装冷却风扇运动 CPU 模块的使用数目和周围温度(仅用于 Q173CPU/Q172CPU)。根据运动 CPU 的使用数目和周围温度,有可能移除冷却风扇模块(Q170FAN)。

是否采用冷却风扇模块(Q170FAN)由运动 CPU 的使用数目和周围温度决定,见表 5-21。

- 当仅用一个运动 CPU 模块时,如果运动 CPU 运行的周围温度为 0 ~ 40 ℃时,可以移除冷却风扇模块。
- 当用两个或更多运动 CPU 模块时,不要移除冷却风扇模块(Q170FAN)。

表 5-21 运动 CPU 模块的使用数目和周围温度说明

运动 CPU 数量	运动 CPU 的周围温度	
	0 ~ 40 ℃	40 ~ 55 ℃
1 个模块	可以移除	不要移除
2 个模块或更多	不要移除	

⑫当运动 CPU 的内置充电电池被正常充电 40 h 时,会为 IC-RAM 存储卡提供 1 100 h(保证时间)/4 300 h(实际时间)的备份电源。

如果连续停电时间超过此时间，可以安装外部电池。运动 CPU 电池使用说明见表 5-22。

表 5-22　运动 CPU 电池使用说明

项　　目		连续停电时间	
		保证时间（最小）/h	实际时间（典型）/h
仅内置可充电电池	充电 8 h 以上	200	500
	充电 40 h 以上	1 100	4 300
外部电池		60 000	240 000

3. Q173 CPU/Q172 CPU 各部分名称（见表 5-23）

表 5-23　Q173 CPU/Q172 CPU 各部分名称

名　称	用　途
模块固定钩子	把模块固定到基板上（快速装卸）
MODE LED（模式判定）	亮（绿色）：正常模式； 亮（橙色）：安装模式，ROM 写入模式
RUN LED	亮：运动 CPU 正常启动； 灭：运动 CPU 异常； 当在启动时出现异常或 WDT 错误出现时，RUN LED 关闭
ERR LED	亮：当故障出现时，如下情况 LED 开启。 ①WDT 错误； ②系统设置错误； ③伺服错误； ④运动 SFC 错误； ⑤运行不能停止的自诊断错误（除电池故障外）； • 闪烁：检测到使运行停止的自诊断故障； • 不亮：正常
M RUN LED	• 亮：当运动控制执行时； • 闪烁：当清除锁存数据操作启动时； • 不亮：当运动控制没有被执行或当检测到运行停止的自诊断错误时
BAT LED	亮：当电池故障出现用外部电池时
BOOT LED	• 亮：ROM 运行模式； • 不亮：RAM 运行/安装模式，ROM 写入模式
模块安装杠杆	用于安装模块到基板上
存储卡 EJECT 按钮	用于从运动 CPU 中拆除存储卡
存储卡安装接头	接头用于把存储卡连接到运动 CPU（运动 CPU 用运行系统软件包使用存储卡）
USB 接头[注]	用于 USB 兼容的外围机器连接接头，（接头型号 B）可以用 USB 专用电缆连接

注：把电缆连接到 USB 接头时，用夹子固定电缆，防止因摇摆、移动或无意间拉动使电缆脱落。

4. Q173 CPU(N)/Q172CPU(N)开关、接头功能(见表5-24)

表5-24 Q173CPU(N)/Q172CPU(N)开关、接头功能

名称	用途	
DIP 开关	DIP 开关1	禁止使用(出厂时在 OFF)
	DIP 开关2	ROM 运行设置(出厂时在 OFF): SW2SW3 OFFOFF→RAM 运行模式 ONOFF→禁止 OFFON→禁止 ONON→RAM 操作的模式
	DIP 开关3	
	DIP 开关4	禁止使用(出厂时在 OFF)
	DIP 开关5(安装 ROM 写入开关)	ON:安装 ROM 写入模式; OFF:通常模式(RAM 运行模式/由 ROM 运行模式); 从外围机器,把操作系统(OS)软件安装在运动 CPU 模块中,把倾斜开关5打到 ON。安装完成后切换开关
RUN/STOP 开关(瞬时开关)	扳到 RUN/STOP 使用; RUN:执行运动程序; STOP:停止运动程序	
RESET/L CLR 开关(瞬时开关)	RESET:开关扳到 RESET 位置时,重置硬件。用于运算异常时的重置和运算初始化; L CLR:消除锁存区域内用参数设置的数据(同时也会清除锁存区域以外的数据)。 L CLR 操作方法: ①设置 RUN/STOP 开关到 STOP; ②扳 RESET/L CLR 开关到 L CLR 几次,直到 M RUN LED 闪烁(M RUN LED 闪烁:清除锁存数据完成); ③将 RESET/L CLR 开关扳到 L CLR(M RUN LED 灭)	
模块固定螺钉孔	用于固定到基板上的螺钉孔(M3×12 螺钉:用户准备)	
模块固定钩	用于固定到基板上的钩	
CN1 接头	与伺服放大器连接的接头	
CN2 接头	与个人计算机或 SSCNET 连接的接头	
TU 接头	与示教模块连接的接头	
冷却风扇接头	与冷却风扇元件(Q170 FAN)连接的接头	
冷却风扇元件	运动控制器专用冷却风扇模块	

注意

①多 CPU 系统中2~4号 QCPU/运动 CPU 不能单独复位。复位时,其他 CPU 会变为 MULTI CPU DOWN(出错代码:7000),多 CPU 系统全部停止。

②使用 Q173 CPU(N)时,SSCNET1-4 系统信号进入接头 CN1。此时,有必要采用分线模块(Q173DV)或分支电缆。

③仅限 Q173CPUN-T/Q172CPUN-T。

④当连接示教模块时,选择与示教模块规格相符的电缆。

⑤当仅用 Q173 CPU/Q172 CPU 时。

5. Q172EX、Q173PX 的选择（见表 5-25）

表 5-25 Q172EX、Q173PX 的选择

项 目	同步编码器		手动脉冲发生器
	串行 ABS	增量	
Q173CPU(N)	12 模块		3 模块
Q172CPU(N)	8 模块		
模块选择	Q172EX	Q173PX	

6. 电源模块选择

电源模块根据 I/O 模块、特别功能模块和由电源模块供电的外围设备总电流消耗量进行选择，同时要考虑到（MR-HENC、MR-HDP01 或 A3TU-D□K13）等外围设备的电流消耗。

运动控制器电流消耗量见表 5-26。

表 5-26 运动控制器电流消耗量

部件名称	型号名称	描 述	电流消耗量 5 V DC/A
运动 CPU 模块	Q173CPUN	32 轴控制用	1.25
	Q173CPUN-T	32 轴控制用，对应示教单元	1.56
	Q173CPU	32 轴控制用，加制冷风扇单元	1.75
	Q172CPUN	8 轴控制用	1.14
	Q172CPUN-T	8 轴控制用，对应示教单元	1.45
	Q172CPU	8 轴控制用，加制冷风扇单元	1.62
伺服系统外部信号接口模块	Q172LX	伺服系统外部信号输入 8 轴（FLS、RLS、STOP、DOG/CHANGE ×8）	0.05
串行 ABS 同步编码器接口模块	Q172EX	串行 ABS 同步编码器 MR-HENC 接口 ×2，跟踪输入 2 点	0.07
	Q172EX-S1	串行 ABS 同步编码器 MR-HENC 接口 ×2，跟踪输入 2 点，数据交换用内置存储器	
手动脉冲发生器接口模块	Q173PX	手动脉冲发生器 MR-HDP01/同步编码器接口 ×3，跟踪输入 3 点	0.11
	Q173PX-S1	手动脉冲发生器 MR-HDP01/同步编码器接口 ×3，跟踪输入 3 点，数据交换用内置存储器	
手动脉冲发生器	MR-HDP01	脉冲分辨率：25 PLS/rev（100 PLS/rev 放大 4 倍后）； 允许轴负载。径向负载：最大 19.6 N；轴向负载：最大 9.8 N； 允许速度：200 r/min（正常旋转）	0.06
示教单元	A31TU-D3K13	用于 SV13，用 3 个位置临时开关	0.26
	A31TU-DNK13	用于 SV13，没有临时开关	
串行 ABS 同步编码器	MR-HENC	分辨率：16 384 PLS/rev 允许转速：4 300 r/min	0.15
制冷风扇单元	Q170FAN	运动 CPU 模块专用制冷风扇	0.08

注：选择电源模块，要根据连接的外围设备（MR-HENC 或 MR-HDP01）的电流消耗量。

当使用 Q173CPUN-T 时,电源选择计算范例。

(1)系统配置(见图 5-29)

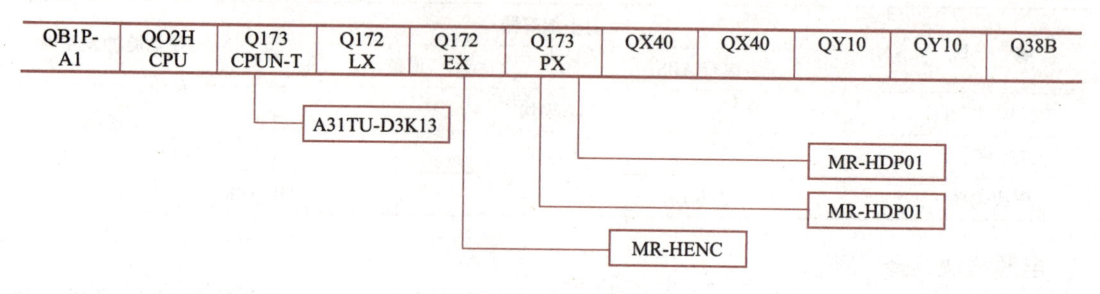

图 5-29 系统配置

说明:包括 A31TU-D3K13(0.26 A)的电流消耗量。

(2)每一个模块的 5V DC 电源消耗量

Q02HCPU:0.64[A]

Q173CPUN-T(注):1.56[A]

Q172LX:0.05[A]

Q172EX:0.07[A]

MR-HENC:0.15[A]

Q173PX:0.11[A]

MR-HDP01:0.06[A]

QX40:0.05[A]

QY10:0.43[A]

Q38B:0.114[A]

(3)全部模块的电流消耗量

I_{5V} =0.64 A+1.56 A+0.05 A+0.07 A+0.15 A+0.11 A+0.06×(某某×2)A+0.005×(某某×2)A+0.43×(某某×2)A+0.114 A=3.774 A

要根据内部的电流消耗量 3.774 A 来选择电源模块 Q61P-A1(100VAC)6A。

说明:配置系统的依据是要求在 5 V DC 电压下所有模块的总体电流消耗量小于允许值。

7. Q173 CPU(N)/Q172 CPU(N)的初始充电

Q173 CPU(N)/Q172 CPU(N)内置可充电电池,开始使用 Q173 CPU(N)/Q172 CPU(N)前,打开电源 8 h 以上对内置可充电电池充电。给内置可充电电池充电 8 h 以上的时间后,可以给 IC-RAM 存储器提供备份电源 1 100 h。

如果连续充电 5 天,每天 8 h,充电 40 h 以后,可以给 IC-RAM 存储器提供备份电源 1 100 h。

如果连续电源关掉时间比内置可充电电池备份电源时间长(见表 5-27),则需要用 A6BAT/MR-BAT 电池进行备份。

表 5-27　Q173 CPU(N)/Q172 CPU(N)内置可充电电池使用

项　目		连续停电时间	
		保证时间(MIN)/h	实际时间(TYP)/h
仅内置可充电电池	8 h 以上充电时间	200	500
	40 h 以上充电时间	1 100	300

8. 接线

(1)Q172LX 接收定位控制必要的外部信号(伺服系统外部信号)

①性能规格见表 5-28。

表 5-28　性能规格

项　目	规　格
I/O 占有点数	32 点(I/O 分配:智能,32 点)
电流消耗量(5 V DC)/A	0.05
外部尺寸/mm	98(H)×27.4(W)×90(D)
质量/kg	0.15

②输入部分见表 5-29。

表 5-29　输入部分

项　目		规　格
输入点数目		伺服系统外部信号:32 点 (行程上限、行程下限、停止信号、近点狗/速度、位置切换信号:4 点×8 轴)
输入方式		接收器/来源类型
绝缘方式		光电耦合器
额定输入电压		12/24 V DC
额定输入电流		12 V DC 2 mA/24 V DC 4 mA
使用电压范围		10.2～26.4 V DC (使用 12/24 V DC 电源时电压范围不能超过 12/24 V 的 +10% 和 -15%,且电压波动(脉动)范围不高于 5%)
ON 电压/电流		10 V DC 以上/2.0 mA 以上
OFF 电压/电流		1.8 V DC 以下/0.18 mA 以下
输入电阻		约 5.6 kΩ
上限下限行程开关和停止信号的响应时间	OFF 到 ON	1 ms
	ON 到 OFF	
近点 dog/速度-位置切换信号的响应时间	OFF 到 ON	0.4 ms/0.6 ms/1 ms (CPU 参数设置,默认值 0.4 ms)
	ON 到 OFF	
公共端排列		32 点/公共(公共端:B1,B2)

续表

项　目	规　格
显示说明	ON 指示(LED)
外部连接方式	40 引脚接头
适合的配线尺寸	0.3 mm^2
外部配线接头	A6CON1(附件); A6CON2、A6CON3(另售)
适用接头/端子排变换单元	A6TBXY36、A6TBXY54、A6TBXY70(另售)

(2)伺服系统外部信号接口模块的连接

①伺服系统外部信号。Q172LX 根据软件的系统设置确定 I/O 编号中伺服外部信号按轴分配,每轴对应一组输入编号,见表 5-30。

表 5-30　伺服系统外部信号

伺服系统外部信号	用　途	一个 Q172LX 的点数
上限行程极限输入(FLS)	用来测定上限行程极限输入和下限行程极限输入	32 点(4 点/8 轴)
下限行程极限输入(RLS)		
停止信号输入(STOP)	速度或位置控制停止用	
近点 dog/速度-位置切换输入(DOG/CHANGE)	检测近点 dog 式、计数式原点回归时的近点 dog,或速度-位置切换控制时切换用	

要点:NO. 1 ~8 信号能分配到指定轴,分配在软件包的系统设置中进行。

②CTRL 接头引脚布局图。使用 Q172LX 模块前端的 CTRL 接头来连接伺服系统外部信号。从正面看到的为 Q172LX CTRL 接头引脚布局图,CTRL 接头的引脚布局和连接内容如图 5-30 所示。

CTRL 接头和伺服系统外部信号之间的接口见表 5-31。

①CTRL 接头和外围设备之间要注意使用屏蔽电缆,避免动力线和主回路线靠近或束在一起,以减小电池伤害的影响。(将它们之间分开的距离不少于 200 mm)

②将屏蔽电缆线连接到外围设备的 FG 接线端。

③正确设置参数,否则可能使行程限位等保护功能失去作用。

④要始终当电源关掉后进行电缆配线,否则可能会破坏模块电路。

⑤确认进行电缆配线,错误的配线可能破坏内部电路。

(3)手动脉冲发生器接口模块的连接

①PULSER 接头引脚布局图。使用 Q173PX 模块前端的 PULSER 接头连接手动脉冲信号、增量型同步编码器信号。

图 5-31 所示为从正面看到的 Q173PX PULSER 接头引脚布局图和连接内容。

CTRL接头

信号编号	引脚编号	信号名称	引脚编号	信号名称	信号编号
1	B20	FLS1	A20	FLS5	5
1	B19	RLS1	A19	RLS5	5
1	B18	STOP1	A18	STOP5	5
1	B17	DOG1/CHANGE1	A17	DOG5/CHANGE5	5
2	B16	FLS2	A16	FLS6	6
2	B15	RLS2	A15	RLS6	6
2	B14	STOP2	A14	STOP6	6
2	B13	DOG2/CHANGE2	A13	DOG6/CHANGE6	6
3	B12	FLS3	A12	FLS7	7
3	B11	RLS3	A11	RLS7	7
3	B10	STOP3	A10	STOP7	7
3	B9	DOG3/CHANGE3	A9	DOG7/CHANGE7	7
4	B8	FLS4	A8	FLS8	8
4	B7	RLS4	A7	RLS8	8
4	B6	STOP4	A6	STOP8	8
4	B5	DOG4/CHANGE4	A5	DOG8/CHANGE8	8
	B4	未连接	A4	未连接	
	B3	未连接	A3	未连接	
	B2	COM	A2	未连接	
	B1	COM	A1	未连接	

适用的接头型号：

A6CON1类型焊接类型接头
FCN-361J040-AU接头（FU、ITSU TAKAMISAWA COMPONENT LIMITED）
FCN-361J040-B接头封口
（标准附件）

A6CON2类型压装接头
A6CON3类型压装接头
（另售）

（1至8）每个轴的DOG/CHANGE、STOP、RLS、FLS功能	
DOG/CHANGE	近点dog/速度-位置切换信号
STOP	停止信号
RLS	下限行程极限输入
FLS	上限行程极限输入

有关信号的详细信息请参阅编程操作说明书

注：CTRL接头配线时可以使用接头/端子台转换模块和电缆。

A6TBXY36/A6TBXY54/A6TBX70　：接头/端子排转换模块

AC□TB（□：长度[ft]）　：接头/端子排转换电缆

图 5-30　CTRL 接头的引脚布局和连接内容

表 5-31　CTRL 接头和伺服系统外部信号之间的接口

输入或输出	信号名称	接头编号	LED	配线范例	内部线路	规格	信号名称/内容
输入	FLS1	B20	0	上限行程限制输入 下限行程限制输入 停止信号输入 近点dog/速度-位置切换信号 12V DC 24V DC	5.6kΩ 5.6kΩ 5.6kΩ 5.6 kΩ	• 供应电压： 12～24 V DC (10.2～26.4 V DC) 使用稳定电源； • 高电平： 10.0 V DC 或 2.0 mA； • 低电平： 1.8 V DC 或不高于 0.18 mA	FLS
	FLS2	B16	4				
	FLS3	B12	8				
	FLS4	B8	C				
	FLS5	A20	10				
	FLS6	A16	14				
	FLS7	A12	18				
	FLS8	A8	1C				
	RLS1	B19	1	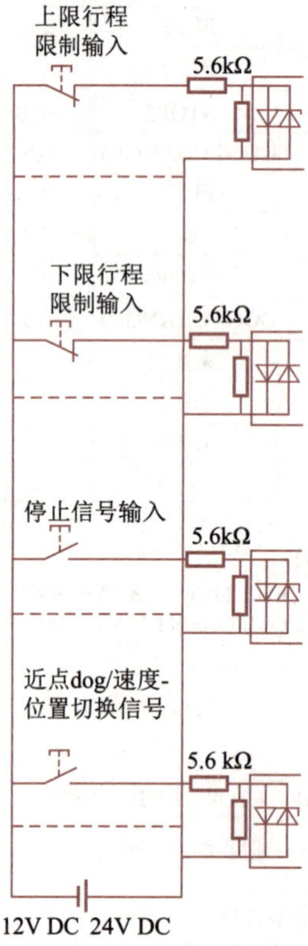			RLS
	RLS2	B15	5				
	RLS3	B11	9				
	RLS4	B7	D				
	RLS5	A19	11				
	RLS6	A15	15				
	RLS7	A11	19				
	RLS8	A7	1D				
	STOP1	B18	2				STOP
	STOP2	B14	6				
	STOP3	B10	A				
	STOP4	B6	E				
	STOP5	A18	12				
	STOP6	A14	16				
	STOP7	A10	1A				
	STOP8	A6	1E				
	DOG/CHANGE1	B17	3				DOG/CHANGE
	DOG/CHANGE2	B13	7				
	DOG/CHANGE3	B9	B				
	DOG/CHANGE4	B5	F				
	DOG/CHANGE5	A17	13				
	DOG/CHANGE6	A13	17				
	DOG/CHANGE7	A9	1B				
	DOG/CHANGE8	A5	1F				
	电源	B1 B2					伺服外部信号公共端

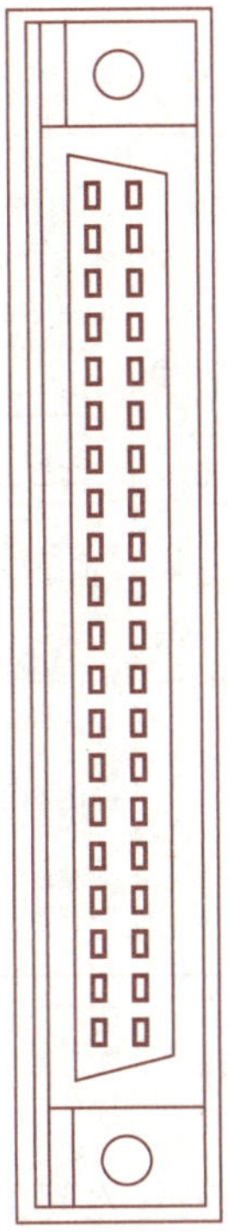

PULSER接头

	引脚编号	信号名称	引脚编号	信号名称	
b…	B20	HB1	A20	HA1	…b
	B19	SG	A19	SG	
	B18	5V	A18	HPSEL1	…a
c	B17	HA1N	A17	HA1P	c
c	B16	HB1N	A16	HB1P	c
b…	B15	HB2	A15	HA2	…b
	B14	SG	A14	SG	
	B13	5V	A13	HPSEL2	…a
c	B12	HA2N	A12	HA2P	c
c	B11	HB2N	A11	HB2P	c
b…	B10	HB3	A10	HA3	…b
	B9	SG	A9	SG	
	B8	5V	A8	HPSEL3	…a
c	B7	HA3N	A7	HA3P	c
c	B6	HB3N	A6	HB3P	c
	B5	未连接	A5	未连接	
	B4	TREN1−	A4	TREN1+	
	B3	TREN2−	A3	TREN2+	
	B2	TREN3−	A2	TREN3+	
d…	B1	FG	A1	FG	…d

适用的接头型号

适用的接头型号：
A6CON1类型焊接类型接头
FCN-361J040-AU接头（FU、ITSU TAKAMISAWA COMPONENT LIMITED）
FCN-361J040-B接头封口
（标准附件）

A6CON2类型压装接头
A6CON3类型压装接头
（另售）

图 5-31　Q173 PX PULSER 接头引脚布局图和连接内容

a. 手动脉冲发生器/增量型同步编码器的输入类型由 HPSEL□切换不连接；电压输出/集电极开路 HPSEL□-SG 连接；差动输出类型（输入 1 ~ 3 可以切换）。

b. 手动脉冲/增量型同步编码器采用电压输出/集电极开路时连接 A 相信号到 HA1/HA2/HA3，B 相信号到 HB1/HB2/HB3。

c. 差动输出类型：

连接 A 相信号到 HA1P/HA2P/HA3P，然后 A 相位反转信号给 HB1N/HA2N/HA3N。

连接 B 相信号到 HB1P/HB2P/HB3P，然后 B 相位反转信号给 HB1N/HA2N/HA3N。

d. FG 信号与连接手动脉冲发生器/增量型同步编码器和 Q173PX 之间电缆的屏蔽线相连。

②PULSER 接头和手动脉冲发生器（差分输出类型）/增量型同步编码器之间的接口。

手动脉冲发生器（差动输出类型）/增量型同步编码器之间的接口见表 5-32。

表 5-32　PULSER 接头和手动脉冲发生器(差分输出类型)/增量型同步编码器之间的接口

输入或输出	信号名称		引脚编号 PULSER 接头 电压输出类型 1	2	3	配线范例	内部电路	规格	说明
输入	A 相手动脉冲	A + HA□P	A17	A12	A7	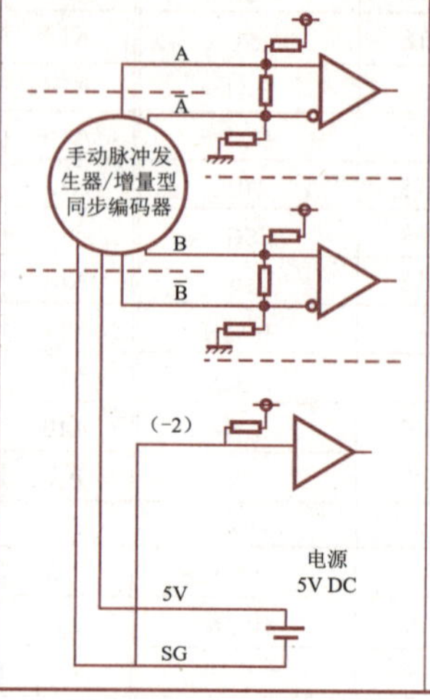 手动脉冲发生器/增量型同步编码器 A　$\bar{A}$　B　$\bar{B}$ (-2) 5V　SG 电源 5V DC		• 额定的输入电压:5.5 V DC 以下; • 高水平:2.0 ~ 5.25 V DC • 低水平:0.8 V DC 以下 • 2.6LS31 相当	用于连接手动脉冲发生器 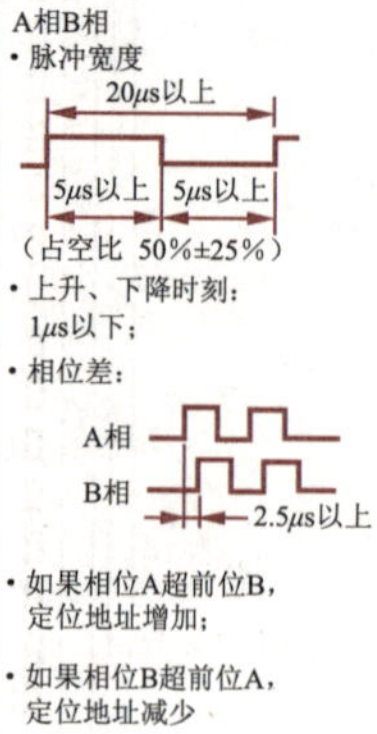 A相B相 • 脉冲宽度 20μs以上 5μs以上　5μs以上 (占空比 50%±25%) • 上升、下降时刻:1μs以下; • 相位差: A相　B相　2.5μs以上 • 如果相位A超前位B,定位地址增加; • 如果相位B超前位A,定位地址减少
		A - HA□N	B17	B12	B7				
	B 相手动脉冲	B + HB□P	A16	A11	A6				
		B - HB□N	B16	B11	B6				
	类型选择信号 HPSEL□		A18	A13	A8				
电源	P5(-1)		B18	B13	B8				
	SG		A19 B19	A14 B14	A9 B9				

注:
(-1)如果手动脉冲发生器/增量型同步编码器采用外接电源,Q173PX 侧的 5V(P5)DC 电源不要连接。
(-2)使用手动脉冲发生器(差动输出类型)/增量型同步编码器时,将 HPSEL□与 SG 连接。

③PULSER 接头和手动脉冲发生器(电压输出/集电极开路)/增量型同步编码器之间的接口。手动脉冲发生器(电压输出集电极开路)/增量型同步编码器之间的接口见表 5-33。

表 5-33　PULSER 接头和手动脉冲发生器

输入或输出	信号名称	引脚编号 PULSER 接头 电压输出类型 1	2	3	配线范例	内部电路	规格	说明
输入	A 相手动脉冲 HA□	A20	A15	A10	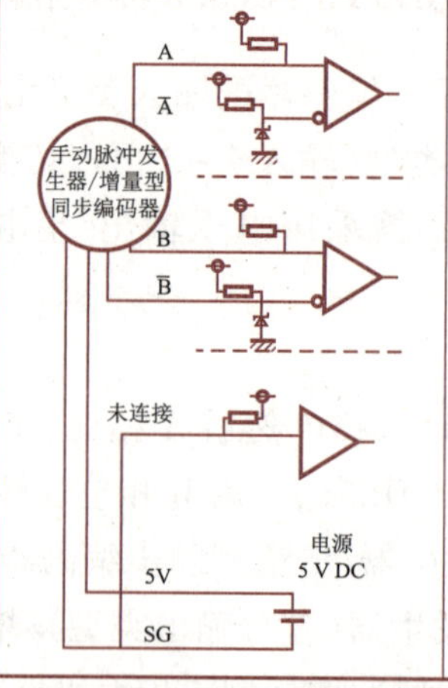 手动脉冲发生器/增量型同步编码器 A　$\bar{A}$　B　$\bar{B}$ 未连接 5V　SG 电源 5 V DC		• 额定输入:5.5 V DC 以下; • 高水平:3 ~ 25 V DC/2 mA 以下; • 低水平:1 V DC 以下/5 mA 以上	用来连接手动脉冲发生器 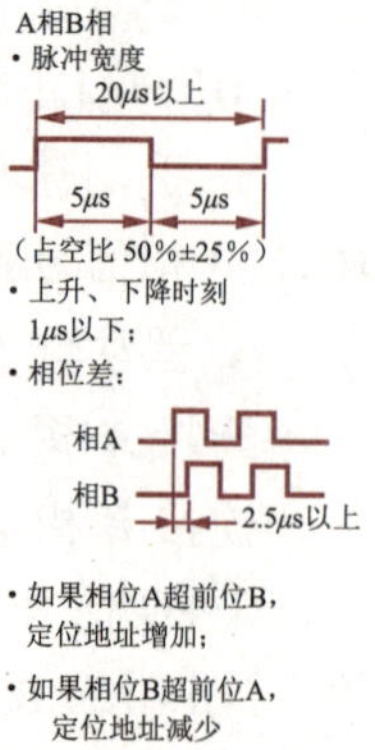 A相B相 • 脉冲宽度 20μs以上 5μs　5μs (占空比 50%±25%) • 上升、下降时刻 1μs以下; • 相位差: 相A　相B　2.5μs以上 • 如果相位A超前位B,定位地址增加; • 如果相位B超前位A,定位地址减少
	B 相手动脉冲 HB□	B20	B15	B10				
	类型选择信号 HPSEL□	A18	A13	A8				
电源	P5	B18	B13	B8				
	SG	A19 B19	A14 B14	A9 B9				

说明:如果手动脉冲发生器/增量型同步编码器采用外接电源,Q173PX 侧的 5 V(P5)

④PULSER 接头和跟踪使能信号之间的接口见表 5-34。

表 5-34　PULSER 接头和跟踪使能信号之间的接口

输入或输出	信号名称		引脚编号 PULSER 接头 3			配线范例	内部电路	规格	说明
输入	跟踪使能	TREN□ +	A4	A3	A2				跟踪使能信号输入
		TREN□ -	B4	B3	B2				

⑤手动脉冲发生器连接示例如图 5-32 所示。

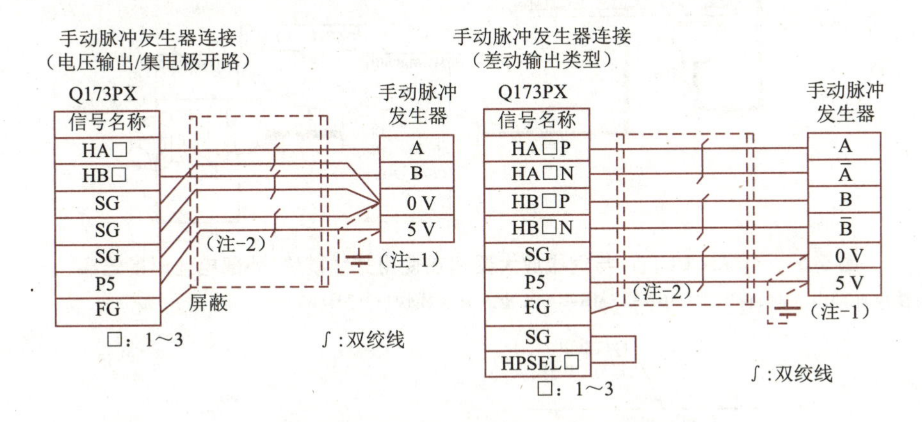

图 5-32　手动脉冲发生器连接示例

- （注 -1）：如果手动脉冲发生器/增量型同步编码器采用外接电源，Q173PX 侧的 5 V（P5）DC 电源不要连接。外部电源请使用 5 V 稳定电源，否则可能引起故障。
- （注 -2）：使用手动脉冲发生器（差动输出类型）/增量型同步编码器时，将 HPSEL□与 SG 连接。

注意

如果手动脉冲发生器/增量型同步编码器采用外接电源，外部电源请使用 5 V 稳定电源，否则可能引起故障。

（4）使用 SSCNET 电缆与终端电阻的连接方法

本例介绍如何进行运动 CPU 与伺服放大器之间的连接。在运动 CPU 与伺服放大器之间用 SSCNET 进行连接。使用 Q172CPU（N）时，只能使用一个 SSCNET 系统（连接 CN1）。Q173CPU（N）最多可使用 4 个 SSCNET 系统进行伺服放大器的连接（连至 CN1）。一个 SSCNET 系统最多连接 8 台伺服放大器。

同样，SSCNET 电缆或终端接头因伺服放大器的不同而不同。

Q173CPU（N）与伺服放大器间的连接：

①使用分线模块/外部电池时，如图 5-33 所示。

②使用分接电缆时，如图 5-34 所示。

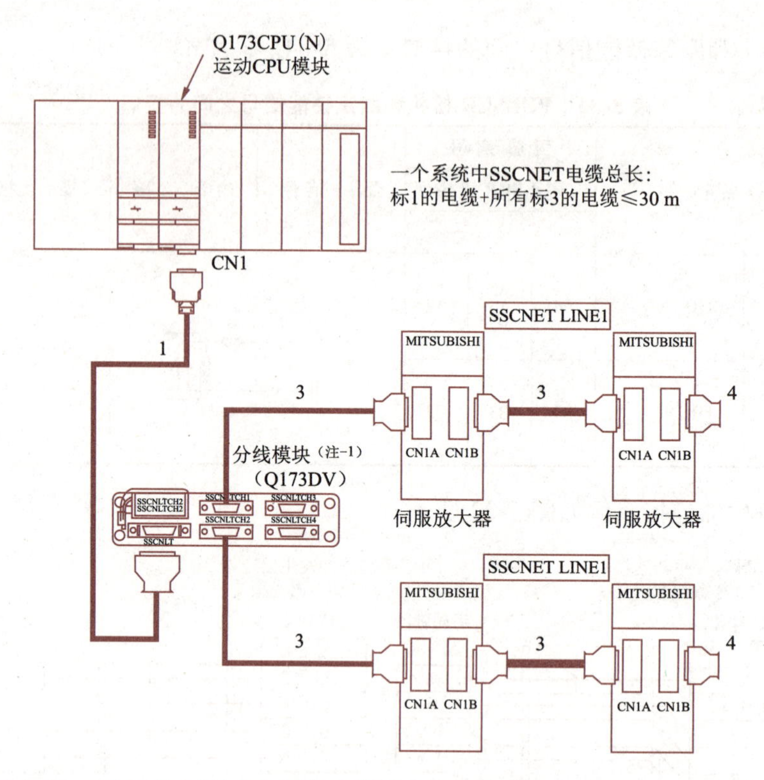

图 5-33 Q173CPU(N)与伺服放大器间在使用分线模块/外部电池时的连接

(注-1):使用外部电池时,将电池(A6BAT/MR-BAT)装入分线模块(Q173DV)。

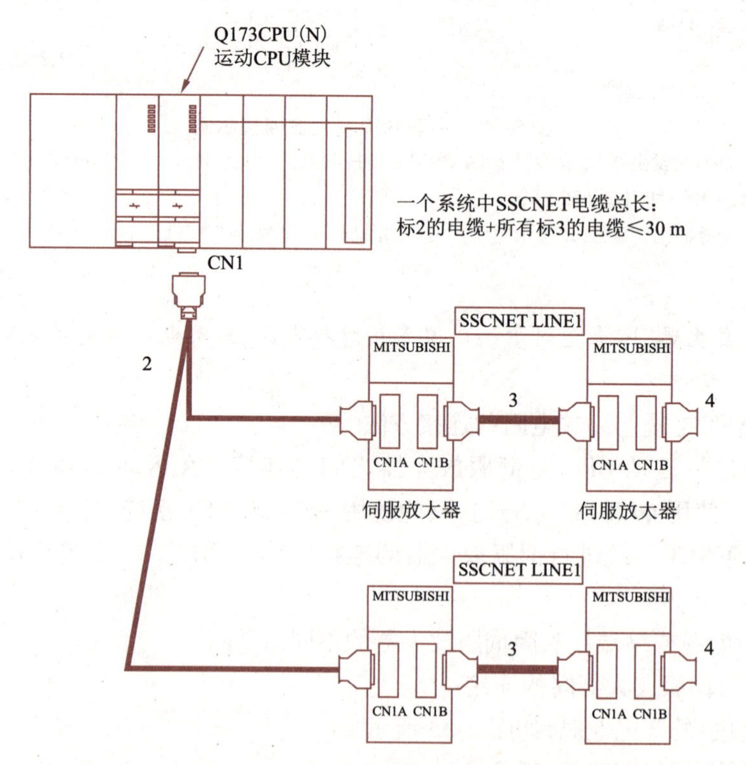

图 5-34 Q173CPU(N)与伺服放大器间在使用分接电缆时的连接

(5)Q172CPU(N)与伺服放大器之间的连接

①使用外部电池时如图 5-35 所示。

(注 -1):使用外部电池时,将电池(A6BAT/MR-BAT)装入电池模块(Q170BAT)。

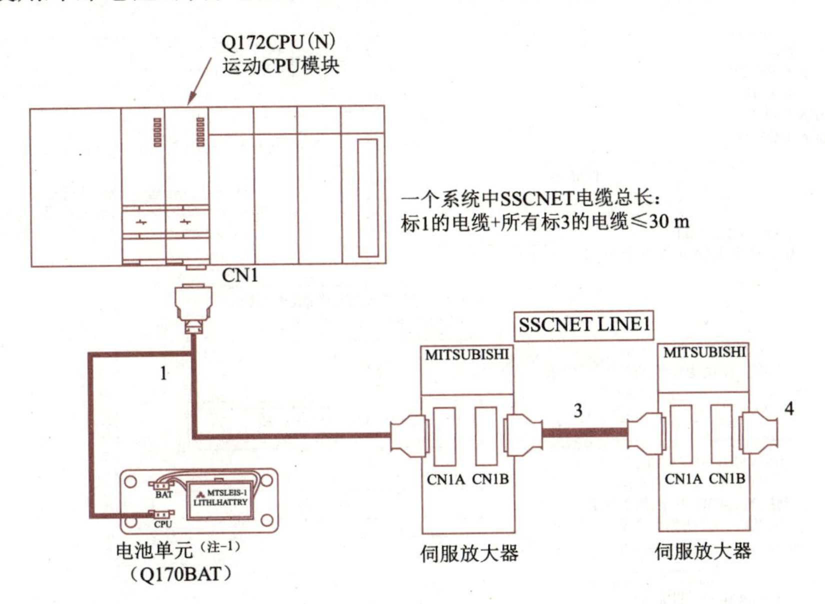

图 5-35　Q172CPU(N)与伺服放大器之间在使用外部电池时的连接

②不使用外部电池时,如图 5-36 所示。

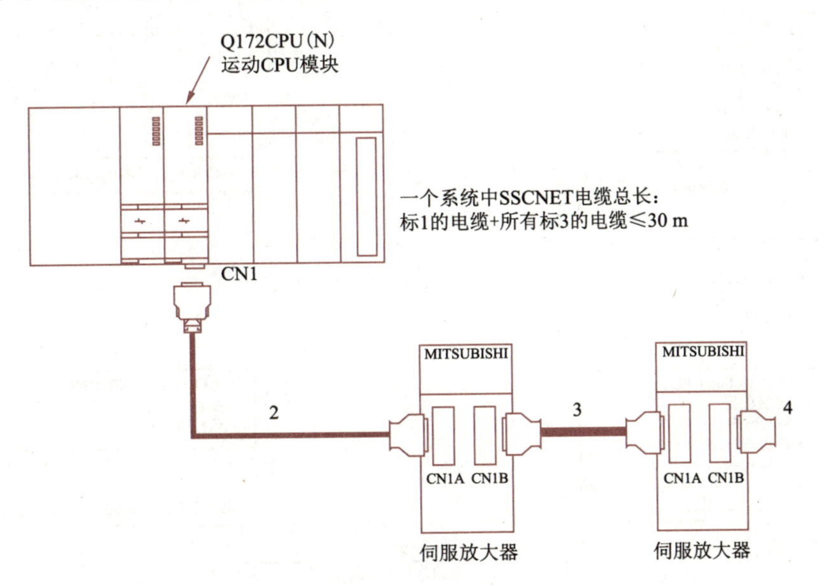

图 5-36　Q172CPU(N)与伺服放大器之间在不使用外部电池时的连接

9. MT developer 的应用

MT developer 是三菱运动型 PLC(172、173)专用编程软件,其中 MT 是 motion 的简称。MT 系列软件主要是用来操作运动控制器的,通过该软件,可以实现以下功能:项目管理、系统配置、参数设置、程序编制、虚拟机械程序编制、电子凸轮曲线编制、系统监控、操作系统安装等,通过该软件可方便地实现系统组态,可轻松设置伺服参数。

(1)运动控制器运行数据的制作流程(见图5-37)

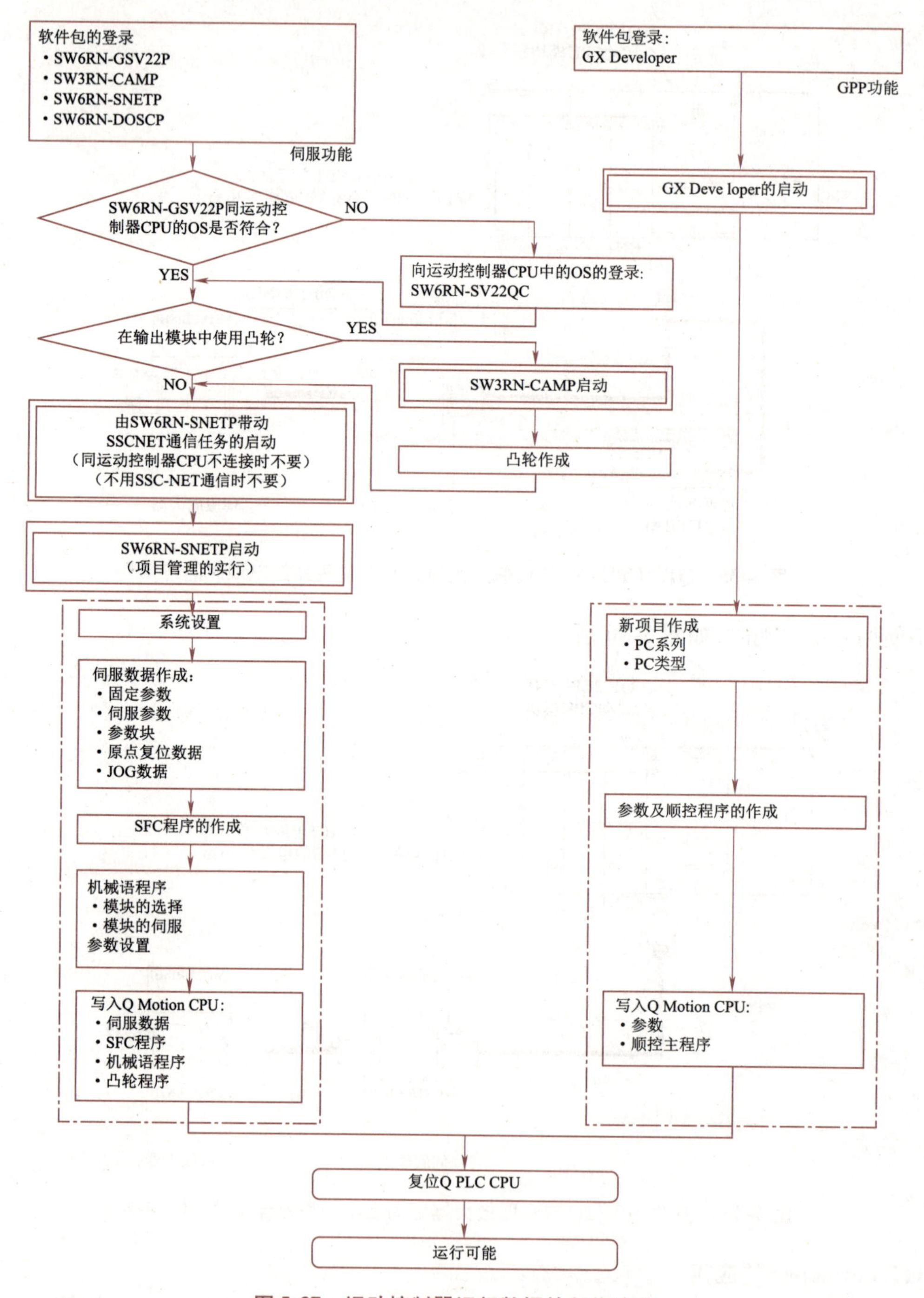

图5-37 运动控制器运行数据的制作流程

(2)本体OS的安装

这里说明如何安装Q Montion CPU的OS(SW6RN-SV22QC)。

①在将IBM兼容计算机的RS-232端口和Q 02H CPU PLC的RS-232插口用QC30R2电缆连接完成后再接通电源,如图5-38所示。(在已安装好的状态下启动时,请从②开始)

②先将Q Motion CPU的电源开关拨到OFF位,将安装开关拨至安装可能一侧(ON侧),再接通电源开关,如图5-39所示。

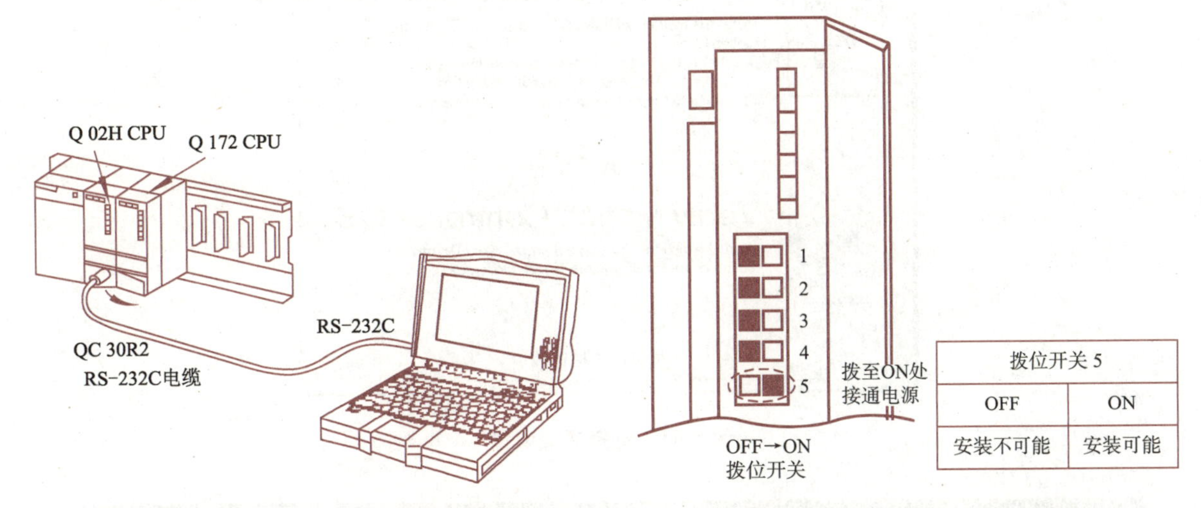

图5-38　本体OS的安装接线　　　图5-39　Q Motion CPU的电源

③依次选择“开始”→“程序”→MELSOFT Application→MT Developer→SW6RNC-GSVE→SW6RN-GSV22P→Install命令,如图5-40所示。

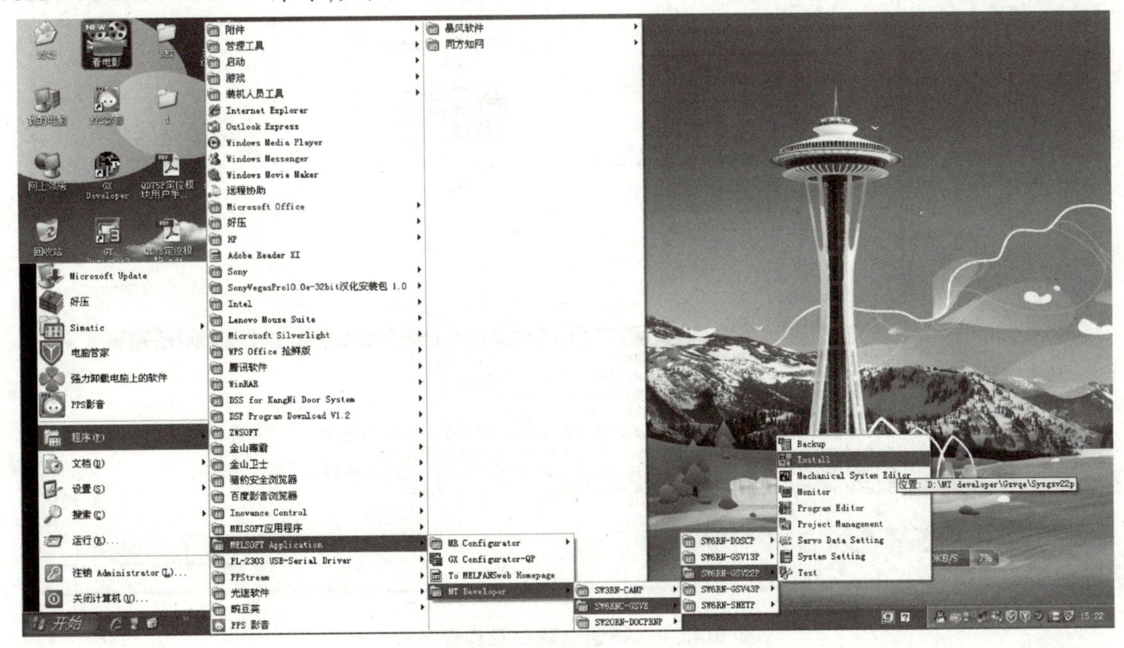

图5-40　选择OS的安装

④显示安装对话框,选择 Communication→Communication Setting 命令,如图 5-41 所示。

⑤显示通信设置对话框,选中 USB 单选按钮,同时选择“1. Serial port PLC module connection”选项后,单击 Detail 按钮,如图 5-42 所示。

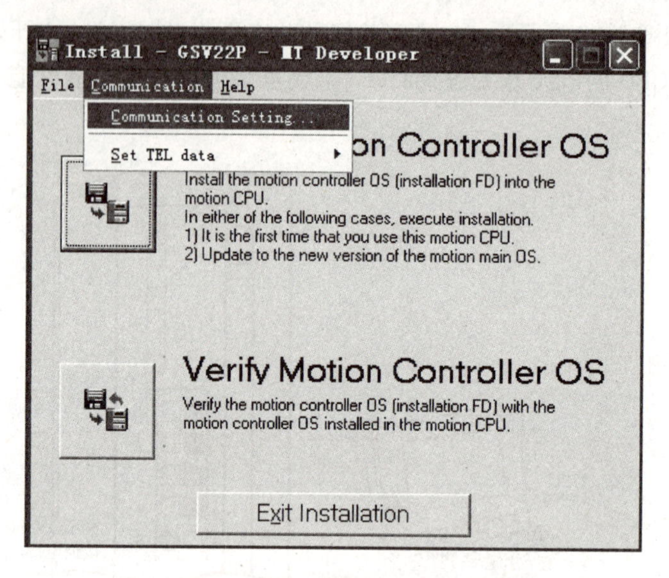

图 5-41 选择通信设置

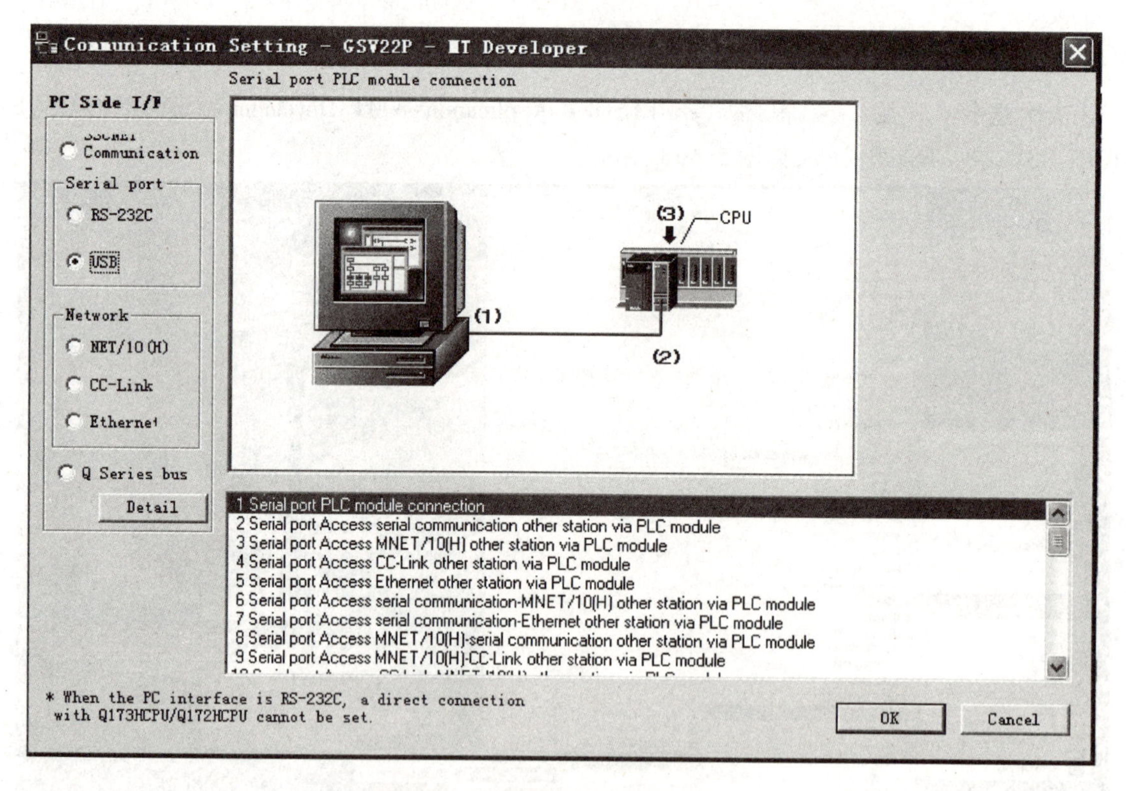

图 5-42 选择通信驱动及连接方式

⑥弹出详细设置对话框后，在 PLC side I/F setting of PLC module 栏的 Connected 下拉列表框中选择 QnMotionCPU，Target CPU 选择 CPU2，如图 5-43 所示。

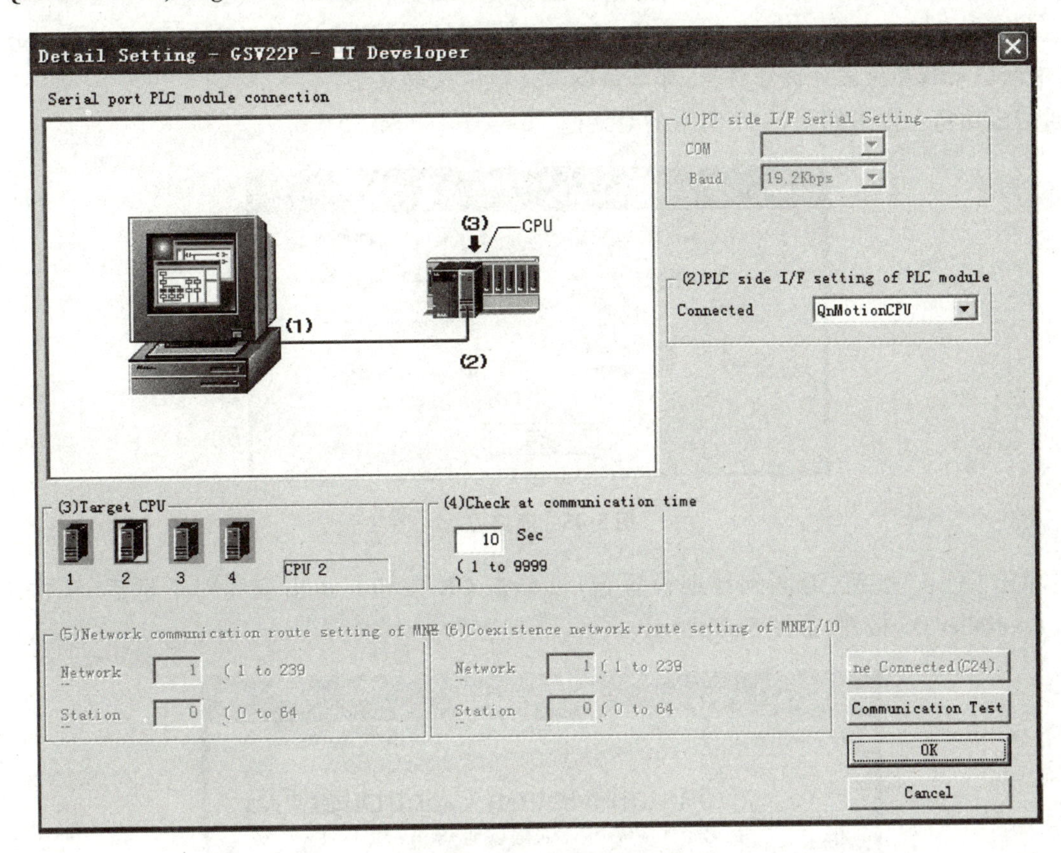

图 5-43　Target CPU 选择

⑦设置完成后，单击 Communication Test 按钮。

⑧显示如图 5-44 所示的信息对话框，表示通信出错。根据提示窗口查找问题的所在，并解决问题。

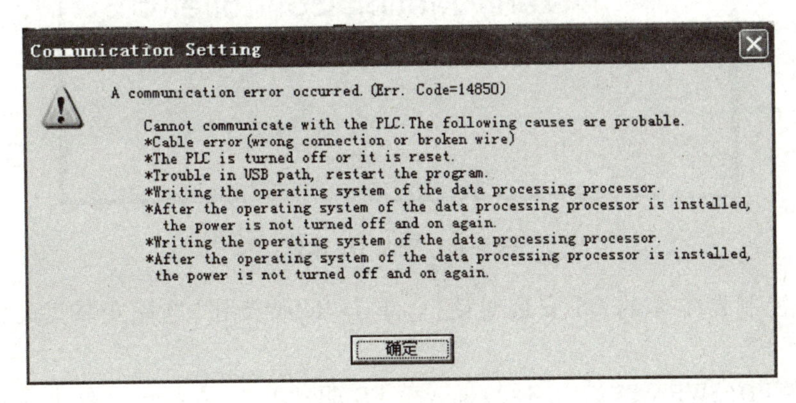

图 5-44　通信设置信息

有时在查找通信失败的原因时,或许觉得设置没有出错,此时可尝试到设备管理器中看一下USB 的驱动程序是否安装。如果没有安装,请完成驱动程序安装。还有一种就是在安装驱动程序时,找不到驱动程序的文件夹在哪里,那么该驱动是被隐藏起来了。

通信成功将会弹出如图 5-45 所示的对话框。

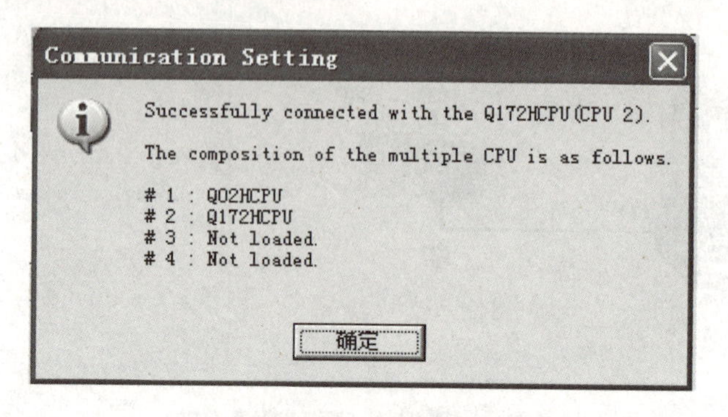

图 5-45 通信成功

⑨单击“确定”按钮,返回到详细设置窗口,单击 OK 按钮。弹出安装对话框后,单击 Install Motion Controller OS 按钮,如图 5-46 所示。

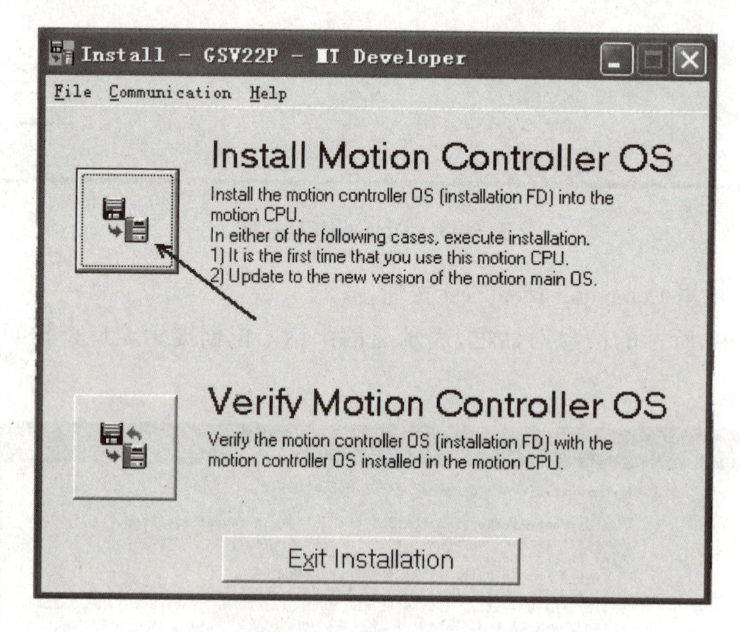

图 5-46 安装 OS 本体

⑩弹出运动控制器本体的 OS 安装对话框,单击 Refer 按钮,选择安装盘的路径,如图 5-47 所示。

⑪将 OS 用的 FD(SWRN-SV22QC-1/2)插入至 FD 驱动器中,在指定文件夹目录的对话框中选择“A:”。

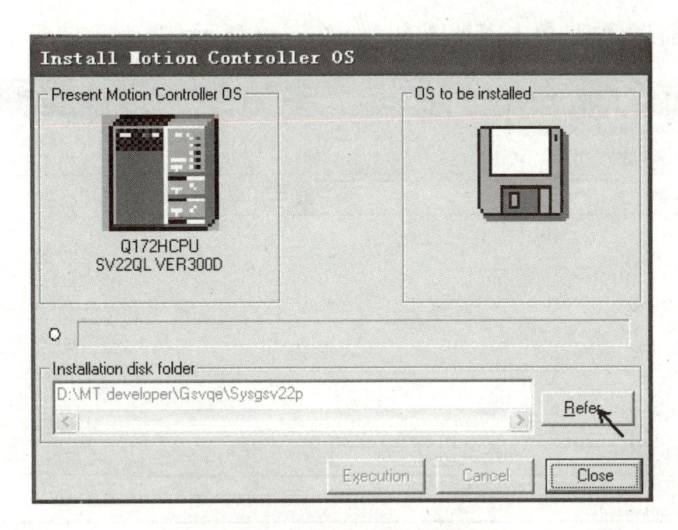

图 5-47　选择安装盘的路径

对于主体 OS 的安装,按照其每一步的提示操作基本是没有问题的,所以在此不做过多叙述。

主体 OS 只需在第一次使用时安装即可。举例来说,刚买的计算机需要安装一个系统才能应用,OS 就相当于系统一样。

(3) Project Management 的应用

①选择"开始"→"程序"→MELSOFT Application→MT Developer→SW6RNC-GSVE→SW6RN-GSV22P→Project Management 命令,如图 5-48 所示。

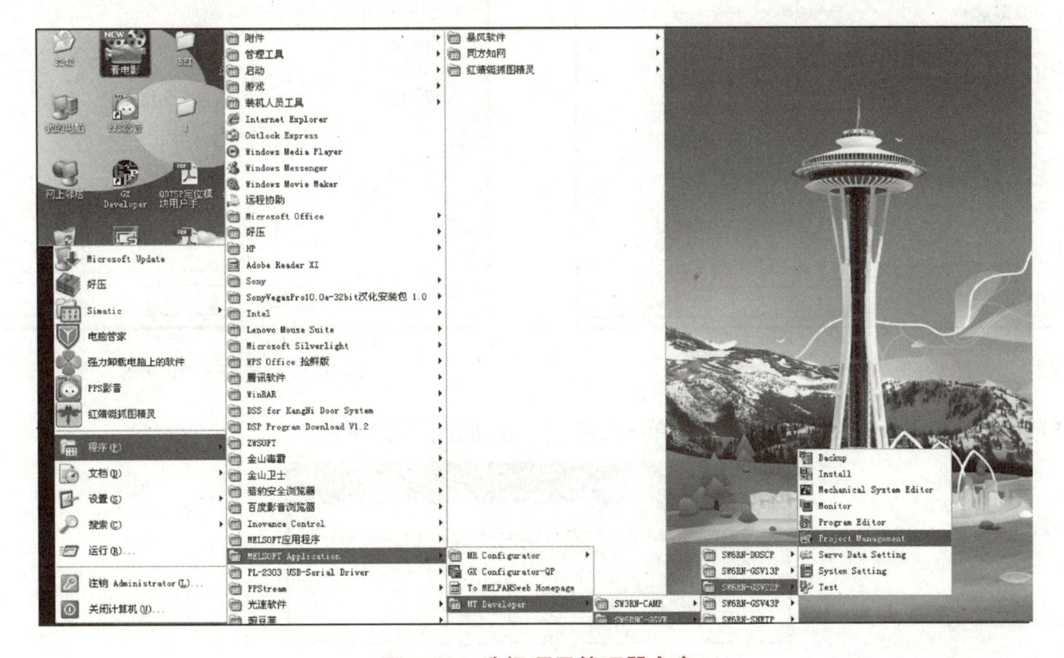

图 5-48　选择项目管理器命令

②弹出项目管理器对话框,单击 New 按钮,如图 5-49 所示。

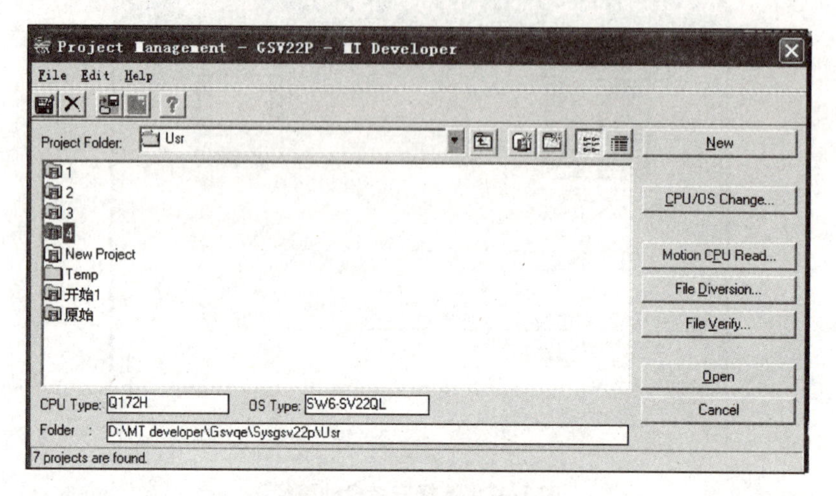

图 5-49　项目管理器对话框

③选中新建的项目,单击右侧 CPU/OS Change 按钮,弹出如图 5-50 所示对话框。

④在弹出的 CPU/OS Selection 对话框中,选中 Q172H 单选按钮,单击 OK 按钮,如图 5-51 所示。

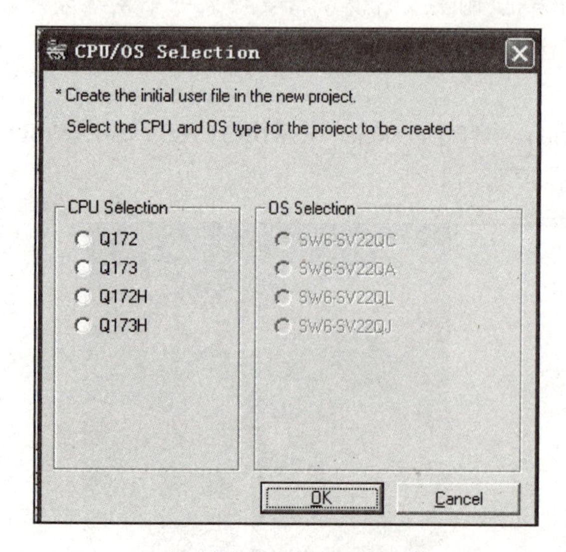

图 5-50　CPU/OS 初始界面

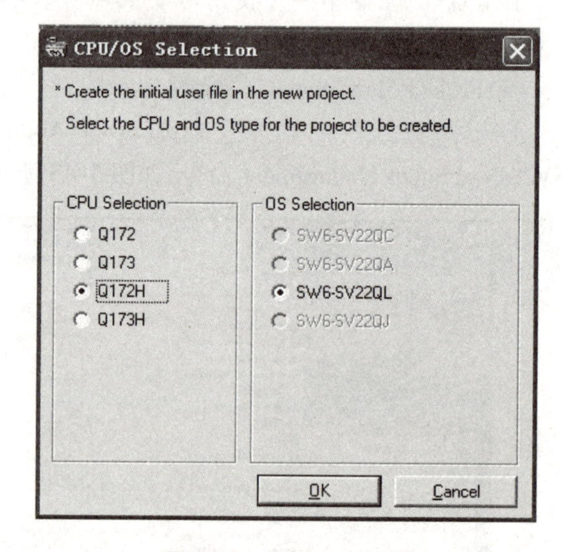

图 5-51　选择 CPU/OS

⑤弹出询问是否打开项目对话框,单击“是”按钮,如图 5-52 所示。

图 5-52　创建项目管理器完成

⑥弹出 Screen Switching 对话框，单击 System Setting 按钮，如图 5-53 所示。

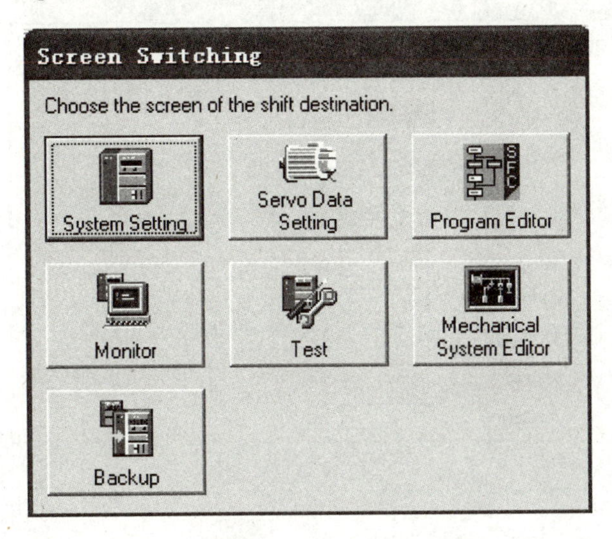

图 5-53　系统设置

弹出如图 5-54 所示的对话框。

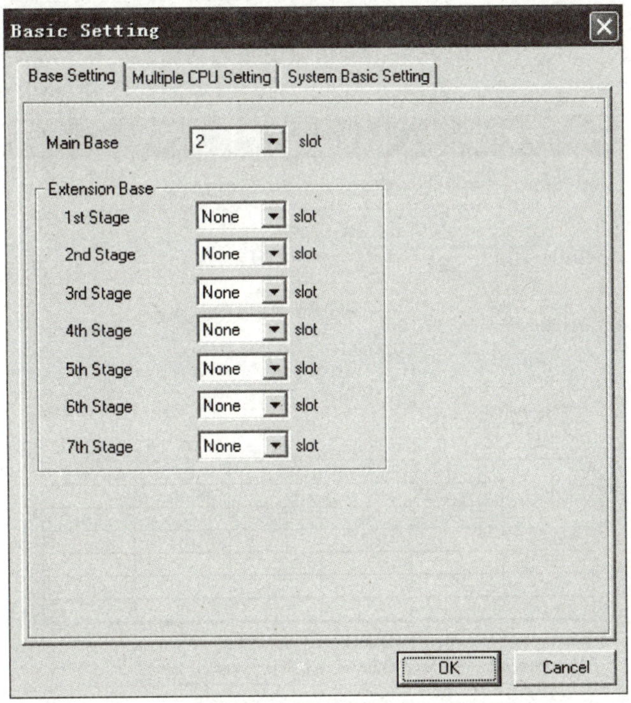

Basic Setting

Base Setting | Multiple CPU Setting | System Basic Setting

Main Base　2　slot

Extension Base

1st Stage　None　slot

2nd Stage　None　slot

3rd Stage　None　slot

4th Stage　None　slot

5th Stage　None　slot

6th Stage　None　slot

7th Stage　None　slot

OK　Cancel

图 5-54　基本设置

⑦在弹出的 Basic Setting 对话框中进行编辑，如图 5-55 所示。

⑧选择 Multiple CPU Setting 选项卡对多 CPU 进行设置，如图 5-56 所示。

对 Refresh Setting 中的 Setting1 进行编辑，如图 5-57 所示。

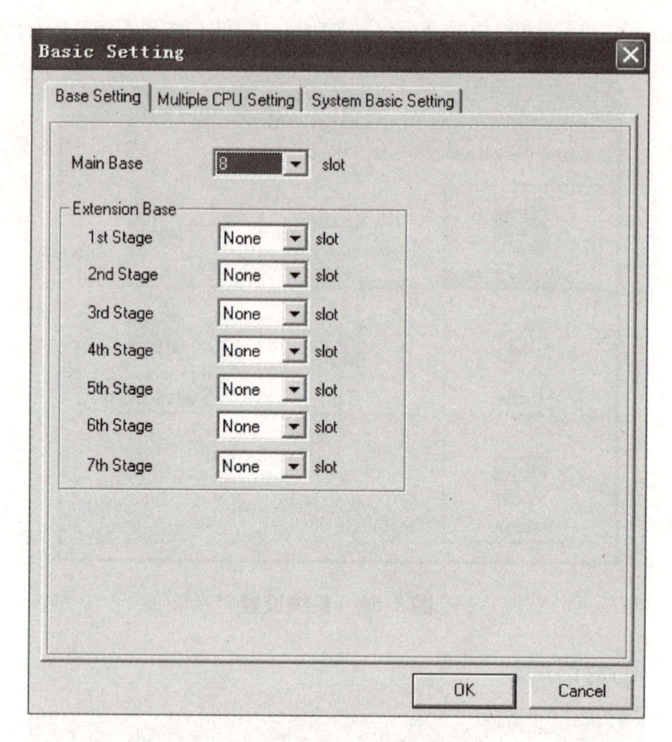

图 5-55 Basic Setting 对话框

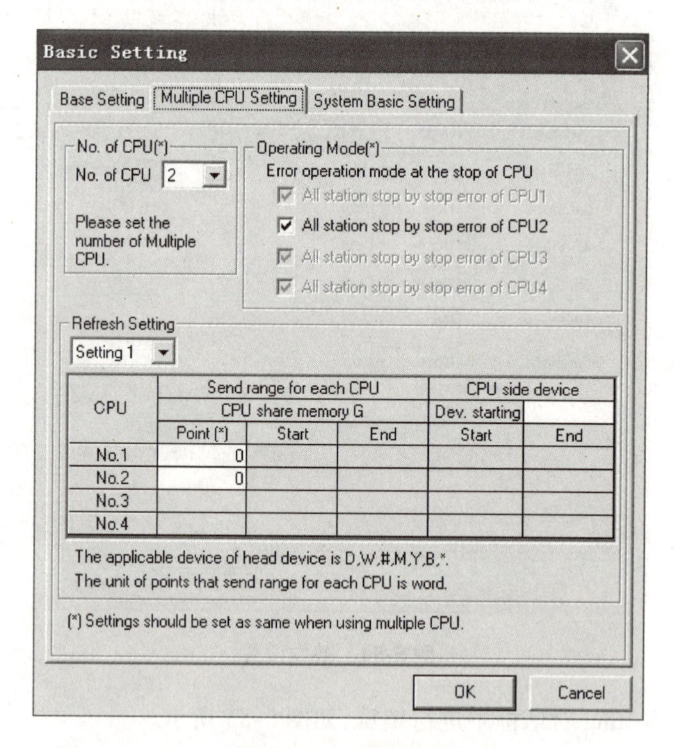

图 5-56 设置 CPU

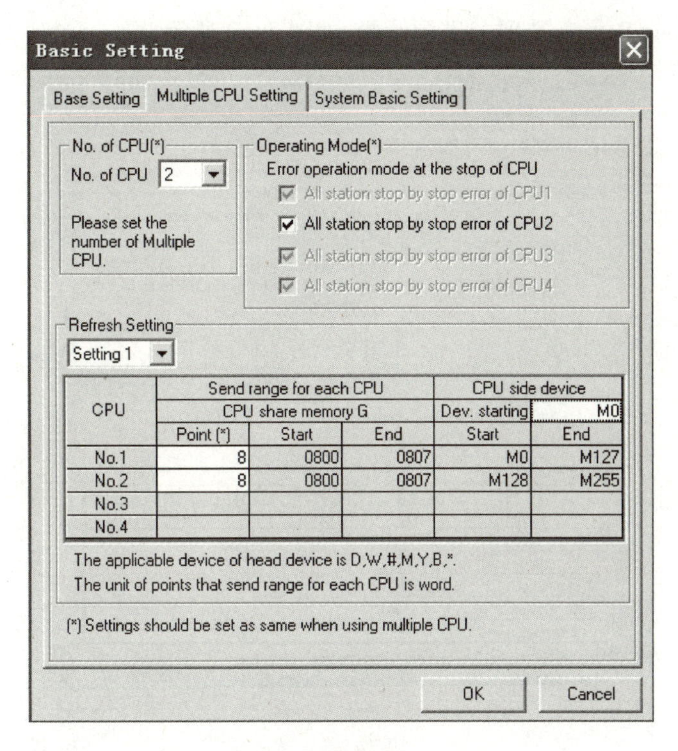

图 5-57　编辑 Setting1

对 Refresh Setting 中的 Setting2 进行编辑，如图 5-58 所示。

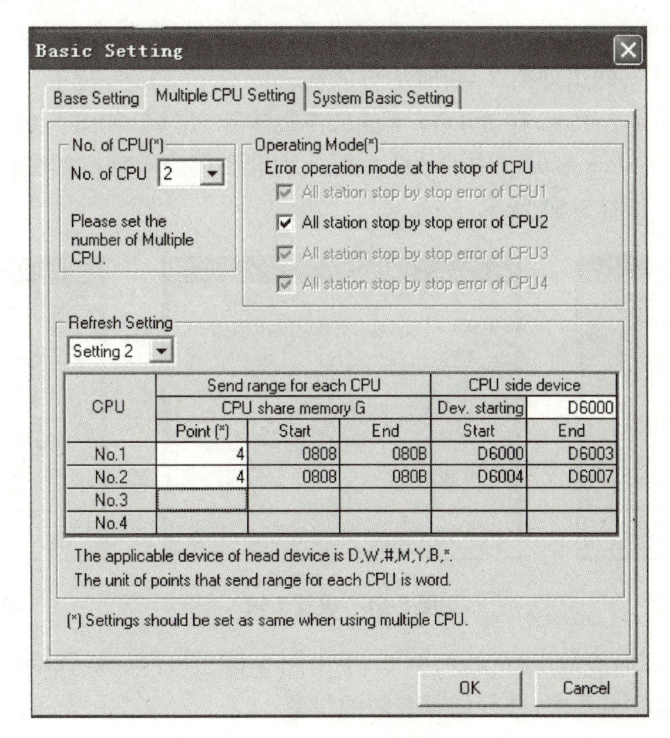

图 5-58　编辑 Setting2

⑨选择 System Basic Setting 选项卡进行设置,如图 5-59 所示。

Basic Setting

Base Setting | Multiple CPU Setting | System Basic Setting

Operation Cycle
- 0.4 ms
- 0.8 ms
- 1.7 ms
- 3.5 ms
- 7.1 ms
- 14.2 ms
- Auto

Operation at STOP to RUN
- M2000 is turned on with switch (STOP to RUN).
- M2000 becomes a switch set (STOP to RUN) + register by single-unit with turning on.

Forced Stop
- None X(PX) M
- (0 to 1FFF)

Latch Range

	Sym.	Device range	Latch(1) start	Latch(1) end	Latch(2) start	Latch(2) end
Internal relay	M	0 to 8191				
Link relay	B	0 to 1FFF				
Annunciator	F	0 to 2047				
Data register	D	0 to 8191				
Link register	W	0 to 1FFF				

Latch(1):It is possible to clear using the latch clear key.
Latch(2):Clearing using the latch clear key is disabled.

OK Cancel

图 5-59　系统基本设置

⑩双击图 5-48 中的 System Setting,弹出传送设置参数界面(参见图 5-64),双击 d01 伺服放大器和伺服电动机的图标“1”,弹出如图 5-60 所示对话框。

⑪选择 Detail Setting 选项卡,在 AxisNo 下的文本框中输入“1”,如图 5-61 所示。

⑫双击图 5-49 中 System Setting 中的 d02 伺服放大器和伺服电动机的图标“2”,在 Detail Setting 中将 Axis No 设为“2”,如图 5-62 所示。

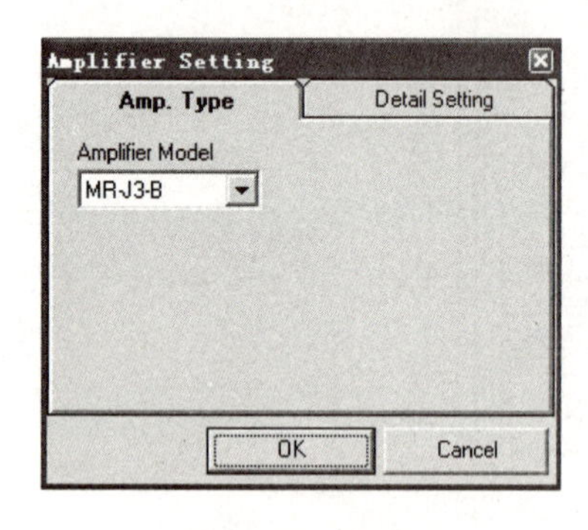

图 5-60　放大器设置

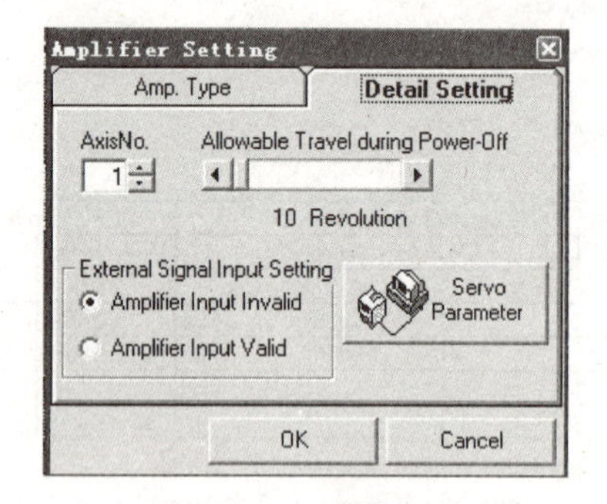

图 5-61　设置 1 轴

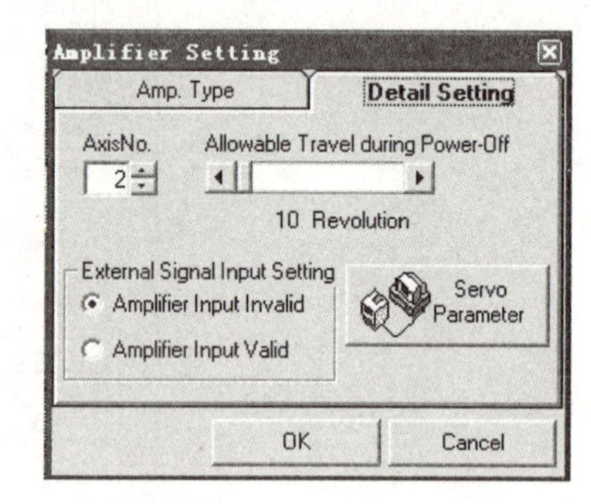

图 5-62　设置 2 轴

此外,也可以对伺服的参数进行设置,例如,单击图 5-62 中的 Servo Parameter 按钮,将会弹出如图 5-63 所示窗口,根据控制要求,进行伺服参数的设置。

在设置好之后就可以将其传送给运动控制器,如图 5-64 所示。

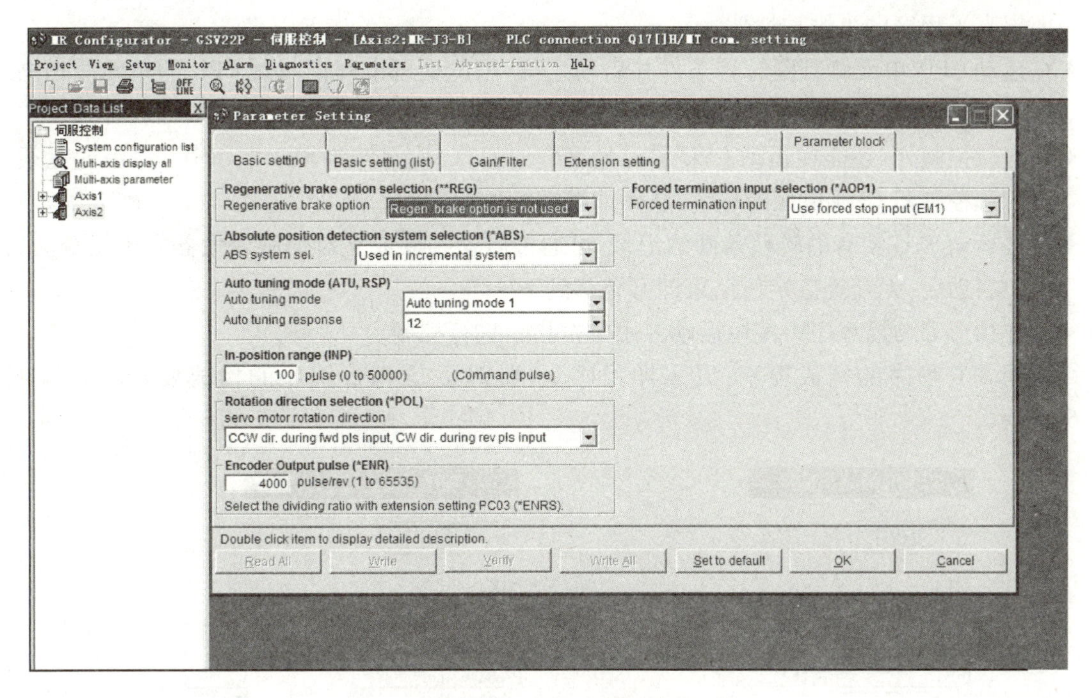

图 5-63　设置伺服参数

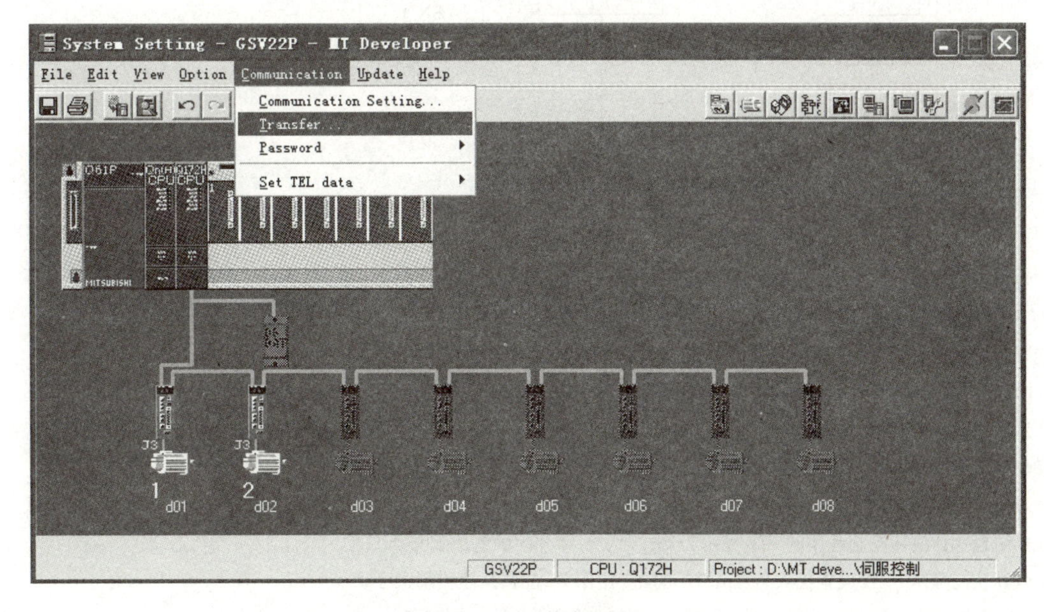

图 5-64　传送设置参数

(4)程序设计

①运动 SFC 程序的特点:将程序处理流程制成类似流程图的程序,对于初次学习运动控制编程的学员,也容易掌握该内容。

● 由于设备的一连串动作均可对应各个动作的步骤,因此能轻松地编制出流程图般的程序,从而提高了程序的可维护性。

- 在运动 CPU 单元侧判断转移条件并启动定位,因此受可编程控制器 CPU 的单元侧扫描时间影响的响应时间不会出现误差。
- 除定位控制外,还能在运动 CPU 单元处理数值运算、软元件的 SET 或 RST 等,因此无须通过可编程控制器 CPU 单元的环节,从而能够缩短作业时间。
- 根据运动 SFC 特有的转移条件的记录,可通过启动条件成立对伺服放大器发出指令。另外,定位启动后,无须等待定位结束即可转移到下一步。
- 可在梯形等顺控程序中使用运动专用顺控指令进行控制。

②运动 SFC 程序的构成要素:以采样程序为例,对运动 SFC 程序的构成要素进行说明,如图 5-65 所示。

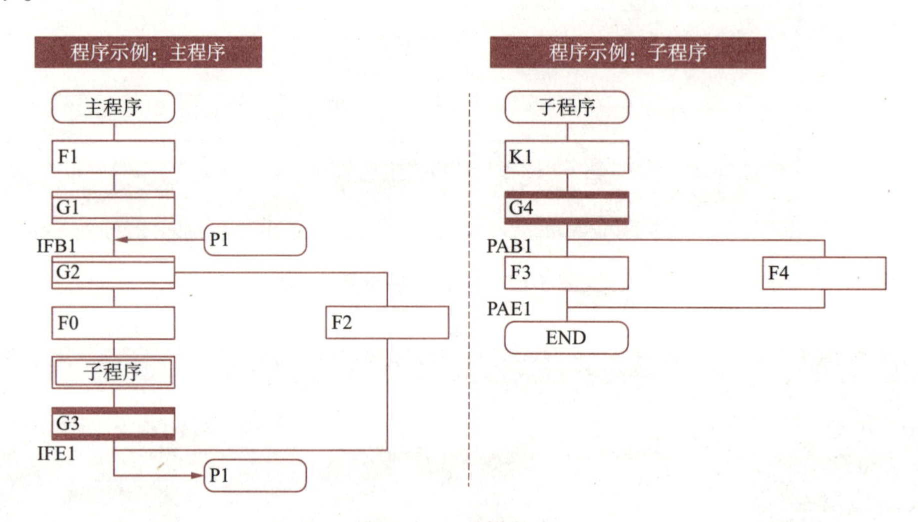

图 5-65　采样程序

注:

F:运算控制步,进行数值运算、I/O 控制等。

G:转移(条件等待),进行转移条件的判断。

K:运动控制步,进行伺服电动机的定位控制、速度控制等。

主程序:表示程序(主程序)开始的符号,务必置于程序的起始。

- 符号内为程序的名称。
- 每个程序只能有 1 个,且符号不可省略。

F1:1 次执行型运算控制步,执行 1 次已指定的运算控制程序。

- 符号结合执行演算控制程序的 NO,显示为 F*n*,*n* 为 0 ~ 4 095 的程序编号。
- 在运算控制程序中,可设置代入运算公式、运动专用函数、位软元件控制指令。

G1:无须等待之前的步结束,转移条件成立后就直接转移到下一步。转移条件记录在转移程序中。

- 符号结合执行转移程序 NO,显示为 G*n*,*n* 为 0 ~ 4 095 的程序编号。
- 之前为运动控制步时,无须等待伺服程序执行结束,就会直接评价转移条件。
- 之前为运算控制步时,运算执行结束后,再评价转移条件。
- 之前为子程序步时,无须等待子程序执行结束,就会直接评价转移条件。
- 在等待之前运动控制步或子程序调用/启动步执行结束时,请使用 WAIT 转移。

G2:无须等待之前执行的步结束,转移条件成立(Y)后就会直接转移到下一步。

- 符号结合执行转移程序 NO,显示为 G*n*,*n* 为 0 ~ 4 095 的程序编号。
- 之前为运动控制步时,无须等待伺服程序执行结束,就会直接评价转移条件。
- 之前为运算控制步时,运算执行结束后,再评价转移条件。
- 之前为子程序调用/启动步时,无须等待子程序执行结束,就会直接评价转移条件。
- 在等待之前运动控制步或子程序调用/启动步执行结束时,请使用 WAIT Y/N 转移。

F0:与 F1 相似。

子程序:子程序调用/启动步是调用指定子程序的符号。

- 符号显示调用对象的程序名。
- 调用子程序后,请输入 WAIT 转移。

无 WAIT 转移时,无须等待子程序结束,即可直接转移到下一步。

G3:[WAIT 转移]等待之前的步结束,转移条件成立后就直接转移到下一步。转移条件记录在转移程序中。

- 符号结合执行转移程序的 NO,显示为 G*n*,*n* 为 0 ~ 4 095 的程序编号。
- 之前为运动控制步时,等待伺服程序执行结束,就会评价转移条件。
- 之前运算控制步时,运算执行结束后,再评价转移条件。(变成与转移条件一样的动作)
- 之前为子程序调用/启动步时,等待子程序执行结束,就会评价转移条件。

F2:与 F1 相似。

←——(P1):显示跳转点的指针。跳转后,从指针位置开始执行。

- 符号结合指针的 NO,显示为 P*n*,*n* 为 0 ~ 16 383 指针编号。
- 该指针可设置在各种步、转移、分支点、耦合点。
- 在 1 个程序中可设置 P0 ~ P16383,可与其他程序中的指针编号重复。

——→(P1):跳转到程序内指定的指针,跳转后,从指定的指针位置开始执行。

- 符号结合指针的 NO,显示为 P*n*,*n* 为 0 ~ 16 383 指针编号。
- 不可跳转到其他程序的指针。

子程序:表示程序(子程序)开始的符号,务必置于程序的起始。

- 符号内为程序名称。
- 每个程序只能有 1 个,且符号不可省略。

K1:[运动控制步]:

- 符号结合执行指定伺服程序的 NO,显示为 K*n*,*n* 为 0 ~ 4 095 的程序编号。
- 运动控制程序步之后,请输入 WAIT 转移。无 WAIT 转移时,无须等待伺服程序执行结束,即可直接转移到下一步。

G4:等待之前的步结束,转移条件成立后就直接转移到下一步。转移条件记录在转移程序中。

- 符号结合执行转移程序的 NO,显示为 G*n*,*n* 为 0 ~ 4 095 的编号。
- 之前为运动控制步时,等待伺服程序执行结束,就会评价转移条件。
- 之前为运算控制步时,运算执行结束后,再评价转移条件。(变成与转移一样的动作)
- 之前为子程序调用/启动步时,等待子程序执行结束,就会评价转移条件。

F3:并联分支、并联耦合,同时执行并联连接多个路径的处理。

支路路径的耦合点要等待各路径执行结束,在全部路径执行结束后再转移到下一步。

- 各路径的起始是步或转移都可以。
- 最大并联分支数是 255 列。

F4:与 F3 一样。

END:表示程序结束的符号。

- 在子程序内执行 END 时,返回到调用子程序的原程序。
- 可在一个程序里进行多个设置。
- 程序结束位置为跳转结束时,无须该操作。

③可使用的软元件种类:在运动 SFC 程序中,可使用以下软元件,见表 5-35。

表 5-35　在运动 SFC 程序中,可使用以下软元件

	软元件		符号	点数	读取	写入	备注
位	输入/输出	输入	X	8192 点	○	○	注意:X、Y 不能访问输入/输出单元,作为代替,使用 PX、PY
		输出	Y		○	○	
		输入	PX	256 点	○	×	运动 CPU 单元管理的输入/输出单元对应软元件。访问输入/输出单元时,使用 PX、PY
		输出	PY		○	○	
	内部继电器		M	12 288 点	○	○	可在 M0 ~ M8191 范围中使用
	链接继电器		B	8 192 点	○	○	—
	报警器		F	2 048 点	○	○	—
	特殊继电器		SM	2 256 点	○	○	—
字	数据寄存器		D	8 192 点	○	○	可在 D0 ~ D8191 范围中使用
	链接寄存器		W	8 192 点	○	○	—
	运动专用寄存器		SD	2 256 点	○	○	—
	运动专用寄存器		#	12 280 点	○	○	#8000 ~ #8639 作为监控软元件,#8640 ~ #8175 作为运动错误履历软元件使用

● 多 CPU 共享软元件,见表 5-36。

表 5-36　多 CPU 共享软元件

CPU	符号	点数	读取	写入	备注
本设备	U□\G	最大 14 336 点	○	○	多 CPU 设置中分配的软元件范围可在 CPU 单元间共享,可编程控制器 CPU 单元管理的软元件也可访问; 根据不同系统设置,可使用的点数也不一样
其他设备			○	×	

● 定位专用软元件:可访问运动 CPU 单元及各轴的不同状态的软元件。

使用内部继电器(M)及数据寄存器(D)的部分软件,见表 5-37。

表 5-37　使用内部继电器(M)及数据寄存器(D)的部分软件

软元件编号	用途	备注
M2042	设置所有轴为伺服 ON 状态	—
M2415	用于检查轴 1 的伺服 ON 状态	软元件 ON,使伺服处于 ON 状态
M2435	用于检查轴 2 的伺服 ON 状态	
M2001	用于检查轴 1 的启动执行状态	软元件 ON,使伺服处于启动中状态
M2002	用于检查轴 2 的启动执行状态	
M2003	用于检查轴 3 的启动执行状态	

● 运动专用寄存器:可访问各轴的监控值及错误履历的软元件。

软元件符号使用"#",这里不做过多说明。

④运动 SFC 程序：

- 要点：编制程序时如果将所有的处理都编入一个程序，程序会变得复杂且难懂。
- 将每一项控制内容分割成程序块（子程序化），通过在主程序中调用、执行子程序，不但使程序得到简化，而且容易理解。
- 对于同样的处理内容也无须反复记录，从而提高了编程效率。

由于机械运行顺序可根据运行步通过流程图的形式写出，所以编出的程序浅显易懂、可维护性强。

- 因为运动 CPU 判定转换条件并开始定位启动，所以不会因为受 PLC 扫描时间的影响而出现响应时间或偏差。
- 运动 CPU 不仅能执行定位控制，也能进行数值运算及软元件 SET/RST 等，不需要通过 PLC CPU 操作，减少了运行时间。
- 运动 SFC 步处理方式（仅执行激活步）保证了高速度及高响应处理。
- 通过运动 SFC 专用转移条件，启动条件一成立，指令即可传送到伺服放大器。
- 运动 SFC 专用转移条件，允许启动后即转至下一步，不需要等待定位完成。
- 可设置运动 SFC 程序以高速响应外部中断输入。
- 可设置运动 SFC 程序与运动运算周期同步，并按固定周期执行。

（5）多 CPU 的设置

①双击项目数据下的“参数”→“PLC 参数”选项，如图 5-66 所示。

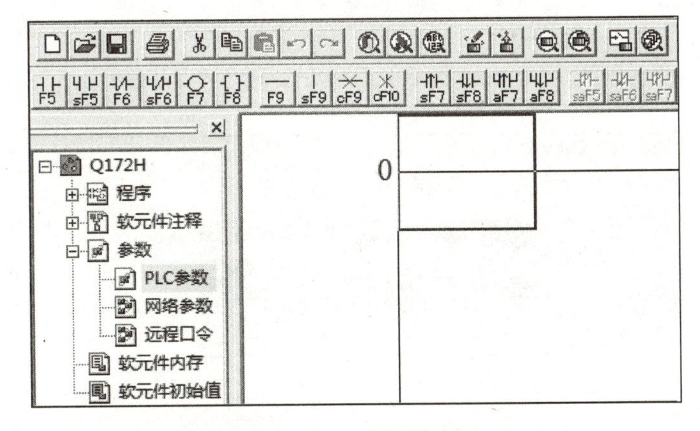

图 5-66　选择参数 PLC

②弹出 Qn（H）参数设置对话框后，单击“多 CPU 设置”按钮，如图 5-67 所示。

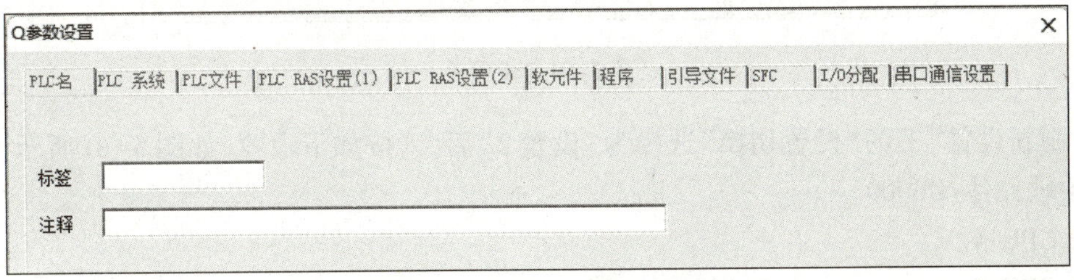

Q参数设置

PLC名 | PLC 系统 | PLC文件 | PLC RAS设置(1) | PLC RAS设置(2) | 软元件 | 程序 | 引导文件 | SFC | I/O分配 | 串口通信设置

标签

注释

图 5-67　“Q 参数设置”对话框

③弹出“多 CPU 设置”对话框,选中“CPU 数”为“2 个”,选中“取得组外的输入状态”复选框,如图 5-68 所示。

确认“操作模式”选中“2 号 CPU 出错导致所有其他 CPU 停止”复选框。

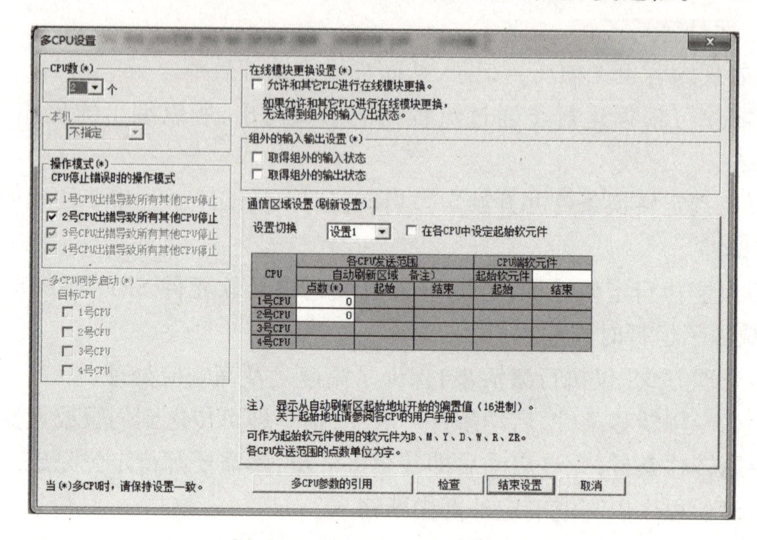

图 5-68　多 CPU 设置

④将“刷新设置”下的“设置切换”选择为“设置 1”后按如下设置,如图 5-69 所示。

- 起始软元件:M0。
- 1 号 CPU:8。
- 2 号 CPU:8。

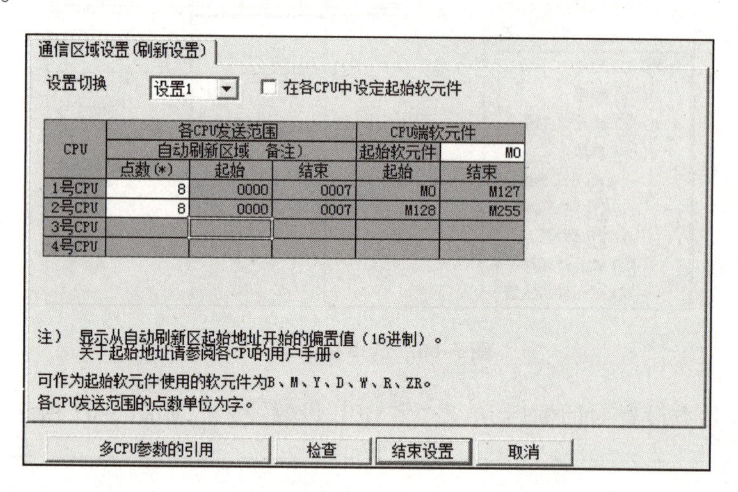

图 5-69　设置 1

⑤将“刷新设置”下的“设置切换”选择为“设置 2”后,请按如下设置,如图 5-70 所示。

- 起始软元件:D6000。
- 1 号 CPU:4。
- 2 号 CPU:4。

设置后，单击“结束设置”按钮。

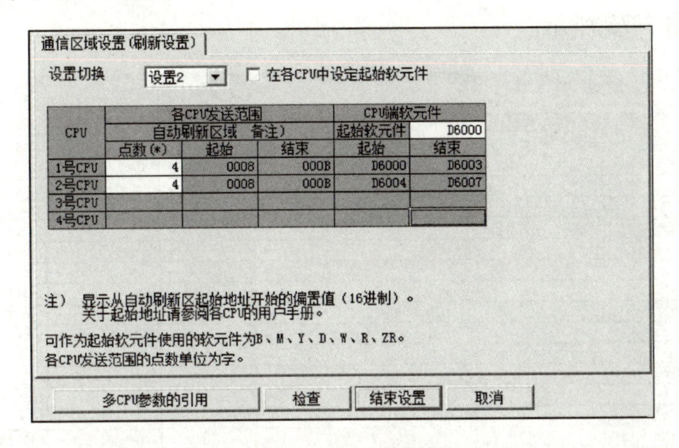

图 5-70　设置 2

⑥返回至 Qn(H)参数设置对话框后，选择“I/O 分配”选项卡，如图 5-71 所示。

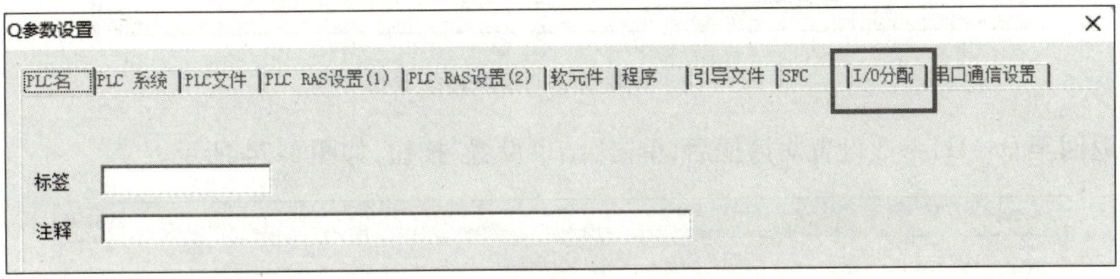

图 5-71　“I/O 分配”选项卡

⑦在“I/O 分配”选项卡中，单击“详细设置”按钮，如图 5-72 所示。

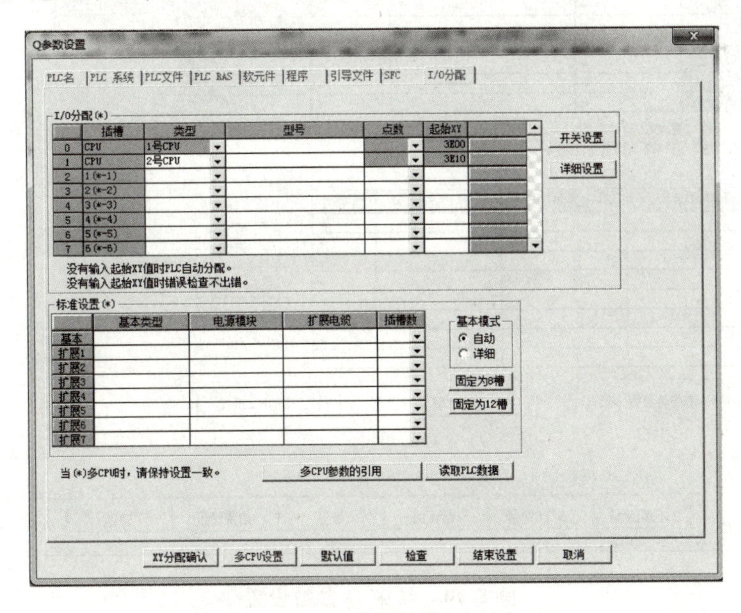

图 5-72　详细设置

⑧弹出“I/O 模块，智能型功能模块详细设置”对话框后，按照相对应的控制进行填写，然后单击“结束设置”按钮，如图 5-73 所示。

I/O模块，智能型功能模块详细设置

	插槽	种类	型号	出错时输出模式	硬件出错时CPU运行模式	I/O响应时间	控制CPU(*)
0	CPU	1号CPU					
1	CPU	2号CPU					
2	1(*-1)						1号CPU
3	2(*-2)						1号CPU
4	3(*-3)						1号CPU
5	4(*-4)						1号CPU
6	5(*-5)						1号CPU
7	6(*-6)						1号CPU
8	7(*-7)						1号CPU
9	8(*-8)						1号CPU
10	9(*-9)						1号CPU
11	10(*-10)						1号CPU
12	11(*-11)						1号CPU
13	12(*-12)						1号CPU
14	13(*-13)						1号CPU
15	14(*-14)						1号CPU

当(*)多CPU时，请保持设置一致。 结束设置 取消

图 5-73 智能型功能模块详细设置

⑨返回至 Qn(H)参数设置对话框后，单击“结束设置”按钮，如图 5-74 所示。

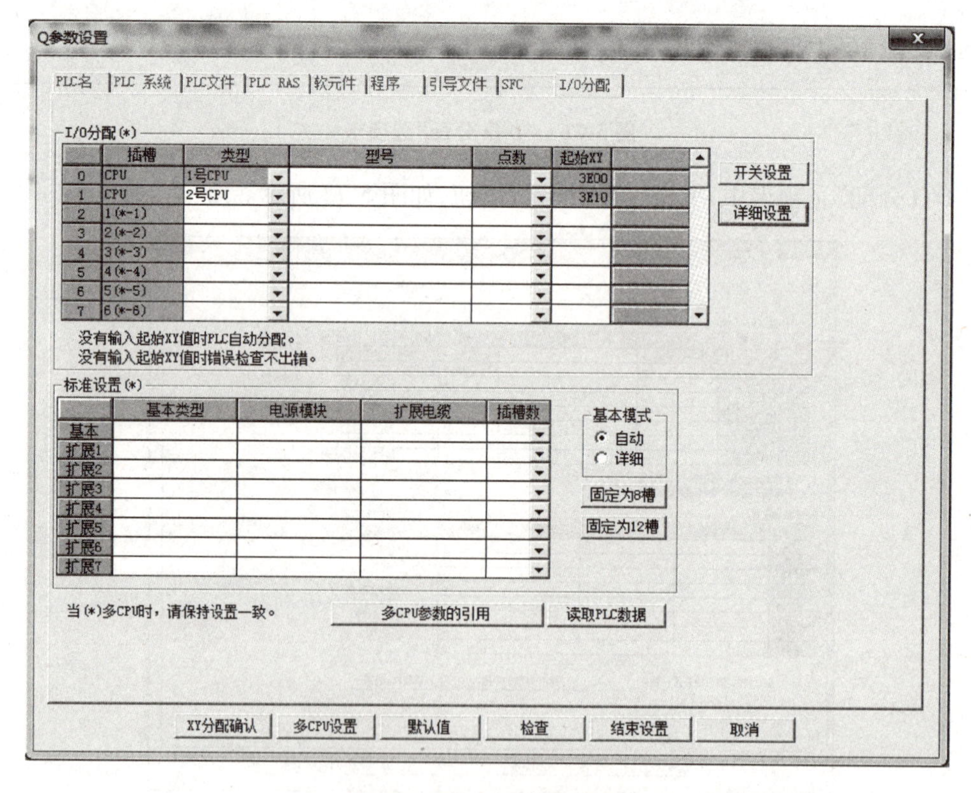

图 5-74 结束 Q 参数设置

习 题

1. 伺服放大器的电源输出(U·V·W)和伺服电机的电源输入(U·V·W)之间必须进行直接接线不能连接________,否则可能导致异常运行和故障。

2. MR-J4-10A 型伺服驱动器的输入电源规格为:电压________、频率________ Hz。

3. MR-J4-60A 型伺服驱动器的额定输出功率为________ kW。

4. 简述 QD75 定位模块特点。

5. QD75P4 型定位模块最大可以控制________个轴,其最大脉冲输出频率为________ pulse/s。

6. QD75D2 型定位模块最大可以控制________个轴,其最大脉冲输出频率为________ pulse/s。

第6章 三菱伺服驱动器的操作与调试

三菱伺服驱动器的调试相对比较简单，对于常规应用，一般只要按第 5 章的要求完成电路的硬件连接后，便可根据驱动器的用途直接通过快速调试和自动调整完成调试工作。本章将对 MR-J4-A 伺服放大器的使用方法、操作步骤，以及各参数的显示与操作进行说明。

6.1 状态、诊断、报警和参数模式的显示操作

6.1.1 概　要

MR-J4-A 伺服放大器通过显示部分（5 位 7 段 LED 显示器）和操作部分（4 个按钮）可进行伺服放大器的状态、报警、参数的设置等。此外，同时按下 MODE 与 SET 3 s 以上，即可跳转至一键式调整模式。

操作部分和显示内容如图 6-1 所示。

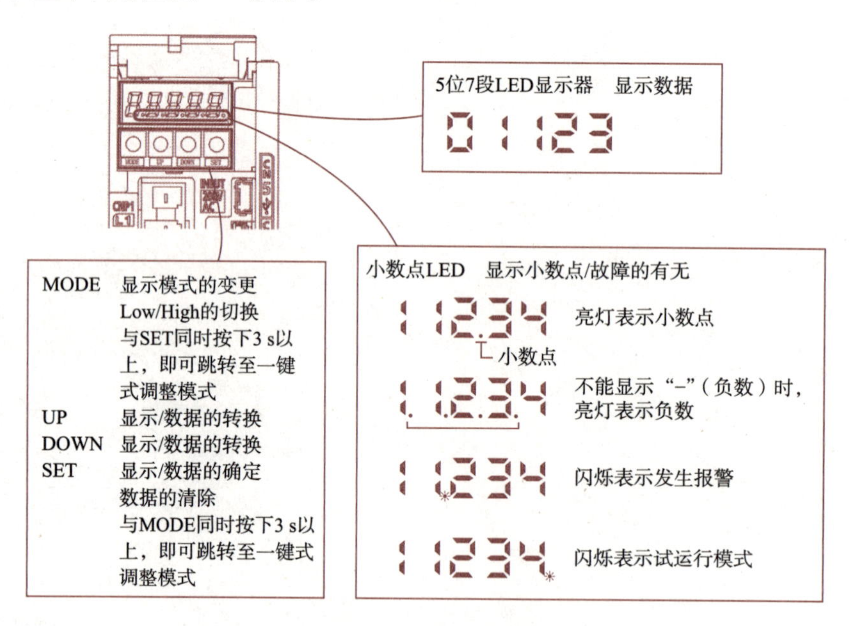

图 6-1　操作部分说明

6.1.2 状态显示

运行中的伺服状态可以通过 5 位 7 段 LED 显示部分显示出来，并可用 UP、DOWN 按钮任意改

变显示内容。选择后，就会出现相应的符号，这时按 SET 按钮，数据就会显示出来。但只是在电源导通时，参数 NO-PC36 选定的状态显示的符号显示 2 s 后，数据便会显示出来。

伺服放大器的显示部分可显示伺服电动机速度等 16 种数据的后 5 位。

1. 显示切换

单击图 6-1 中的 MODE 按钮处于状态显示模式，按 UP、DOWN 按钮移到下一个显示，如图 6-2 所示。可以通过 UP 和 DOWN 按钮任意变更内容。选择后显示标志，按 SET 按钮后，显示其数据。只有接通电源时，在通过[Pr. PC36]选择的状态显示标志显示 2 s 后才显示数据。

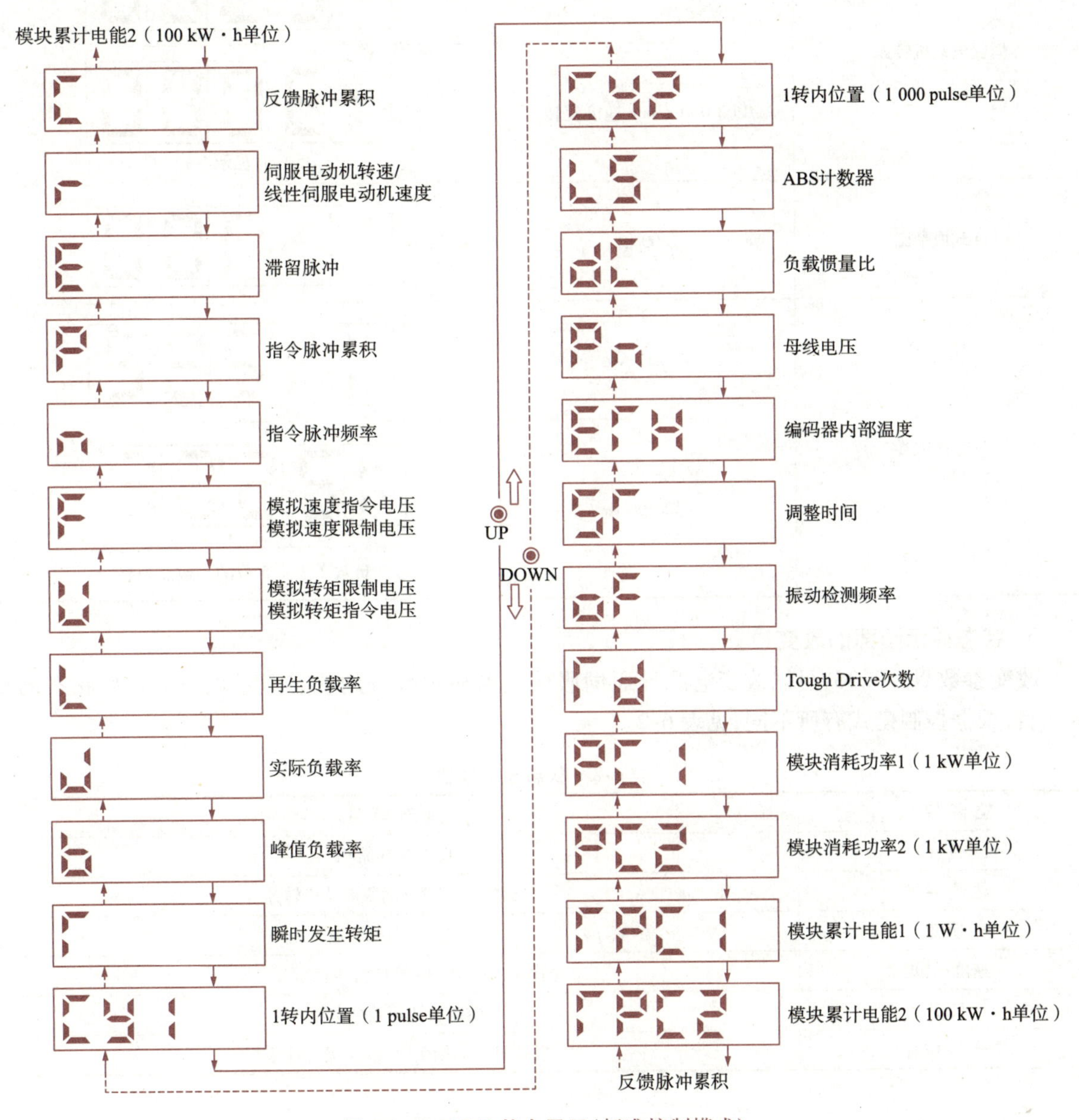

图 6-2　MODE 状态显示（标准控制模式）

2. 显示示例

显示示例见表6-1。

表6-1　显示示例

项　目	状　态	显示方法 伺服放大器显示部分
伺服电动机转速	以2 500 r/min速度正转	2500
	以3 000 r/min速度反转	-3000 反转时显示“—”
负载惯量比	7.00倍	7.00
ABS计数器	11 252 rev	11252
	-12 566 rev	12566 点灯 负数2、3、4、5位的小数点闪亮

3. 状态显示画面的改变

改变参数NO-PC36,可以改变电源导通伺服放大器显示部分的状态显示项目。初始状态的显示项目,根据控制模式有所不同,见表6-2。

表6-2　状态显示项目

控制模式	显示项目
位置	反馈脉冲累积
位置/速度	反馈脉冲累积/伺服电动机转速
速度	伺服电动机转速
速度/转矩	伺服电动机转速/模拟量转矩指令电压
转矩	模拟量转矩指令电压
转矩/位置	模拟量转矩指令电压/反馈脉冲累积

6.1.3　诊断模式

诊断模式见表6-3。

表 6-3　诊断模式

名　称		显　示	内　容
顺控程序		r-d-F	①准备未完成； ②正在初始化或报警发生
		rd-on	①准备完成； ②初始化完成，伺服放大器处于可以启动状态
驱动记录仪有效/无效显示		d-on	驱动记录仪有效； 在该状态下，发生报警时驱动记录仪将记录报警发生时的状态
		d-oF	驱动记录仪无效。 在以下状态时，驱动记录仪不动作： ①使用 MR Configurator2 的图表功能时； ②使用机械分析器功能时； ③将[Pr. PF21]设置为“－1”时
外部输入/输出信号显示		rd-oF ⇩ 88888	显示电源接通后的画面后，使用 MODE 按钮显示诊断画面。 注意：按两次 UP 按钮后可以显示外部输入/输出信号画面
输出信号(DO)强制输出		do-on	数字输出信号可以强制 ON/OFF
试运行模式	点动运行	TESt1	在没有来自外部指令装置的指令的状态下进行点动运行
	定位运行	TESt2	在没有来自外部指令装置的指令的状态下执行一次定位运行。执行定位运行需要 MR Configurator
	无电动机运行	TESt3	可以不连接伺服电动机，根据外部输入信号，就像实际伺服电动机动作一样，给出输出信号，监视状态显示
	机械分析器运行	TESt4	只连接伺服放大器，就能测定机械系统的共振点。进行机械分析器运行，需要 MR Configurator
	放大器诊断	TESt5	对伺服放大器的输入/输出接口是否正常工作进行简易的故障诊断
软元件版本低位		-A0	显示软件的版本
软件版本高位		=000	显示软件系统变化

续表

名　称	显　示	内　容
VC 自动偏置	 H1 0	如果伺服放大器内部及外部的模拟电路中的偏置电压导致伺服电动机即使在 VC(模拟速度指令)或 VLA(模拟速度限制)为 0 V 时也会缓慢转动,会自动补偿偏置电压。 使用时请按以下顺序使该功能生效。生效后,[Pr. PC37]的值变为自动调整后的偏置电压。 ①按 1 次 SET 按钮; ②按 UP,第一位数选择为 1。 ③按 SET。 VC 或 VLA 的输入电压为 -0.4 V 以下或 +0.4 V 以上时,不能使用该功能
电动机系列 ID	 H2 0	按 SET 按钮就能显示当前连接的伺服电动机系列 ID
电动机类型 ID	 H3 0	按 SET 按钮就能显示当前连接的伺服电动机类型 ID
编码器 ID	 H4 0	按 SET 按钮就能显示当前连接的伺服电动机的编码器 ID
制造商调整用	 H5 0	用于制造商调整
制造商调整用	 H6 0	用于制造商调整

6.1.4　报警模式

显示当前报警、报警记录和参数错误。显示部分的低两位表示发生了的报警代码或有错误的参数号,见表 6-4。

表 6-4　报警模式

名　称	显　示	内　容
当前报警	 AL --	未发生报警
	 AL.33.1	发生了[AL. 33. 1 主电路电压异常];发生报警时指示灯闪烁

续表

名　称	显　示	内　容
报警记录	A050.1	1 次前发生了[AL. 50.1 运行时过载热异常]
	A133.1	2 次前发生了[AL. 33.1 主电路电压异常]
	A210.1	3 次前发生了[AL. 10.1 控制电路电源电压下降]
	…	省略
	AF---.	16 次前未发生报警
参数错误 NO	E　--	未发生参数异常(AL. 37)
	E A12	[Pr. PA12 反转转矩限制]的数据内容异常

报警发生时的功能:

①无论在哪种模式画面下都显示当前报警。

②即使处于报警发生状态,也可以按操作部分的按钮查看其他画面。此时,第 4 位的小数点将持续闪烁。

③清除报警原因后,请用下列方法中的一种解除报警。

- 电源 OFF→ON。
- 在当前报警画面上按 SET 按钮。
- RES(复位)ON。

④用[Pr. PC18]清除报警历史。

⑤通过 UP 或 DOWN 移动至下一次历史。

6.1.5　参数模式

按 MODE 按钮选择各参数模式,按 UP、DOWN 按钮移动到如图 6-3 所示的显示。

操作方法:

1.5 位以下的参数

以通过以下示例为用[Pr. PA01 运行模式]变更为速度控制模式时,接通电源后的操作方法。

按 MODE 按钮进入基本设置参数界面,如图 6-4 所示。

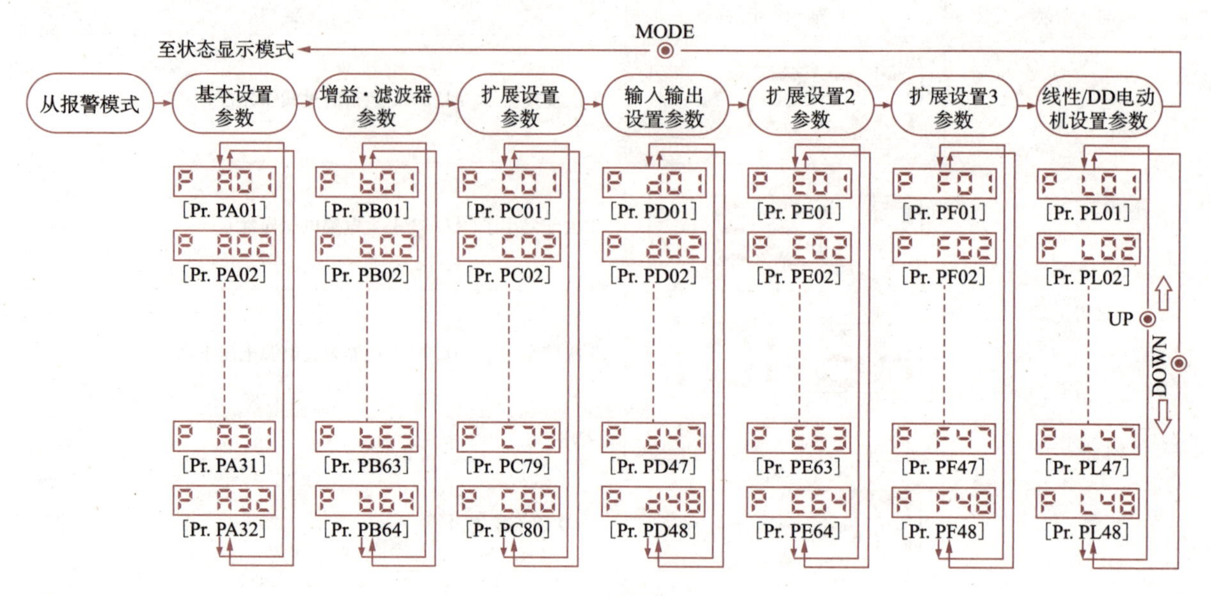

图 6-3 参数模式

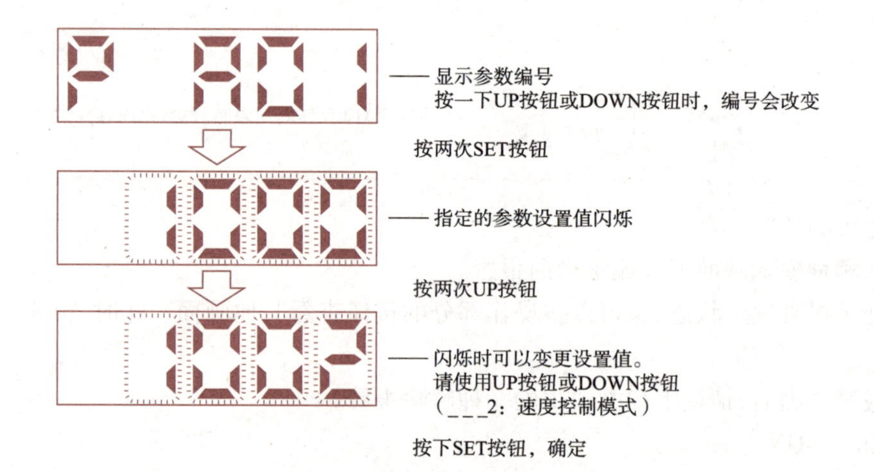

图 6-4 速度模式下设置参数画面

移动到下一个参数时,请按一下 UP 或 DOWN 按钮。

变更[Pr. PA01]时,在改变设置值后,先关闭电源后再接通即变为有效。

2. 6 位以上的参数

以下示例为[Pr. PA06 电子齿轮分子]变更为“123456”时的操作方法,如图 6-5 所示。

6. 1. 6 外部输入/输出信号显示

可以确认连接到伺服放大器的数字输入/输出信号的 ON/OFF 状态。

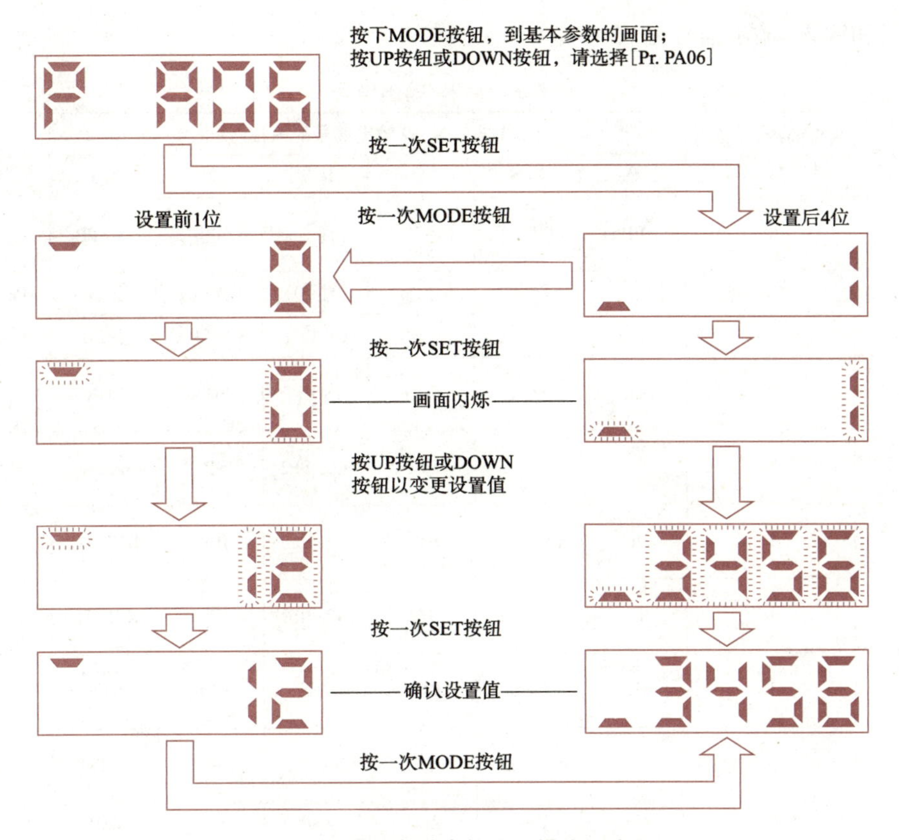

图 6-5　更改电子齿轮分子操作顺序图

1. 操作电源导通后的显示部分界面(见图 6-6)

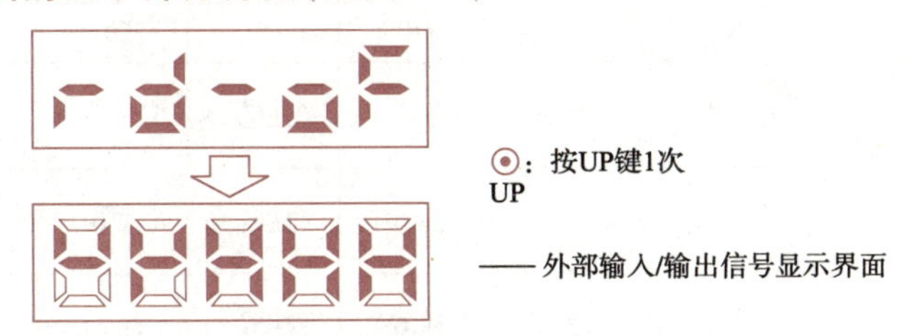

图 6-6　操作电源导通后的显示部分界面

按 MODE 按钮切换到诊断界面,如图 6-7 所示。

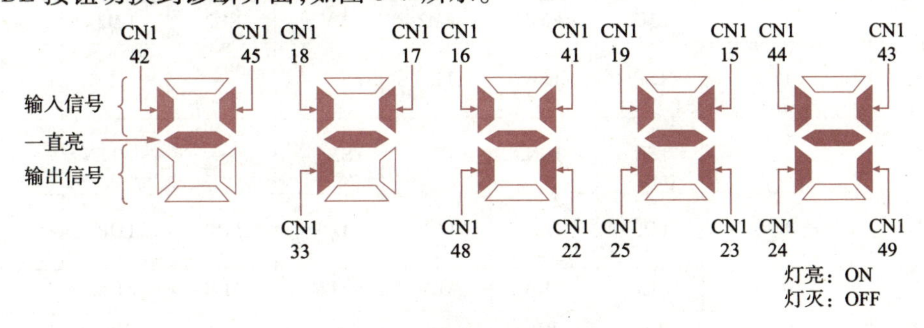

图 6-7　诊断界面

控制模式和输入/输出信号见表 6-5。

表 6-5 输入/输出信号

连接器	引脚编号	信号的输入/输出(I/O)(注①)	控制模式的输入/输出信号的简称(注②)						相关参数
			P	P/S	S	S/T	T	T/P	
CN1	10	1	PP	PP/－	(注⑤)	(注⑤)	(注⑤)	－/PP	Pr. PD43/Pr. PD44(注④)
	13	0	(注③)	(注③)	(注③)	(注③)	(注③)	(注③)	Pr. PD47(注④)
	14	0	(注③)	(注③)	(注③)	(注③)	(注③)	(注③)	Pr. PD47(注④)
	15	1	SON	SON	SON	SON	SON	SON	Pr. PD03 Pr. PD04
	16	1	—	－/SP2	SP2	SP2/SP2	SP2	SP2/－	Pr. PD05 Pr. PD06
	17	1	PC	PC/ST1	ST1	ST1/RS2	RS2	RS2/PC	Pr. PD07 Pr. PD08
	18	1	TL	TL/ST2	ST2	ST2/RS1	RS1	RS1/TL	Pr. PD09 Pr. PD10
	19	1	RES	RES	RES	RES	RES	RES	Pr. PD11 Pr. PD12
	22	0	INP	INP/SA	SA	SA/－	—	－/INP	Pr. PD23
	23	0	ZSP	ZSP	ZSP	ZSP	ZSP	ZSP	Pr. PD24
	24	0	INP	INP/SA	SA	SA/－	—	－/INP	Pr. PD25
	25	0	TLC	TLC	TLC	TLC/VLC	VLC	VLC/TLC	Pr. PD26
	33	0	OP	OP	OP	OP	OP	OP	
	35	1	NP	NP/－	(注⑤)	(注⑤)	(注⑤)	－/NP	Pr. D45/Pr. PD46(注④)
	37(注⑦)	1	PP2	PP2/－	(注⑥)	(注⑥)	(注⑥)	－/PP2	Pr. D43/Pr. PD44(注④)
	38(注⑦)	1	NP2	NP2/－	(注⑥)	(注⑥)	(注⑥)	－/NP2	Pr. D45/Pr. PD46(注④)
	41	1	CR	CR/SP1	SP1	SP1/SP1	SP1	SP1/CR	Pr. PD13 Pr. PD14
	42	1	EM2	EM2	EM2	EM2	EM2	EM2	—
	43	1	LSP	LSP	LSP	LSP/－	—	－/LSP	Pr. PD17 Pr. PD18
	44	1	LSN	LSN	LSN	LSN/－	—	－/LSN	Pr. PD19 Pr. PD20
	45	1	LOP	LOP	LOP	LOP	LOP	LOP	Pr. PD21 Pr. PD22
	48	0	ALM	ALM	ALM	ALM	ALM	ALM	—
	49	0	RD	RD	RD	RD	RD	RD	Pr. PD28

注:①1—输入信号、0—输出信号。

②P—位置控制模式;S—速度控制模式;T—转矩控制模式;P/S—位置/速度控制切换模式;S/T—速度/转矩控制切换模式;T/P—转矩/位置控制切换模式。

③初始状态下没有分配输出软元件。请根据需要通过[Pr. PD47]分配输出软元件。

④可在软件版本 B3 以上的 MR-J4-□A□-RJ 伺服放大器中使用。

⑤可作为漏型接口的输入软元件使用。初始状态下没有分配输入软元件。使用时,根据需要通过[Pr. PD43]~[Pr. PD46]分配软元件。此时,需要对 CN1-12 引脚提供 DC 24 V 的正极。

⑥可作为源型接口的输入软元件使用。初始状态下没有分配输入软元件。使用时,根据需要通过[Pr. PD43]~[Pr. PD46]分配软元件。

⑦这些引脚可在软件版本为 B7 以上,并且是 2015 年 1 月以后生产的 MR-J4-_A_-RJ 伺服放大器中使用。

2. 简称和信号名(见表 6-6)

表 6-6　简称和信号名

简　称	信 号 名	简　称	信 号 名
SON	伺服开启	RES	复位
LSP	正转行程末端	EM2	强制停止 2
LSN	反转行程末端	LOP	控制切换
CR	清除	TLC	转矩限制中
SP1	速度选择 1	VLC	速度限制中
SP2	速度选择 2	RD	准备完毕
PC	比例控制	ZSP	检测到零速度
ST1	正转启动	INP	定位完毕
ST2	反转启动	SA	速度到达
RS1	正转选择	ALM	故障
RS2	反转选择	OP	编码器 Z 相脉冲(集电极开路)
TL	转矩限制选择		

6.2　参 数 设 置

MR-J4-A 伺服放大器的参数按照功能不同分为以下几类,见表 6-7。

表 6-7　伺服放大器参数种类

参 数 组	主 要 内 容
基本设置参数(Pr. PA□□)	伺服放大器在位置控制模式下使用时,通过此参数进行基本设置
增益-滤波器参数(Pr. PB□□)	手动调整增益时,使用此参数
扩展设置参数(Pr. PC□□)	伺服放大器在速度控制模式、转矩控制模式下使用时,主要使用此参数
输入/输出设置参数(Pr. PD□□)	变更伺服放大器的输入/输出信号时使用
扩展设置 2 参数(Pr. PE□□)	需要涉及功能扩展设置 2 中相关功能时使用
扩展设置 3 参数(Pr. PF□□)	需要涉及功能扩展设置 2 中相关功能时使用
线性伺服电动机/DD 电动机设置参数(Pr. Pl□□)	涉及线性伺服电动机/DD 电动机设置时使用
选件设置参数(Pr. Po□□)	使用相关选件时设置使用

伺服在位置控制模式下使用时,一般设置基本设置参数(Pr. PA□□),在导入时就可以设置基本参数。

注意

不要任意调整或改变参数值,否则将导致运行不稳定。

6.2.1 基本设置参数

要点:表6-8中简称前面带有"*"的参数,设置后将电源断开,再重新接通电源,参数生效。

表6-8 参数一览

No	简称	名称	初始值	单位	控制模式		
					位置	速度	转矩
PA01	*STY	控制模式	1000h	—	○	○	○
PA02	*REG	再生选件	0000h	—	○	○	○
PA03	*ABS	绝对位置检测系统	0000h	—	○	—	—
PA04	*AOP1	功能选择A-1	2000h	—	○	○	—
PA05	*FBP	伺服电动机旋转一周所需的指令脉冲数	10000	—	○	—	—
PA06	CMX	电子齿轮分子(指令输入脉冲倍率分子)	1	—	○	—	—
PA07	CDV	电子齿轮分母(指令输入脉冲倍率分母)	1	—	○	—	—
PA08	ATU	自动调谐模式	0001h	—	○	○	—
PA09	RSP	自动调谐响应性	16	—	○	○	—
PA10	INP	到位范围	100	Pulse	○	—	—
PA11	TLP	正转转矩限制/正方向推力限制	100.0	%	○	○	○
PA12	TLN	反转转矩限制/反方向推力限制	100.0	%	○	○	○
PA13	*PLSS	指令脉冲输入形式选择	0100h	—	○	—	—
PA14	*POL	转动方向选择	0	—	○	—	—
PA15	*ENR	编码器输出脉冲	4000	Pulse/rev	○	○	○
PA16	*ENR2	编码器输出脉冲2	1	—	○	○	○
PA17	*MSR	伺服电动机系列设置	0000h	—	○	○	○
PA18	*MTY	伺服电动机类型设置	0000h	—	○	○	○
PA19	*BLK	参数写入禁止	00AAh	—	○	○	○
PA20	*TDS	Tough Drive设置	0000h	—	○	○	○
PA21	*AOP3	功能选择A-3	0001h	—	○	○	—
PA22	*PCS	位置控制构成选择	0000h	—	○	—	—
PA23	DRAT	驱动记录仪任意报警触发器设置	0000h	—	○	○	○
PA24	AOP4	功能选择A-4	0000h	—	○	○	—
PA25	OTHOV	键式调整超调量容许级别	0	%	○	○	—
PA26	*AOP5	功能选择A-5	0000h	—	○	○	—

续表

No	简　称	名　称	初始值	单　位	控制模式		
					位　置	速　度	转　矩
PA27	—	厂商设置用	0000h	—	—	—	—
PA28			0000h				
PA29			0000h				
PA30			0000h				
PA31			0000h				
PA32			0000h				

参数写入禁止见表 6-9。

表 6-9　参数写入禁止

参　数			初始值	单　位	设置范围	控制模式		
No	简　称	名　称				位　置	速　度	转　矩
PA19	*BLK	参数写入禁止	00AAh	—	参照本文	○	○	○

要点:该参数设置后,电源从 OFF→ON 后变为有效。

伺服放大器在出厂状态下基本设置参数、增益-滤波器参数、扩展设置参数的设置可以改变。为防止参数 PA19 的设置被不小心改变,可以设置为禁止写入。

表 6-10 表示根据参数 PA19 的设置参数是否可以读出或写入,○表示可以进行操作。

表 6-10　参数 PA19

参数 PA19 的设置值	设置值的操作	PA	PB	PC	PD	PE	PF	PL
下述以外	读出	○	—	—	—	—	—	—
	写入	○	—	—	—	—	—	—
000Ah	读出	仅参数 PA19	—	—	—	—	—	—
	写入	仅参数 PA19	—	—	—	—	—	—
000Bh	读出	○	○	○	—	—	—	—
	写入	○	○	○	—	—	—	—
000Ch	读出	○	○	○	○	—	—	—
	写入	○	○	○	○	—	—	—
00AAh	读出	○	○	○	○	○	○	—
	写入	○	○	○	○	○	○	—
00ABh	读出	○	○	○	○	○	○	○
	写入	○	○	○	○	○	○	○
100Bh	读出	○	—	—	—	—	—	—
	写入	仅参数 PA19	—	—	—	—	—	—

续表

参数 PA19 的设置值	设置值的操作	PA	PB	PC	PD	PE	PF	PL
100Ch	读出	○	○	○	○	—	—	—
	写入	仅参数 PA19	—	—	—	—	—	—
10AAh	读出	○	○	○	○	○	○	
	写入	仅参数 PA19	—	—	—	—	—	—
10ABh	读出	○	○	○	○	○	○	○
	写入	仅参数 PA19	—	—	—	—	—	—

6.2.2 增益滤波器参数

要点:表 6-11 中简称前面带有“ * ”的参数,设置后将电源断开,再重新接通电源,参数生效。

表 6-11 增益滤波器参数一览

No	简　称	名　称	初始值	单　位	控制模式		
					位置	速度	转矩
PB01	FILT	自适应调谐模式(自适应滤波器 2)	0000h	—	○	○	○
PB02	VRFT	抑制振动调谐模式(高级抑制振动控制 2)	0000h	—	○	—	—
PB03	PST	位置指令加减速时间常数(位置平滑)	0	ms	○	—	—
PB04	FFC	前馈增益	0	%	○	—	—
PB05	—	厂商设置用	500	—	—	—	—
PB06	GD2	负载惯量比/负载质量比	7.00	倍	○	○	—
PB07	PG1	模型控制增益	15.0	rad/s	○	○	—
PB08	PG2	位置控制增益	37.0	rad/s	○	—	—
PB09	VG2	速度控制增益	823	rad/s	○	○	—
PB10	VIC	速度积分补偿	33.7	ms	○	○	—
PB11	VDC	速度微分补偿	980	—	○	○	—
PB12	OVA	超调量补偿	0	%	○	—	—
PB13	NH1	机械共振抑制滤波器 1	4500	Hz	○	○	○
PB14	NHQ1	陷波形状选择 1	0000h	—	○	○	○
PB15	NH2	机械共振抑制滤波器 2	4500	Hz	○	○	○
PB16	NHQ2	陷波形状选择 2	0000h	—	○	○	○
PB17	NHF	轴共振抑制滤波器	0000h	—	○	○	○
PB18	LPF	低通滤波器设置	3141	rad/s	○	○	—
PB19	VRF11	抑制振动控制 1 振动频率设置	100.0	Hz	○	—	—
PB20	VRF12	抑制振动控制 1 共振频率设置	100.0	Hz	○	—	—
PB21	VRF13	抑制振动控制 1 振动频率减幅设置	0.00	—	○	—	—
PB22	VRF14	抑制振动控制 1 共振频率减幅设置	0.00	—	○	—	—

续表

No	简　称	名　称	初 始 值	单　位	控制模式		
					位置	速度	转矩
PB23	VFBF	低通滤波器选择	0000h	—	○	○	○
PB24	* MVS	微振动抑制控制	0000h	—	○	—	—
PB25	* BOP1	功能选择 B-1	0000h	—	○	—	—
PB26	* CDP	增益切换选择	0000h	—	○	○	—
PB27	CDL	增益切换条件	10	kpulse/ pulse/ r/min	○	○	—
PB28	CDT	增益切换时间常数	1	ms	○	○	—
PB29	GD2B	增益切换,负载惯量比/负载质量比	7.00	倍	○	○	—
PB30	PG2B	增益切换,位置控制增益	0.0	rad/s	○	—	—
PB31	VG2B	增益切换,速度控制增益	0	rad/s	○	○	—
PB32	VICB	增益切换,速度积分补偿	0.0	ms	○	○	—
PB33	VRF1B	增益切换,抑制振动控制 1 振动频率设置	0.0	Hz	○	—	—
PB34	VRF2B	增益切换,抑制振动控制 1 共振频率设置	0.0	Hz	○	—	—
PB35	VRF3B	增益切换,抑制振动控制 1 振动频率减幅设置	0.00	—	○	—	—
PB36	VRF4B	增益切换,抑制振动控制 1 共振频率减幅设置	0.00	—	○	—	—
PB37	—	厂商设置用	1600	—	—	—	—
PB38	—		0.00	—	—	—	—
PB39	—		0.00	—	—	—	—
PB40	—		0.00	—	—	—	—
PB41	—		0000h	—	—	—	—
PB42	—		0000h	—	—	—	—
PB43	—		0000h	—	—	—	—
PB44	—		0.00	—	—	—	—
PB45	CNHF	指令陷波滤波器	0000h	—	○	—	—
PB46	NH3	机械共振抑制滤波器 3	4500	Hz	○	○	○
PB47	NHQ3	陷波形状选择 3	0000h	—	○	○	○
PB48	NH4	机械共振抑制滤波器 4	4500	Hz	○	○	○
PB49	NHQ4	陷波形状选择 4	0000h	—	○	○	○
PB50	NH5	机械共振抑制滤波器 5	4500	Hz	○	○	○
PB51	NHQ5	陷波形状选择 5	0000h	—	○	○	○
PB52	VRF21	振动抑制控制 2 振动频率设置	100.0	Hz	○	—	—
PB53	VRF22	振动抑制控制 2 共振频率设置	100.0	Hz	○	—	—
PB54	VRF23	振动抑制控制 2 振动频率减幅设置	0.00	—	○	—	—
PB55	VRF24	振动抑制控制 2 共振频率减幅设置	0.00	—	○	—	—

续表

No	简　称	名　称	初始值	单　位	控制模式		
					位置	速度	转矩
PB56	VRF21B	增益切换,抑制振动控制 2 振动频率设置	0.0	Hz	○	—	—
PB57	VRF22B	增益切换,抑制振动控制 2 共振频率设置	0.0	Hz	○	—	—
PB58	VRF23B	增益切换,抑制振动控制 2 振动频率减幅设置	0.00	—	○	—	—
PB59	VRF24B	增益切换,抑制振动控制 2 共振频率减幅设置	0.00	—	○	—	—
PB60	PG1B	增益切换模型控制增益	0.0	Rad/s	○	○	—
PB61	—	厂商设置用	0.0	—	—	—	—
PB62			0000h	—	—	—	—
PB63			0000h	—	—	—	—
PB64			0000h	—	—	—	—

6.2.3 扩展设置参数

要点:表 6-12 中简称前面带有“ * ”的参数,设置后将电源断开,再重新接通电源,参数生效。

表 6-12　扩展设置参数一览

编　号	简　称	名　称	初始值	单　位	运行模式				控制模式		
					标准	全闭环	线性	DD	P	S	T
PC01	STA	速度加速时间常数	0	[ms]	○	—	○	○	—	○	○
PC02	STB	速度减速时间常数	0	[ms]	○	—	○	○	—	○	○
PC03	STC	S 字加减速时间常数	0	[ms]	○	—	○	○	—	○	○
PC04	TQC	转矩指令时间常数/推力指令时间常数	0	[ms]	○	—	○	○	—	—	○
PC05	SC1	内部速度指令 1	100	[r/min]/[mm/s]	○	—	○	○	—	○	—
		内部速度限制 1			○	—	○	○	—	—	○
PC06	SC2	内部速度指令 2	500	[r/min]/[mm/s]	○	—	○	○	—	○	—
		内部速度限制 2			○	—	○	○	—	—	○
PC07	SC3	内部速度指令 3	1 000	[r/min]/[mm/s]	○	—	○	○	—	○	—
		内部速度限制 3			○	—	○	○	—	—	○
PC08	SC4	内部速度指令 4	200	[r/min]/[mm/s]	○	—	○	○	—	○	—
		内部速度限制 4			○	—	○	○	—	—	○
PC09	SC5	内部速度指令 5	300	[r/min]/[mm/s]	○	—	○	○	—	○	—
		内部速度限制 5			○	—	○	○	—	—	○
PC10	SC6	内部速度指令 6	500	[r/min]/[mm/s]	○	—	○	○	—	○	—
		内部速度限制 6	[mm/s]		○	—	○	○	—	—	○

续表

编　号	简　称	名　称	初始值	单　位	运行模式				控制模式		
					标准	全闭环	线性	DD	P	S	T
PC11	SC7	内部速度指令 7	800	[r/min]/[mm/s]	○	—	○	○	—	○	—
		内部速度限制 7			○	—	○	○	—	—	○
PC12	VCM	模拟速度指令最大转速	0	[r/min]/[mm/s]	○	—	○	○	—	○	—
		模拟速度限制最大转速			○	—	○	○	—	—	○
PC13	TLC	模拟转矩/推力指令最大输出	100	[%]	○	—	○	○	—	—	○
PC14	MOD1	模拟监视 1 输出	0000h	—	○	○	○	○	○	○	○
PC15	MOD2	模拟监视 2 输出	0001h	—	○	○	○	○	○	○	○
PC16	MBR	电磁制动器顺序输出	0	[ms]	○	○	○	○	○	○	○
PC17	ZSP	零速	50	[r/min]/[mm/s]	○	○	○	○	○	○	○
PC18	*BPS	报警历史清除	0000h	—	○	○	○	○	○	○	○
PC19	*ENRS	编码器输出脉冲选择	0000h	—	○	○	○	○	○	○	○
PC20	*SNO	站号设置	0	[站]	○	○	○	○	○	○	○
PC21	*SOP	RS-422 通信功能选择	0000h	—	○	○	○	○	○	○	○
PC22	*COP1	功能选择 C-1	0000h	—	○	○	○	○	○	○	○
PC23	*COP2	功能选择 C-2	0000h	—	○	—	○	○	—	○	○
PC24	*COP3	功能选择 C-3	0000h	—	○	○	○	○	○	—	—
PC25		厂商设置用	0000h	—	—	—	—	—	—	—	—
PC26	*COP5	功能选择 C-5	0000h	—	○	○	○	○	○	○	—
PC27	*COP6	功能选择 C-6	0000h	—	○	○	○	○	○	○	○
PC28	*COP7	功能选择 C-7	0000h	—	—	—	○	—	○	○	○
PC29		厂商设置用	0000h	—	—	—	—	—	—	—	—
PC30	STA2	速度加速时间常数 2	0	[ms]	○	—	○	○	—	○	○
PC31	STB2	速度减速时间常数 2	0	[ms]	○	—	—	○	—	—	○
PC32	CMX2	指令输入脉冲倍率分子 2	1	—	○	○	○	○	○	—	—
PC33	CMX3	指令输入脉冲倍率分子 3	1	—	○	○	○	○	○	—	—

续表

编　号	简　称	名　称	初始值	单　位	运行模式				控制模式		
					标准	全闭环	线性	DD	P	S	T
PC34	CMX4	指令输入脉冲倍率分子 4	1	—	○	○	○	○	○	—	—
PC35	TL2	内部转矩限制 2/内部推力限制 2	100	[%]	○	○	○	○	○	○	○
PC36	* DMD	状态显示选择	0000h	—	○	○	○	○	○	○	○
PC37	VCO	模拟速度指令偏置	0	[mV]	○	—	—	○	—	—	—
		模拟速度限制偏置			○	—	○	○	—	—	○
PC38	TPO	模拟转矩指令偏置	0	[mV]	○	—	○	○	—	—	○
		模拟转矩限制偏置			○	○	○	○	—	○	—
PC39	MO1	模拟监视 1 偏置	0	[mV]	○	○	○	○	○	○	○
PC40	MO2	模拟监视 2 偏置	0	[mV]	○	○	○	○	○	○	○
PC41	—	厂商设置用	0	—	—	—	—	—	—	—	—
PC42			0								
PC43	ERZ	误差过大报警检测水平	0	[rev]/[mm]	○	○	○	○	○	—	—
PC44	* COP9	功能选择 C-9	0000h	—	—	○	—	—	○	—	—
PC45	* COPA	功能选择 C-A	0000h	—	—	○	○	—	○	○	○
PC46	—	厂商设置用	0	—	—	—	—	—	—	—	—
PC47			0								
PC48			0								
PC49			0								
PC50			0000h								
PC51	RSBR	强制停止时减速时间常数	100	[ms]	○	○	○	○	○	○	—
PC52	—	厂商设置用	0	—	—	—	—	—	—	—	—
PC53			0								
PC54	RSUP1	垂直负载微提升量	0	[0.000 1 rev]/[0.01 mm]	○	○	○	○	○	—	—
PC55	—	厂商设置用	0	—	—	—	—	—	—	—	—
PC56			100								
PC57			0000h								
PC58			0								
PC59			0000h								
PC60	* COPD	功能选择 C-D	0000h	—	○	—	—	—	○	○	○

续表

编　号	简　称	名　称	初始值	单　位	运行模式				控制模式		
					标准	全闭环	线性	DD	P	S	T
PC61	—	厂商设置用	0000h	—	—	—	—	—	—	—	—
PC62			0000h								
PC63			0000h								
PC64			0000h								
PC65			0000h								
PC66			0000h								
PC67			0000h								
PC68			0000h								
PC69			0000h								
PC70			0000h								
PC71			0000h								
PC72			0000h								
PC73	ERW	误差过大警告等级	0	[rev]/[mm]	○	○	○	○	○	—	—
PC74	—	—	0000h	—	—	—	—	—	—	—	—
PC75			0000h								
PC76			0000h								
PC77			0000h								
PC78			0000h								
PC79			0000h								
PC80			0000h								

6.2.4　输入/输出设置参数

要点：表 6-13 中简称前面带有“ * ”的参数，设置后将电源断开，再重新接通电源，参数生效。

表 6-13　输入/输出参数一览

编　号	简　称	名　称	初始值	单　位	运行模式				控制模式		
					标准	全闭环	线性	DD	P	S	T
PD01	* DIA1	输入信号自动 ON 选择 1	0000h	—	○	○	○	○	○	○	○
PD02		厂商设置用	0000h	—	—	—	—	—	—	—	—
PD03	* DI1L	输入软元件选择 1L	0202h	—	○	○	○	○	○	○	
PD04	* DI1H	输入软元件选择 1H	0202h	—	○	—	○	○	—	—	○
PD05	* DI2L	输入软元件选择 2L	2100h	—	○	○	○	○	○	○	—
PD06	* DI2H	输入软元件选择 2H	2021h	—	○	—	○	○	—	—	○
PD07	* DI3L	输入软元件选择 3L	0704h	—	○	○	○	○	○	○	—

续表

编　号	简　称	名　称	初始值	单　位	运行模式				控制模式		
					标准	全闭环	线性	DD	P	S	T
PD08	*DI3H	输入软元件选择3H	0707h	—	○	—	○	○	—	—	○
PD09	*DI4L	输入软元件选择4L	0805h	—	○	○	○	○	○	○	—
PD10	*DI4H	输入软元件选择4H	0808h	—	○	—	○	○	—	—	○
PD11	*DI5L	输入软元件选择5L	0303h	—	○	○	○	○	○	○	—
PD12	*DI5H	输入软元件选择5H	3803h	—	○	—	○	○	—	—	○
PD13	*DI6L	输入软元件选择6L	2006h	—	○	○	○	○	○	○	—
PD14	*DI6H	输入软元件选择6H	3920h	—	○	—	○	○	—	—	○
PD15	—	厂商设置用	0000h	—	—	—	—	—	—	—	—
PD16			0000h								
PD17	*DI8L	输入软元件选择8L	0A0Ah	—	○	○	○	○	○	○	—
PD18	*DI8H	输入软元件选择8H	0A00h	—	○	—	○	○	—	—	○
PD19	*DI9L	输入软元件选择9L	0B0Bh	—	○	○	○	○	○	○	—
PD20	*DI9H	输入软元件选择9H	0B00h	—	○	—	○	○	—	—	○
PD21	*DI10L	输入软元件选择10L	2323h	—	○	○	○	○	○	○	—
PD22	*DI10H	输入软元件选择10H	2B23h	—	○	—	○	○	—	—	○
PD23	*DO1	输出软元件选择1	0004h	—	○	○	○	○	○	○	○
PD24	*DO2	输出软元件选择2	000Ch	—	○	○	○	○	○	○	○
PD25	*DO3	输出软元件选择3	0004h	—	○	○	○	○	○	○	○
PD26	*DO4	输出软元件选择4	0007h	—	○	○	○	○	○	○	○
PD27		厂商设置用	0003h	—	—	—	—	—	—	—	—
PD28	*DO6	输出软元件选择6	0002h	—	○	○	○	○	○	○	○
PD29	*DIF	输入滤波器设置	0004h	—	○	○	○	○	○	○	○
PD30	*DOP1	功能选择D-1	0000h	—	○	○	○	○	○	○	○
PD31	*DOP2	功能选择D-2	0000h	—	—	—	—	—	—	—	—
PD32	*DOP3	功能选择D-3	0000h	—	○	○	○	○	—	—	—
PD33	*DOP4	功能选择D-4	0000h	—	—	—	—	—	—	—	—
PD34	DOP5	功能选择D-5	0000h	—	○	○	○	○	○	○	○
PD35	—	厂商设置用	0000h	—	—	—	—	—	—	—	—
PD36			0000h								
PD37			0000h								
PD38			0								
PD39			0								
PD40			0								
PD41			0000h								
PD42			0000h								

续表

编　号	简　称	名　称	初始值	单　位	运行模式				控制模式		
					标准	全闭环	线性	DD	P	S	T
PD43	*DI11L	输入软元件选择11L	0000h	—	○	○	○	○	○	○	—
PD44	*DI11H	输入软元件选择11H	3A00h	—	○	—	○	○	—	—	○
PD45	*DI12L	输入软元件选择12L	0000h	—	○	○	○	○	○	○	—
PD46	*DI12H	输入软元件选择12H	3B00h	—	○	—	○	○	—	—	○
PD47	*DO7	输出软元件选择7	0000h	—	○	○	○	○	○	○	○
PD48	—	厂商设置用	0000h	—	—	—	—	—	—	—	—

6.2.5　扩展设置2参数

要点：表6-14中简称前面带有“*”的参数，设置后将电源断开，再重新接通电源，参数生效。

表6-14　扩展设置2参数一览

编　号	简　称	名　称	初始值	单　位	运行模式				控制模式		
					标准	全闭环	线性	DD	P	S	T
PE01	*FCT1	全闭环功能选择1	0000h	—	—	○	—	—	○	—	—
PE02	—	厂商设置用	0000h	—	—		—	—		—	—
PE03	*FCT2	全闭环功能选择2	0003h	—	—	○	—	—	○	—	—
PE04	*FBN	全闭环控制，反馈脉冲电子齿轮1分子	1	—	—	○	—	—	○	—	—
PE05	*FBD	全闭环控制，反馈脉冲电子齿轮1分母	1	—	—	○	—	—	○	—	—
PE06	BC1	全闭环控制，速度偏差异常检测水平	400	[r/min]	—	○	—	—	○	—	—
PE07	BC2	全闭环控制，位置偏差异常检测水平	100	[kpulse]	—	○	—	—	○	—	—
PE08	DUF	全闭环双反馈滤波器	10	[rad/s]	—	○	—	—	○	—	—
PE09	—	厂商设置用	0000h	—	—	—	—	—		—	—
PE10	FCT3	全闭环功能选择3	0000h	—	—	○	—	—	○	—	—
PE11	—	厂商设置用	0000h	—	—	—	—	—	—	—	—
PE12			0000h								
PE13			0000h								
PE14			0111h								
PE15			20								

续表

编号	简称	名称	初始值	单位	运行模式				控制模式		
					标准	全闭环	线性	DD	P	S	T
PE16	—	厂商设置用	0000h	—	—	—	—	—	—	—	—
PE17			0000h								
PE18			0000h								
PE19			0000h								
PE20			0000h								
PE21			0000h								
PE22			0000h								
PE23			0000h								
PE24			0000h								
PE25			0000h								
PE26			0000h								
PE27			0000h								
PE28			0000h								
PE29			0000h								
PE30			0000h								
PE31			0000h								
PE32			0000h								
PE33			0000h								
PE34	* FBN2	全闭环控制,反馈脉冲电子齿轮2分子	1	—	—	○	—	—	○	—	—
PE35	* FBD2	全闭环控制,反馈脉冲电子齿轮2分母	1	—	—	○	—	—	○	—	—
PE36	—	厂商设置用	0	—	—	—	—	—	—	—	—
PE37			0								
PE38			0								
PE39			20								
PE40			0000h								
PE41	EOP3	功能选择 E-3	0000h	—	○	○	○	○	○	○	○
PE42	—	厂商设置用	0	—	—	—	—	—	—	—	—
PE43			0								
PE44	LMCP	空转正侧补偿值选择	0	[0.01%]	○	○	○	○	○	—	—
PE45	LMCN	空转负侧补偿值选择	0	[0.01%]	○	○	○	○	○	—	—
PE46	LMFLT	空转滤波器设置	0	[0.1ms]	○	○	○	○	○	—	—

续表

编号	简称	名称	初始值	单位	运行模式				控制模式		
					标准	全闭环	线性	DD	P	S	T
PE47	TOF	转矩偏置	0	[0.01%]	○	○	—	—	○	○	○
PE48	*LMOP	空转补偿功能选择	0000h	—	○	○	○	○	○	—	—
PE49	LMCD	空转补偿时机	0	[0.1 ms]	○	○	○	○	○	—	—
PE50	LMCT	空转补偿空载段	0	[pulse]/[kpulse]	○	○	○	○	○	—	—
PE51	—	厂商设置用	0000h	—	—	—	—	—	—	—	—
PE52			0000h								
PE53			0000h								
PE54			0000h								
PE55			0000h								
PE56			0000h								
PE57			0000h								
PE58			0000h								
PE59			0000h								
PE60			0000h								
PE61			0								
PE62			0								
PE63			0								
PE64			0								

6.2.6　扩展设置3参数

要点：表6-15中简称前面带有"*"的参数，设置后将电源断开，再重新接通电源，参数生效。

表6-15　扩展设置3参数一览

编号	简称	名称	初始值	单位	运行模式				控制模式		
					标准	全闭环	线性	DD	P	S	T
PF01	—	厂商设置用	0000h	—	—	—	—	—	—	—	—
PF02			0000h								
PF03			0000h								
PF04			0								
PF05			0								
PF06			0000h								
PF07			1								
PF08			1								
PF09	*FOP5	功能选择F-5	0000h	—	○	○	—	—	○	○	○

续表

编　号	简　称	名　称	初 始 值	单　位	运 行 模 式				控 制 模 式		
					标准	全闭环	线性	DD	P	S	T
PF10	—	厂商设置用	0000h	—	—	—	—	—	—	—	—
PF11			0000h								
PF12			10000								
PF13			100								
PF14			100								
PF15	DBT	电子式动态制动动作时间	2000	[ms]	○	○	—	—	○	○	○
PF16	—	厂商设置用	0000h	—	—	—	—	—	—	—	—
PF17			10								
PF18	* STOD	STO 诊断异常检测时间	0	[s]	○	○	○	○	○	○	○
PF19	—	厂商设置用	0000h	—	—	—	—	—	—	—	—
PF20			0000h	—							
PF21	DRT	驱动记录仪切换时间设置	0	[s]	○	○	○	○	○	○	○
PF22	—	厂商设置用	200	—	—	—	—	—	—	—	—
PF23	OSCL1	振动 Tough Drive 振动检测水平	50	[%]	○	○	○	○	○	○	—
PF24	* OSCL2	振动 Tough Drive 功能选择	0000h	—	○	○	○	○	○	○	—
PF25	CVAT	SEMI-F47 功能瞬停检测时间	200	[ms]	○	○	○	○	○	○	○
PF26	—	厂商设置用	0	—	—	—	—	—	—	—	—
PF27			0								
PF28			0								
PF29			0000h								
PF30			0								
PF31	FRIC	机械诊断功能,低速时摩擦推断范围判断速度	0	[r/min]/[mm/s]	○	○	○	○	○	○	○
PF32		厂商设置用	50	—	—	—	—	—	—	—	—
PF33			0000h								
PF34	* SOP3	RS-422 通信功能选择 3	0000h	—	○	○	○	○	○	○	○

续表

编　号	简　称	名　称	初 始 值	单　位	运 行 模 式				控 制 模 式		
					标准	全闭环	线性	DD	P	S	T
PF35	—	—	0000h		—	—	—	—	—	—	—
PF36			0000h								
PF37			0000h								
PF38			0000h								
PF39			0000h								
PF40			0								
PF41			0								
PF42			0								
PF43			0								
PF44			0								
PF45			0000h								
PF46			0000h								
PF47			0000h								
PF48			0000h								

6.2.7　线性伺服电动机/DD 电动机设置参数

要点：表 6-16 中简称前面带有“ * ”的参数，设置后将电源断开，再重新接通电源，参数生效。

表 6-16　线性伺服电动机/DD 电动机设置参数一览

编　号	简　称	名　称	初 始 值	单　位	运 行 模 式				控 制 模 式		
					标准	全闭环	线性	DD	P	S	T
PL01	* LIT1	线性伺服电动机/DD 电动机功能选择 1	0301h	—	—	—	○	○	○	○	○
PL02	* LIM	线性编码器分辨率设置分子	1 000	[μm]	—	—	○	—	○	○	○
PL03	* LID	线性编码器分辨率设置分母	1 000	[μm]	—	—	○	—	○	○	○
PL04	* LIT2	线性伺服电动机/DD 电动机功能选择 2	0003h	—	—	—	○	○	○	○	○
PL05	LB1	位置偏差异常检测水平	0	[mm]/[0.01rev]	—	—	○	○	○	—	—
PL06	LB2	速度偏差异常检测水平	0	[r/min]/[mm/s]	—	—	○	○	○	○	—
PL07	LB3	转矩/推力偏差异常检测水平	100	[%]	—	—	○	○	○	○	○
PL08	* LIT3	线性伺服电动机/DD 电动机功能选择 3	0010h	—	—	—	○	○	○	○	○

续表

编号	简称	名称	初始值	单位	运行模式				控制模式		
					标准	全闭环	线性	DD	P	S	T
PL09	LPWM	磁极检测电压等级	30	[%]	—	—	○	○	○	○	○
PL10	—	厂商设置用	5	—	—	—	—	—	—	—	—
PL11			100								
PL12			500								
PL13			0000h								
PL14			0000h								
PL15			20								
PL16			0								
PL17	LTSTS	磁极检测微小位置检测方式功能选择	0000h	—	—	—	○	○	○	○	○
PL18	IDLV	磁极检测微小位置检测方式同定信号振幅	0	[%]	—	—	○	○	○	○	○
PL19	—	厂商设置用	0	—	—	—	—	—	—	—	—
PL20			0								
PL21			0								
PL22			0								
PL23			0000h								
PL24			0								
PL25			0000h								
PL26			0000h								
PL27			0000h								
PL28			0000h								
PL29			0000h								
PL30			0000h								
PL31			0000h								
PL32			0000h								
PL33			0000h								
PL34			0000h								
PL35			0000h								
PL36			0000h								
PL37			0000h								
PL38			0000h								
PL39			0000h								

续表

编号	简称	名称	初始值	单位	运行模式				控制模式		
					标准	全闭环	线性	DD	P	S	T
PL40	—	厂商设置用	0000h	—	—	—	—	—	—	—	—
PL41			0000h								
PL42			0000h								
PL43			0000h								
PL44			0000h								
PL45			0000h								
PL46			0000h								
PL47			0000h								
PL48			0000h								

6.2.8　选件设置参数

要点：表 6-17 中简称前面带有“ * ”的参数，设置后将电源断开，再重新接通电源，参数生效。

表 6-17　选件设置参数一览

编号	简称	名称	初始值	单位	运行模式				控制模式		
					标准	全闭环	线性	DD	P	S	T
Po01	—	厂商设置用	0000h	—	—	—	—	—	—	—	—
Po02	* ODI1	MR-D01 输入软元件选择 1	0302h	—	○	○	○	○	○	○	○
Po03	* ODI2	MR-D01 输入软元件选择 2	0905h	—	○	○	○	○	○	○	○
Po04	* ODI3	MR-D01 输入软元件选择 3	2524h	—	○	○	○	○	○	○	○
Po05	* ODI4	MR-D01 输入软元件选择 4	2026h	—	○	○	○	○	○	○	○
Po06	* ODI5	MR-D01 输入软元件选择 5	0427h	—	○	○	○	○	○	○	○
Po07	* ODI6	MR-D01 输入软元件选择 6	0807h	—	○	○	○	○	○	○	○
Po08	* ODO1	MR-D01 输出软元件选择 1	2726h	—	○	○	○	○	○	○	○
Po09	* ODO2	MR-D01 输出软元件选择 2	0423h	—	○	○	○	○	○	○	○
Po10	* OOP1	功能选择 O-1	2001h	—	○	○	○	○	—	—	—
Po11	* OOP2	功能选择 O-2	0000h	—	○	○	○	○	○	○	○
Po12	* OOP3	功能选择 O-3	0000h	—	○	○	○	○	—	—	—

续表

编号	简称	名称	初始值	单位	运行模式				控制模式		
					标准	全闭环	线性	DD	P	S	T
Po13	*OMOD1	MR-D01 模拟监视 1 输出选择	0000h	—	○	○	○	○	○	○	○
Po14	*OMOD2	MR-D01 模拟监视 2 输出选择	0000h	—	○	○	○	○	○	○	○
Po15	OMO1	MR-D01 模拟监视 1 偏置	0	[mV]	○	○	○	○	○	○	○
Po16	OMO2	MR-D01 模拟监视 2 偏置	0	[mV]	○	○	○	○	○	○	○
Po17	—	厂商设置用	0000h	—	—	—	—	—	—	—	—
Po18			0000h								
Po19			0000h								
Po20			0000h								
Po21	OVCO	MR-D01 模拟速度指令/模拟速度限制偏置	0	[mV]	○	○	○	○	○	○	○
Po22	OTLO	MR-D01 模拟转矩限制偏置	0	[mV]	○	○	○	○	○	○	○
Po23	—	厂商设置用	0000h	—	—	—	—	—	—	—	—
Po24			0000h								
Po25			0000h								
Po26			0000h								
Po27	*ODI7	MR-D01 输入软元件选择 7	2D2Ch	—	—	—	—	—	—	—	—
Po28	*ODI8	MR-D01 输入软元件选择 8	002Eh	—	—	—	—	—	—	—	—
Po29	—	厂商设置用	0000h	—	—	—	—	—	—	—	—
Po30			0000h								
Po31			0000h								
Po32			0000h								

6.3 驱动器的调试

1. 通电前的检查

根据之前画的电路图,核查伺服驱动器的连接是否有问题。如果有变动,需要对其进行相应的更改,以防损坏伺服驱动器。主要针对以下几点进行检查:

①确认三菱 MR-J4-A 伺服驱动器和电动机插头的连接,相序是否正确。若电动机相序错误,通

电时会发生电动机抖动现象。

②确认三菱伺服驱动器 CN2 和伺服电动机编码器连接正确，接插件螺钉拧紧。

③确认伺服是否接地。

2. 通电时的检查

①确认三相主电路输入电压在 200 ~ 220 V 范围内，单相主电路输入电压在 200 ~ 220 V 范围内。

②确认接地可靠。

对于通电时的检查也可利用 MR configurator 来进行测试，查看电动机运行是否正常。

3. 伺服驱动器参数修改的操作方法

①按 MODE 按钮，可切换显示以下几种方式，如图 6-8 所示。

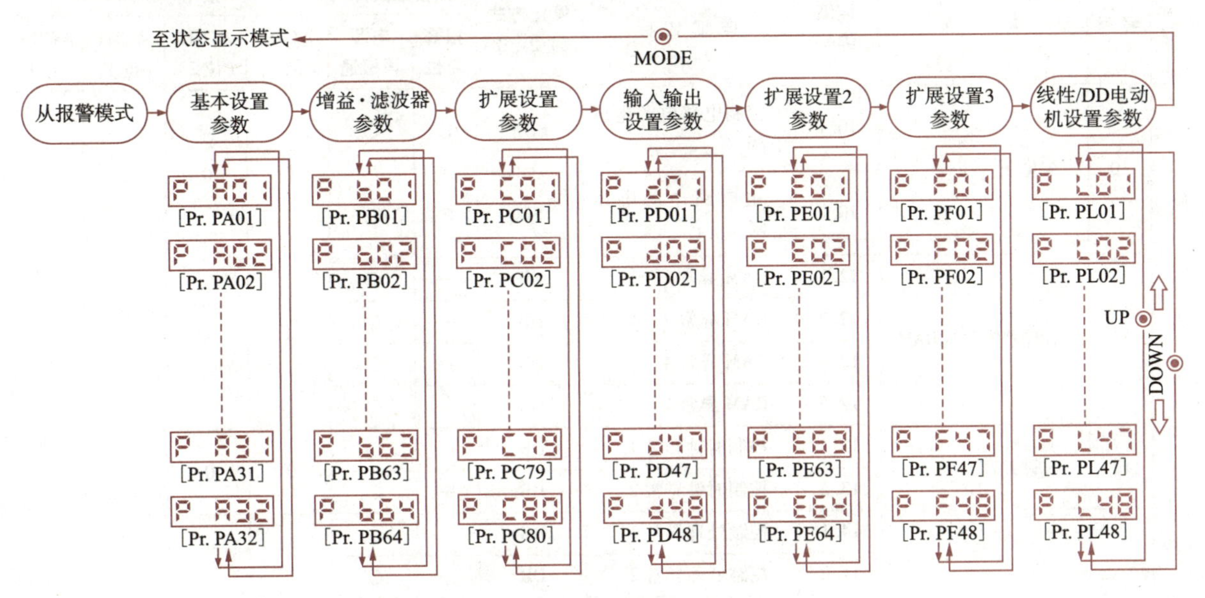

图 6-8　MODE 按钮可显示内容

②按 UP 和 DOWN 键，选择想修改参数的参数号（例修改 PA01 号参数）：

③按两次 SET 键（想修改参数的参数值显示并闪烁）。

④按 UP 键和 DOWN 键，改变参数值。（只有闪烁部分的参数值，才可以改变）

⑤按 SET 键，确认修改的参数值。

重复以上② ~ ⑤步，输入所有想改变的参数。

6.4　故障与报警处理

要点：报警发生的同时，请使伺服 SON 处于 OFF 状态，切断电源。

6.4.1 报警一览表

进行中发生故障时会显示报警或警告。发生报警和警告时,需要进行相应的处理。如果发生报警,ALM 变为 OFF。

如果设置参数 PD34 为“□□□1”,能够输出报警代码。报警代码在报警发生时输出,正常时不输出报警代码。

消除报警的原因之后,可以用报警的消除栏中任意有 0 的方法进行解除。报警在发生原因被消除后会自动解除,见表 6-18。

表 6-18 报警一览表

一	编号	名称	详细编号	详细名称	停止方式(注②、③)	报警的解除		报警代码			
						报警复位	电源再接通	ACD3(位3)	ACD2(位2)	ACD1(位1)	ACD0(位0)
报警	10	欠电压	10.1	控制电路电源电压下降	EDB	○	○	0	0	1	0
			10.2	主电路电源电压下降	SD	○	○				
	12	存储器异常1(RAM)	12.1	RAM 异常 1	DB	—	○	0	0	0	0
			12.2	RAM 异常 2	DB	—	○				
			12.4	RAM 异常 4	DB	—	○				
			12.5	RAM 异常 5	DB	—	○				
	13	时钟异常	13.1	控制时钟异常 1	DB	—	○	0	0	0	0
			13.2	控制时钟异常 2	DB	—	○				
	14	控制处理异常	14.1	控制处理异常 1	DB	—	○	0	0	0	0
			14.2	控制处理异常 2	DB	—	○				
			14.3	控制处理异常 3	DB	—	○				
			14.4	控制处理异常 4	DB	—	○				
			14.5	控制处理异常 5	DB	—	○				
			14.6	控制处理异常 6	DB	—	○				
			14.7	控制处理异常 7	DB	—	○				
			14.8	控制处理异常 8	DB	—	○				
			14.9	控制处理异常 9	DB	—	○				
			14.A	控制处理异常 10	DB	—	○				
	15	存储器异常 2(EEP-ROM)	15.1	接通电源时 EEP-ROM 异常	DB	—	○	0	0	0	0
			15.2	运行过程中 EEP-ROM 异常	DB	—	○				
	16	编码器初始通信异常 1	16.1	编码器初始通信,接收数据异常 1	DB	—	○	0	1	1	0

续表

—	编号	名　称	详细编号	详细名称	停止方式（注②、③）	报警的解除		报警代码			
						报警复位	电源再接通	ACD3（位3）	ACD2（位2）	ACD1（位1）	ACD0（位0）
报警	16	编码器初始通信异常1	16.2	编码器初始通信，接收数据异常2	DB	—	○	0	1	1	0
			16.3	编码器初始通信，接收数据异常3	DB	—	○				
			16.5	编码器初始通信，发送数据异常1	DB	—	○				
			16.6	编码器初始通信，发送数据异常2	DB	—	○				
			16.7	编码器初始通信，发送数据异常3	DB	—	○				
			16.A	编码器初始通信，处理异常1	DB	—	○				
			16.B	编码器初始通信，处理异常2	DB	—	○				
			16.C	编码器初始通信，处理异常3	DB	—	○				
			16.D	编码器初始通信，处理异常4	DB	—	○				
			16.E	编码器初始通信，处理异常5	DB	—	○				
			16.F	编码器初始通信，处理异常6	DB	—	○				
	17	电路板异常	17.1	电路板异常1	DB	—	○	0	0	0	0
			17.3	电路板异常2	DB	—	○				
			17.4	电路板异常3	DB	—	○				
			17.7	电路板异常7	DB	—	○				
	19	存储器异常3（FLASH-ROM）	19.1	FLASH-ROM异常1	DB	—	○	0	0	0	0
			19.2	FLASH-ROM异常2	DB	—	○				
	1A	伺服电动机组合异常	1A.1	伺服电动机组合异常1	DB	—	○	0	1	1	0
			1A.2	伺服电动机控制模式组合异常	DB	—	○				
			1A.4	伺服电动机组合异常2	DB	—	○				
	1E	编码器初始通信异常2	1E.1	编码器故障	DB	—	○	0	1	1	0
			1E.2	机械侧编码器故障	DB	—	○				

续表

一	编号	名称	详细编号	详细名称	停止方式(注②、③)	报警的解除		报警代码			
						报警复位	电源再接通	ACD3(位3)	ACD2(位2)	ACD1(位1)	ACD0(位0)
报警	1F	编码器初始通信异常3	1F.1	不支持编码器	DB	—	○	0	1	1	0
			1F.2	不支持机械侧编码器	DB	—	○				
	20	编码器常规通信异常1	20.1	编码器常规通信,接收数据异常1	EDB	—	○	0	1	1	0
			20.2	编码器常规通信,接收数据异常2	EDB	—	○				
			20.3	编码器常规通信,接收数据异常3	EDB	—	○				
			20.5	编码器常规通信,发送数据异常1	EDB	—	○				
			20.6	编码器常规通信,发送数据异常2	EDB	—	○				
			20.7	编码器常规通信,发送数据异常3	EDB	—	○				
			20.9	编码器常规通信,接收数据异常4	EDB	—	○				
			20.A	编码器常规通信,接收数据异常5	EDB	—	○				
	21	编码器常规通信异常2	21.1	编码器数据异常1	EDB	—	○	0	1	1	0
			21.2	编码器数据更新异常	EDB	—	○				
			21.3	编码器数据波形异常	EDB	—	○				
			21.4	编码器无信号异常	EDB	—	○				
			21.5	编码器硬件异常1	EDB	—	○				
			21.6	编码器硬件异常2	EDB	—	○				
			21.9	编码器数据异常2	EDB	—	○				
	24	主电路异常	24.1	硬件检测电路的接地检测	DB	—	○	1	1	0	0
			24.2	软件检测处理的接地检测	DB	○	○				
	25	绝对位置丢失	25.1	伺服电动机编码器绝对位置丢失	DB	—	○	1	1	1	0
	27	初始磁极检测异常	27.1	初始磁极检测时异常结束	DB	○	○	1	1	1	0
			27.2	初始磁极检测时,超时错误	DB	○	○				

续表

一	编号	名　称	详细编号	详细名称	停止方式（注②、③）	报警的解除		报警代码			
						报警复位	电源再接通	ACD3（位3）	ACD2（位2）	ACD1（位1）	ACD0（位0）
报警	27	初始磁极检测异常	27.3	初始磁极检测时，极限开关错误	DB	○	○	1	1	1	0
			27.4	初始磁极检测时，推断误差异常	DB	○	○				
			27.5	初始磁极检测时，位置偏差异常	DB	○	○				
			27.6	初始磁极检测时，速度偏差异常	DB	○	○				
			27.7	初始磁极检测时，电流异常	DB	○	○				
	28	线性编码器异常2	28.1	线性编码器环境异常	EDB	—	○	0	1	1	0
	2A	线性编码器异常1	2A.1	线性编码器异常1-1	EDB	—	○	0	1	1	0
			2A.2	线性编码器异常1-2	EDB	—	○				
			2A.3	线性编码器异常1-3	EDB	—	○				
			2A.4	线性编码器异常1-4	EDB	—	○				
			2A.5	线性编码器异常1-5	EDB	—	○				
			2A.6	线性编码器异常1-6	EDB	—	○				
			2A.7	线性编码器异常1-7	EDB	—	○				
			2A.8	线性编码器异常1-8	EDB	—	○				
	2B	编码器计数异常	2B.1	编码器计数异常1	EDB	—	○	1	1	1	0
			2B.2	编码器计数异常2	EDB	—	○				
	30	再生异常	30.1	再生散热量异常	DB	○（注①）	○（注①）	0	0	0	1
			30.2	再生信号异常	DB	○（注①）	○（注①）				
			30.3	再生反馈信号异常	DB	○（注①）	○（注①）				
	31	过速度	31.1	电动机转速异常/电机速度异常	SD	○	○	0	1	0	1
	32	过电流	32.1	硬件检测电路的过电流检测（运行中）	DB	—	○	0	1	0	0
			32.2	软件检测处理的过电流检测（运行中）	DB	○	○				
			32.3	硬件检测电路的过电流检测（停止中）	DB	—	○				
			32.4	软件检测处理的过电流检测（停止中）	DB	○	○				

续表

一	编号	名称	详细编号	详细名称	停止方式(注②、③)	报警的解除		报警代码			
						报警复位	电源再接通	ACD3(位3)	ACD2(位2)	ACD1(位1)	ACD0(位0)
报警	33	过电压	33.1	主电路电压异常	EDB	○	○	1	0	0	1
	35	指令频率异常	35.1	指令频率异常	SD	○	○	1	1	0	1
	37	参数异常	37.1	参数设置范围异常	DB	—	○	1	0	0	0
			37.2	参数组合引起的异常	DB	—	○				
	3A	浪涌电流抑制电路异常	3A.1	浪涌电流抑制异常	EDB	—	○	0	0	0	0
	42	伺服控制异常(使用线性伺服电动机、直驱电动机时)	42.1	位置偏差导致的伺服控制异常	EDB	(注④)	○	0	1	1	0
			42.2	速度偏差导致的伺服控制异常	EDB	(注④)	○				
			42.3	转矩/推力偏差导致的伺服控制异常	EDB	(注④)	○				
		全闭环控制异常(使用全闭环控制时)	42.8	位置偏差导致的全闭环控制异常	EDB	(注④)	○				
			42.9	速度偏差导致的全闭环控制异常	EDB	(注④)	○				
			42.A	指令停止时位置偏差导致的全闭环控制异常	EDB	(注④)	○				
	45	主电路元件过热	45.1	主电路元件温度异常1	SD	○(注①)	○(注①)	0	0	1	1
			45.2	主电路元件温度异常2	SD	○(注①)	○(注①)				
	46	伺服电动机过热	46.1	伺服电动机温度异常1	SD	○(注①)	○(注①)	0	0	1	1
			46.2	伺服电动机温度异常2	SD	○(注①)	○(注①)				
			46.3	热敏电阻未连接异常	SD	○(注①)	○(注①)				
			46.4	热敏电阻电路异常	SD	○(注①)	○(注①)				
			46.5	伺服电动机温度异常3	DB	○(注①)	○(注①)				
			46.6	伺服电动机温度异常4	DB	○(注①)	○(注①)				
	47	冷却风扇异常	47.1	冷却风扇停止异常	SD	—	○	0	0	1	1
			47.2	冷却风扇转速下降异常	SD	—	○				

续表

一	编号	名　称	详细编号	详细名称	停止方式（注②、③）	报警的解除		报警代码			
						报警复位	电源再接通	ACD3（位3）	ACD2（位2）	ACD1（位1）	ACD0（位0）
报警	50	过载1	50.1	运行时过载热异常1	SD	○（注①）	○（注①）	0	0	1	1
			50.2	运行时过载热异常2	SD	○（注①）	○（注①）				
			50.3	运行时过载热异常4	SD	○（注①）	○（注①）				
			50.4	停止时过载热异常1	SD	○（注①）	○（注①）				
			50.5	停止时过载热异常2	SD	○（注①）	○（注①）				
			50.6	停止时过载热异常4	SD	○（注①）	○（注①）				
	51	过载2（注①）	51.1	运行时过载热异常3	DB	○（注①）	○（注①）	0	0	1	1
			51.2	停止时过载热异常3	DB	○（注①）	○（注①）				
	52	误差过大	52.1	滞留脉冲过大1	SD	○	○	0	1	0	1
			52.3	滞留脉冲过大2	SD	○	○				
			52.4	转矩限制0时误差过大	SD	○	○				
			52.5	滞留脉冲过大3	EDB	○	○				
	54	振动检测	54.1	振动检测异常	EDB	○	○	0	0	1	1
	56	强制停止异常	56.2	强制停止时超速	EDB	○	○	0	1	1	0
			56.3	强制停止时减速预测距离超出	EDB	○	○				
	63	STO时序异常	63.1	STO1 OFF	DB	○	○	0	1	1	0
			63.2	STO2 OFF	DB	○	○				
	68	STO诊断异常	68.1	STO信号不一致异常	DB	—	○	0	0	0	0
	70	机械侧编码器初始通信异常1	70.1	机械侧编码器初始通信接收数据异常1	DB	—	○	0	1	1	0
			70.2	机械侧编码器初始通信接收数据异常2	DB	—	○				
			70.3	机械侧编码器初始通信接收数据异常3	DB	—	○				
			70.5	机械侧编码器初始通信发送数据异常1	DB	—	○				

续表

—	编号	名称	详细编号	详细名称	停止方式(注②、③)	报警的解除		报警代码			
						报警复位	电源再接通	ACD3(位3)	ACD2(位2)	ACD1(位1)	ACD0(位0)
报警	70	机械侧编码器初始通信异常1	70.6	机械侧编码器初始通信发送数据异常2	DB	—	○	0	1	1	0
			70.7	机械侧编码器初始通信发送数据异常3	DB	—	○				
			70.A	机械侧编码器初始通信处理异常1	DB	—	○				
			70.B	机械侧编码器初始通信处理异常2	DB	—	○				
			70.C	机械侧编码器初始通信处理异常3	DB	—	○				
			70.D	机械侧编码器初始通信处理异常4	DB	—	○				
			70.E	机械侧编码器初始通信处理异常5	DB	—	○				
			70.F	机械侧编码器初始通信处理异常6	DB	—	○				
	71	机械侧编码器常规通信异常1	71.1	机械侧编码器通信接收数据异常1	EDB	—	○	0	1	1	0
			71.2	机械侧编码器通信接收数据异常2	EDB	—	○				
			71.3	机械侧编码器通信接收数据异常3	EDB	—	○				
			71.5	机械侧编码器通信发送数据异常1	EDB	—	○				
			71.6	机械侧编码器通信发送数据异常2	EDB	—	○				
			71.7	机械侧编码器通信发送数据异常3	EDB	—	○				
			71.9	机械侧编码器通信接收数据异常4	EDB	—	○				
			71.A	机械侧编码器通信接收数据异常5	EDB	—	○				
	72	机械侧编码器常规通信异常2	72.1	机械侧编码器数据异常1	EDB	—	○	0	1	1	0
			72.2	机械侧编码器数据更新异常	EDB	—	○				
			72.3	机械侧编码器数据波形异常	EDB	—	○				

续表

—	编号	名　　称	详细编号	详细名称	停止方式（注②、③）	报警的解除		报警代码			
						报警复位	电源再接通	ACD3（位 3）	ACD2（位 2）	ACD1（位 1）	ACD0（位 0）
报警	72	机械侧编码器常规通信异常 2	72.4	机械侧编码器无信号异常	EDB	—	○	0	1	1	0
			72.5	机械侧编码器硬件异常 1	EDB	—	○				
			72.6	机械侧编码器硬件异常 2	EDB	—	○				
			72.9	机械侧编码器数据异常 2	EDB	—	○				
	8A	USB 通信超时异常/串行通信超时异常	8A.1	USB 通信超时异常/串行通信超时异常	SD	○	○	0	0	0	0
	8E	USB 通信异常/串行通信异常	8E.1	USB 通信接收错误/串行通信接收错误	SD	○	○	0	0	0	—
			8E.2	USB 通信校验和错误/串行通信校验和错误	SD	○	○				
			8E.3	USB 通信字符错误/串行通信字符错误	SD	○	○				
			8E.4	USB 通信指令错误/串行通信指令错误	SD	○	○				
			8E.5	USB 通信数据号码错误/串行通信数据号码错误	SD	○	○				
	56	把关定时器(看门狗)	8888._	看门狗	DB	—	○	—	—	—	—

注：①排除发生原因后，应预留大约 30 min 的冷却时间。

②停止方式有 DB、EDB 和 SD 三种。

DB：动态制动停止（去除动态制动器的产品则呈现自由运行状态）

使用 MR-J4-03A6(-RJ) 伺服放大器时，变为自由运行状态。但是，发生如下所示报警时，变为 EDB：[AL. 30.1]、[AL. 32.2]、[AL. 32.4]、[AL. 51.1]、[AL. 51.2]。

EDB：电子式动态制动停止（仅特定的伺服电机有效）。

关于特定的伺服电动机请参照下表。除特定伺服电动机外的停止方式为 DB。

系　　列	伺服电动机
HG-KR	HG-KR053/HG-KR13/HG-KR23/HG-KR43
HG-MR	HG-MR053/HG-MR13/HG-MR23/HG-MR43
HG-SR	HG-SR51/HG-SR52
HG-AK	HG-AK0136/HG-AK0236/HG-AK0336

SD：强制停止减速。

③[Pr. PA04]是初始值的情况。SD 的报警可以通过[Pr. PA04]将停止方式变更为 DB。

④进行如下设置可解除报警。

全闭环控制时：设置[Pr. PE03]为“1___”。

使用线性伺服电动机及直驱电动机时：设置[Pr. PL04]为“1___”。

6.4.2 警告一览表

警告一览表见表6-19。

表6-19 警告一览表

一	编 号	名 称	详细编号	详细名称	停止方式(注②、③)
警告	91	伺服放大器过热警告(注①)	91.1	主电路元件过热警告	—
	92	电池断线警告	92.1	编码器电池断线警告	—
			92.3	电池劣化	—
	93	ABS数据传送警告	93.1	ABS数据传送要求时磁极检测未完成警告	—
	95	STO警告	95.1	STO1 OFF检测	DB
			95.2	STO2 OFF检测	DB
	96	原点设置错误警告	96.1	原点设置时到位警告	—
			96.2	原点设置时指令输入警告	—
			96.3	原点设置时伺服OFF警告	—
			96.4	原点设置时磁极检测未完成警告	—
	99	行程限制警告	99.1	正转行程末端OFF	(注④)
			99.2	反转行程末端OFF	(注④)
	9B	误差过大警告	9B.1	滞留脉冲过大1警告	—
			9B.3	滞留脉冲过大2警告	—
			9B.4	转矩限制0时误差过大警告	—
	9F	电池警告	9F.1	电池电压下降	—
			9F.2	电池劣化警告	—
	E0	再生过载警告	E0.1	再生过载警告	—
	E1	过载警告1	E1.1	运行时过载热警告1	—
			E1.2	运行时过载热警告2	—
			E1.3	运行时过载热警告3	—
			E1.4	运行时过载热警告4	—
			E1.5	停止时过载热警告1	—
			E1.6	停止时过载热警告2	—
			E1.7	停止时过载热警告3	—
			E1.8	停止时过载热警告4	—
	E2	伺服电动机过热警告	E2.1	伺服电动机温度警告	—
	E3	绝对位置计数器警告	E3.1	多转计数器移动量超出警告	—
			E3.2	绝对位置计数器警告	—
			E3.5	编码器绝对位置计数器警告	—
	E5	ABS超时警告	E5.1	ABS数据传送时超时	—
			E5.2	ABS数据传送中ABSMOFF	—
			E5.3	ABS数据传送中SON OFF	—

续表

—	编　号	名　称	详细编号	详细名称	停止方式（注②、③）
警告	E6	伺服强制停止警告	E6.1	强制停止警告	SD
	E8	冷却风扇转速下降警告	E8.1	冷却风扇转速下降中	—
			E8.2	冷却风扇停止	—
	E9	主电路 OFF 警告	E9.1	主电路 OFF 时伺服 ON 信号 ON	DB
			E9.2	低速旋转中母线电压下降	DB
	EA	ABS 伺服 ON 警告	EA.1	ABS 伺服 ON 警告	—
	EC	过载警告 2	EC.1	过载警告 2	—
	ED	输出功率超出警告	ED.1	输出功率超出警告	—
	F0	Tough Drive 警告	F0.1	瞬停 Tough Drive 中警告	—
			F0.3	振动 Tough Drive 中警告	—
	F2	驱动记录仪，写入错误警告	F2.1	驱动记录仪，区域写入超时警告	—
			F2.2	驱动记录仪数据写入错误警告	—
	F3	振动检测警告	F3.1	振动检测警告	—

注：①排除发生原因后，应预留大约 30 min 的冷却时间。
②停止方式有 DB 和 SD 两种：
DB：动态制动停止（去除动态制动器的产品则呈现自由运行状态）使用 MR-J4-03A6（-RJ）伺服放大器时，变为自由运行状态。
SD：强制停止减速。
③[Pr. PA04]是初始值的情况。显示为 SD 的警告可以通过[Pr. PA04]将停止方式变更为 DB。
④可以通过[Pr. PD30]选择紧急停止或缓慢停止。

习　题

1. MR-J4-A 伺服驱动器在通电调试前应进行检查，重点要检查哪些项目？

2. 在 MR-J4-A 系列伺服放大器中，可以通过改变参数________，来改变电源导通伺服放大器显示部分的状态显示项目。初始状态的显示项目，根据控制模式有所不同，如果是位置控制模式则显示________。

3. MR-J4-A 伺服放大器通过显示部分（5 位 7 段 LED 显示器）和操作部分（4 个按钮）可进行伺服放大器的________、________、________的设置。

4. 在 MR-J4-A 系列伺服放大器的参数中，如果带有“＊”的参数，设置后需要________，参数才可以生效。

5. 简述伺服驱动器参数修改的操作方法。

第7章 伺服控制系统的应用

本章将通过5个实际的例子巩固伺服控制系统的应用，前三个实例用三菱FX3U系列PLC伺服移位角控制以及伺服机械手定位控制，后两个实例用三菱Q系列PLC完成定位跟踪控制。

7.1 伺服移位角控制

1. 控制要求

视 频
伺服移位角控制

本案例用伺服电动机控制工业控制中分度盘360°旋转，该系统有手动控制模式和自动控制模式，手动、自动切换由触摸屏“手动/自动”按钮控制。

(1)自动控制模式要求

按下启动按钮SB1或触摸屏启动按钮，启动伺服控制系统，分度盘以时钟秒表方式顺时针旋转。即0.5 s旋转6°，0.5 s停止在行动到位的角度上，自动循环控制。按下停止按钮SB2或触摸屏停止按钮，指针停止。

(2)手动控制模式要求

①在触摸屏画面上输入分度盘的移位角，选择分度盘的旋转方向，移位角度能在(1°～360°)范围内任意设置(精度1°)。按一下触摸屏启动按钮，分度盘按设置要求旋转，到位后停止，若中途按下触摸屏停止按钮，分度盘立即停止，再次按下触摸屏启动按钮，重新开始旋转。

②按下触摸屏顺时针按钮或按下SB3按钮，分度盘顺时针旋转；按下触摸屏手动逆时针按钮或按下SB4按钮，分度盘逆时针旋转；松开按钮时，分度盘立即停止，旋转频率在触摸屏上设置。

伺服电动机与分度盘减速比为30∶1。

2. 技能操作分析

(1)PLC控制伺服电动机接线原理(见图7-1)

(2)I/O分配(见表7-1)

表7-1 I/O分配表

输入元件		输出元件	
输入地址	功能分配	输出地址	功能分配
X0	SB1(启动)	Y0	脉冲输出
X1	SB2(停止)	Y2	方向输出
X2	SB3(手动顺时针)		
X3	SB4(手动逆时针)		

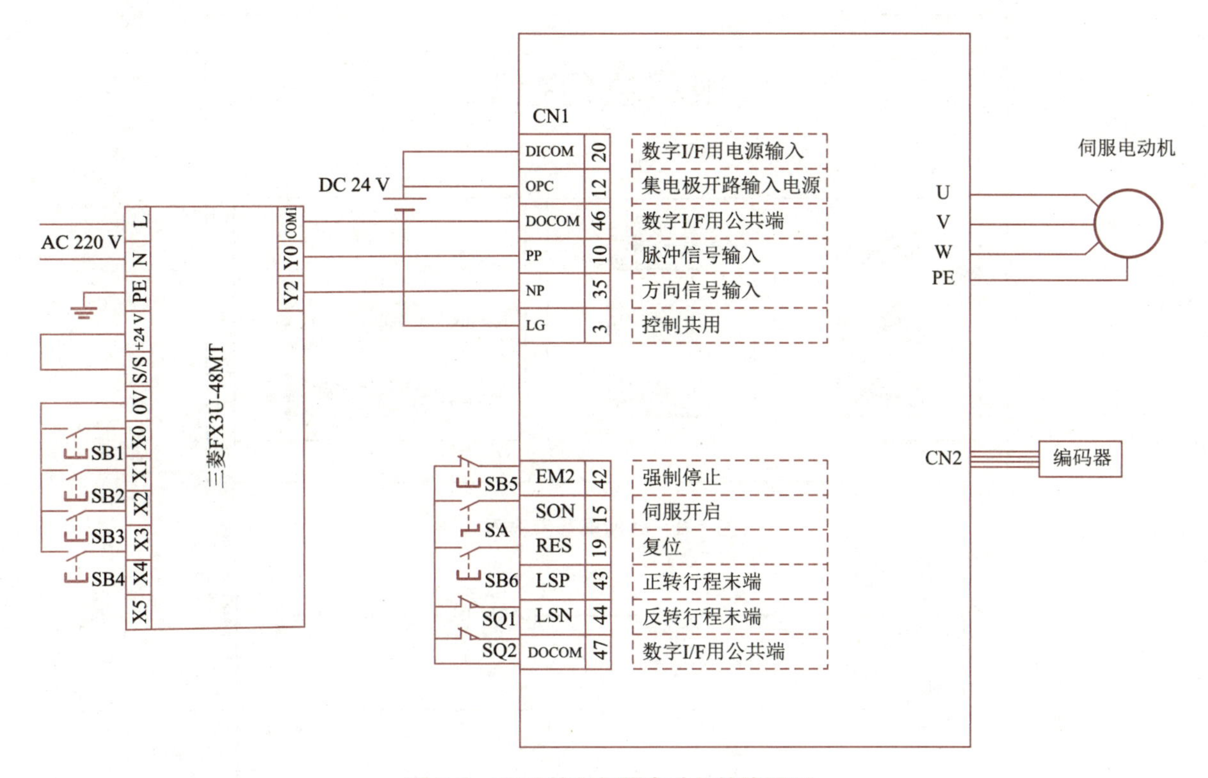

图 7-1　PLC 控制伺服电动机接线原理

(3)设置伺服放大器参数(主要参数设置见表 7-2)

表 7-2　伺服放大器参数表

参　数	出　厂　值	设　置　值	说　明
PA01	1000h	1000	运行模式(位置控制、标准模式)
PA05	10000	3600	需要设置 PA21,此时电子齿轮比无效
PA21	0001h	1001	每旋转 1 周所需要的指令输入脉冲数(PA05)
PA06	1	1	电子齿轮分子
PA07	1	1	电子齿轮分母
PA13	0100h	0301h	指令脉冲输入形态(带符号脉冲串)
PA14	0	1	旋转方向选择

以上设置为输入 3 600 个脉冲,伺服电动机轴转一圈。

(4)参考触摸屏界面(见图 7-2)

(5)编写参考梯形图(见图 7-3)

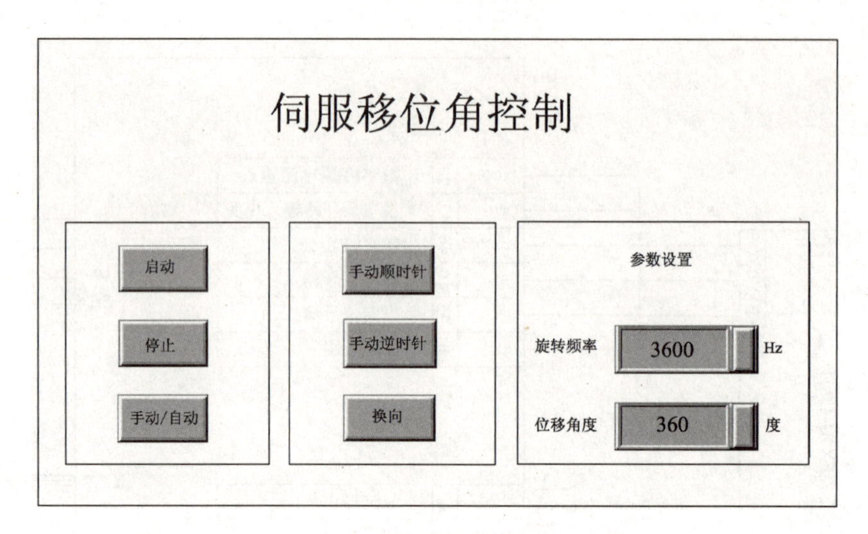

图 7-2 触摸屏参考界面

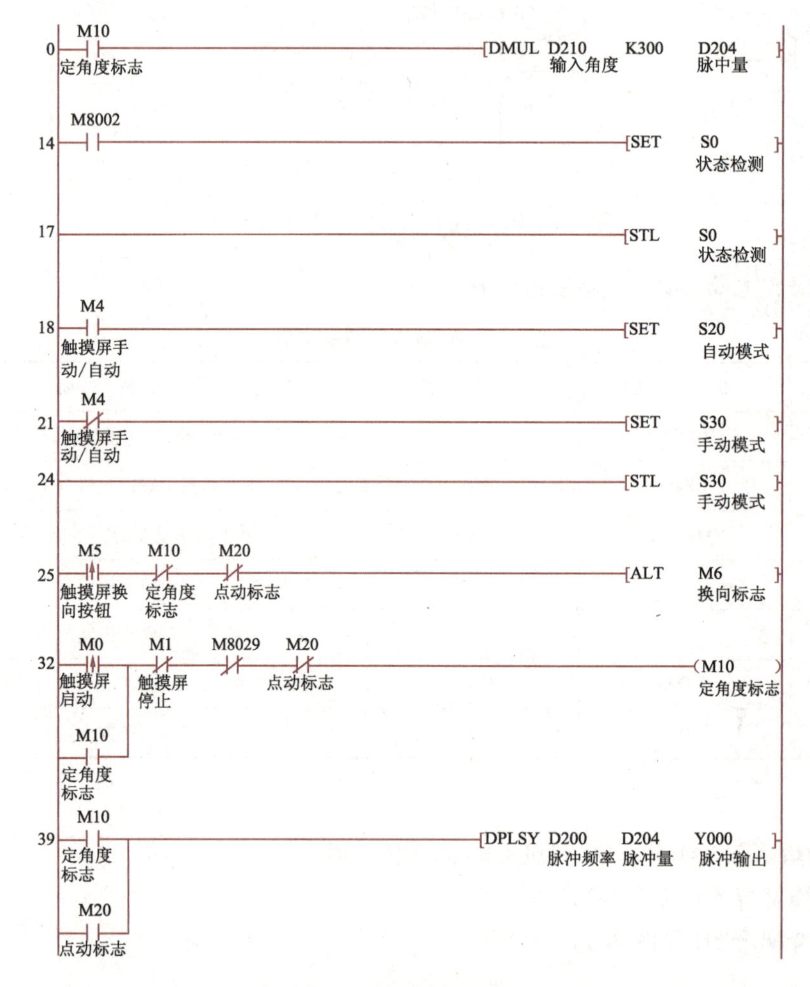

图 7-3 参考梯形图

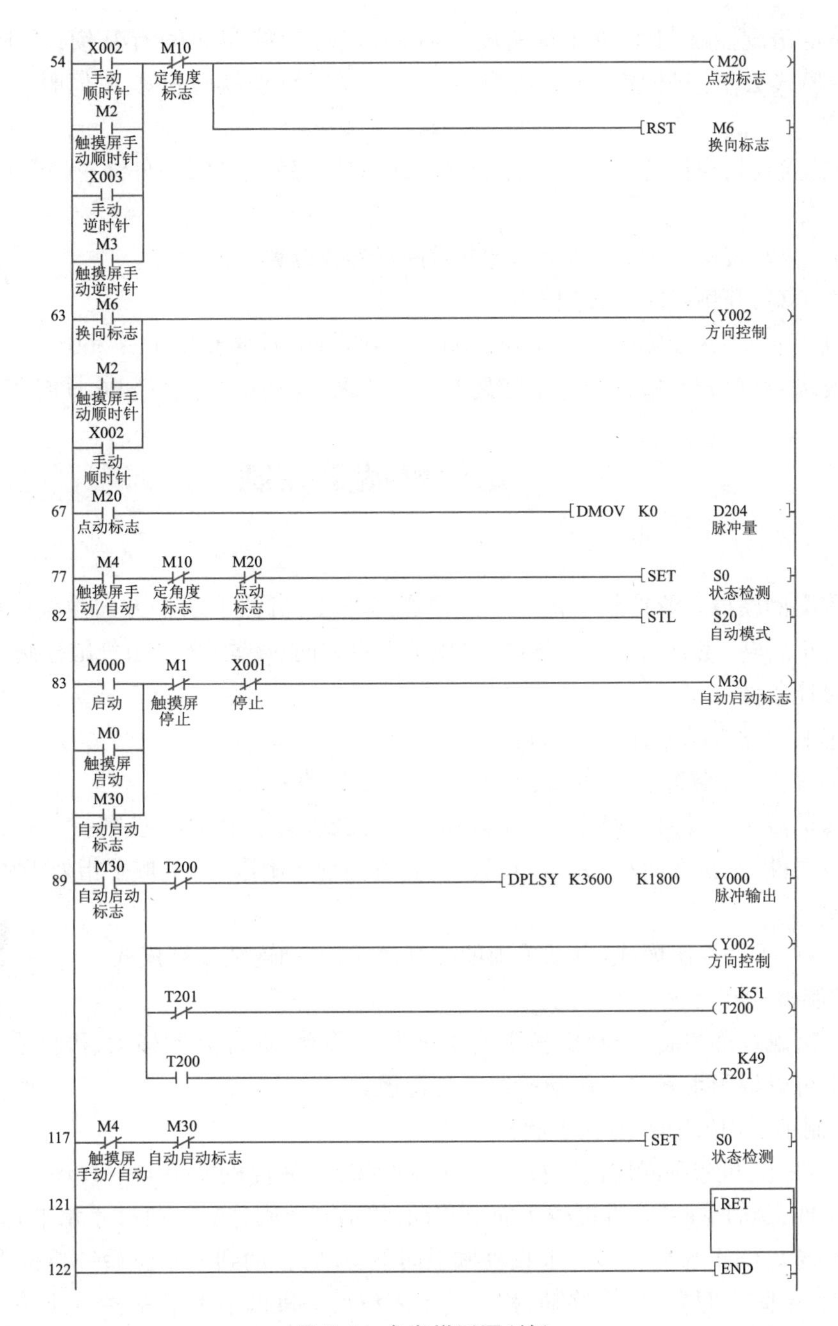

图7-3　参考梯形图(续)

(6)梯形图的功能分析

①由于控制分度盘360°的角度定位控制(精度1°),所以将伺服驱动器设置成3 600个脉冲伺服电动机旋转一周,就是伺服电动机旋转1°需要10个脉冲。因为伺服电动机与转盘之间有1∶30的减速齿轮,所以控制分度盘旋转1°需要10×30=300个脉冲。在程序中,触摸屏(D210)输入的角度,按要求转化成了伺服电动机的输入脉冲(D204)。

②由触摸屏按钮M4控制手动和自动,(建议M4在触摸屏上设置成取反功能),默认为手动

控制模式,手动定角度控制与手动任意角度顺时针、逆时针控制之间有互锁,不能同时运行;另外,切换到自动模式必须伺服停止状态切换;顺时针、逆时针切换也必须在伺服电动机停止状态时切换。

③自动模式运行时,模拟的是时钟秒针的顺时针旋转,每秒走6°,一分钟正好走一圈。

(7)调试步骤

①设置伺服参数:按接线图完成接线,上电后进行参数设置。

②PLC 程序编写,并将程序下载到 PLC。

③触摸屏画面制作,并设置脉冲频率为 1 000 ~3 600 Hz,旋转角度 1° ~360°。

④按控制要求调试功能,检查运行角度是否符合要求。(调试时按下 SB6 伺服开启按钮)

7.2 定位机械手控制

1. 控制要求

视 频

定位机械手实例

该案例模拟工业控制中机械手定位搬运货物,机械手水平方向由伺服电动机控制滚珠丝杠正反转,完成水平左右移动,机械手垂直方向、夹紧/放松由气缸控制。

设计条件:

①滚珠丝杠的导程为 5 mm。

②每 2 000 脉冲驱动伺服电动机带动丝杠移动 1 mm。

③机械手上升由 YV1 控制、下降由 YV2 控制、夹紧由 YV3 控制。

机械手原位条件:水平方向在“原位”位置,垂直方向处于上限位,机械手指处于放松状态(YV3-OFF)。

机械手控制有:手动控制模式、自动单周期控制模式、自动连续控制模式。

(1)手动控制模式

手动模式通过触摸屏控制,控制机械手的水平左右移动、垂直上下移动、机械手指的夹紧与放松。在触摸屏上可以设置水平左右移动的速度与行程。

(2)自动控制模式(单周期/连续控制)

按“回原位”按钮,机械手回原位→按一下“启动”按钮,垂直机械手向下移动,移动到下限位→机械手指夹紧工件,延时 1 s→垂直机械手向上移动,移动到上限位后→机械手水平右移 200 mm(触摸屏预设置),到位后停止水平右移→垂直机械手向下移动,移动到下限位后→机械手指放松,工件释放,延时 1 s 后→垂直机械手向上移动,移动到上限位后→机械手水平左移,到原位后停止。以上为一个单周期运行,连续控制就是反复循环以上动作。

在任何时候按下停止按钮 SB2 或触摸屏停止按钮,系统立即停止。停止时可以手动/自动切换,重新启动系统。

2. 技能操作分析

(1)定位机械手控制示意图(见图 7-4)

(2)PLC 控制伺服电动机接线原理(见图 7-5)

(3)I/O 分配(见表 7-3)

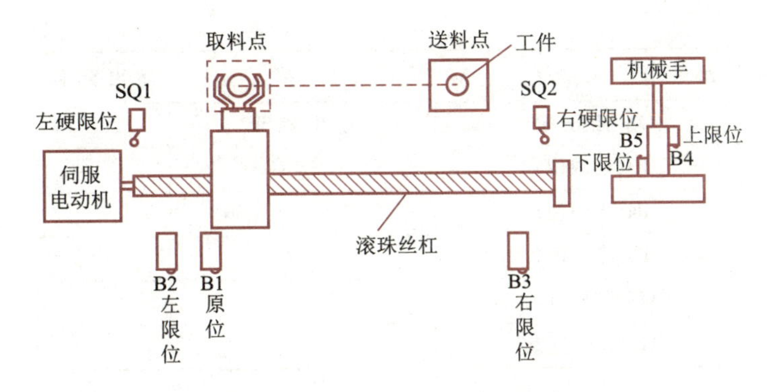

图 7-4　定位机械手控制示意图

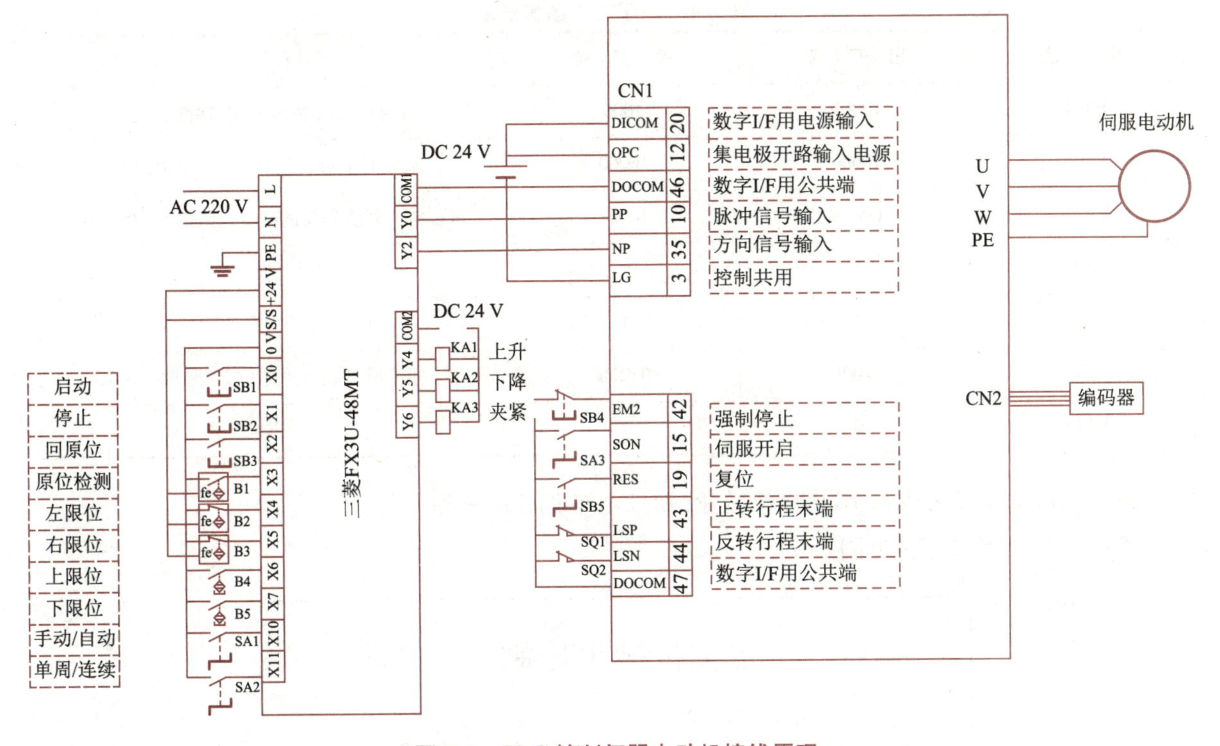

图 7-5　PLC 控制伺服电动机接线原理

表 7-3　I/O 分配表

输入元件		输出元件	
输入地址	功能分配	输出地址	功能分配
X0	SB1(启动)	Y0	脉冲输出
X1	SB2(停止)	Y2	方向输出
X2	SB3(回原位)	Y4	上升电磁阀 YV1(KA1 驱动)
X3	B1(原位检测)	Y5	下降电磁阀 YV2(KA2 驱动)
X4	B2(左限位)	Y6	夹紧电磁阀 YV3(KA3 驱动)

续表

输入元件		输出元件	
输入地址	功能分配	输出地址	功能分配
X5	B3(右限位)		
X6	B4(上限位)		
X7	B5(下限位)		
X10	SA1(手动/自动)		
X11	SA2(单周/连续)		

(4)设置伺服放大器参数(主要参数设置见表7-4)

表7-4　伺服放大器参数表

参　　数	出　厂　值	设　置　值	说　　明
PA01	1000h	1000	运行模式(位置控制、标准模式)
PA05	10000	10000	需设置PA21,此时电子齿轮比无效
PA21	0001h	10001	每旋转1周所需要的指令输入脉冲数(PA05)
PA06	1	1	电子齿轮分子
PA07	1	1	电子齿轮分母
PA13	0100h	0301h	指令脉冲输入形态(带符号脉冲串)
PA14	0	1	旋转方向选择

注意 以上设置为输入10 000个脉冲,伺服电动机轴转一圈。

(5)触摸屏参考界面(见图7-6)

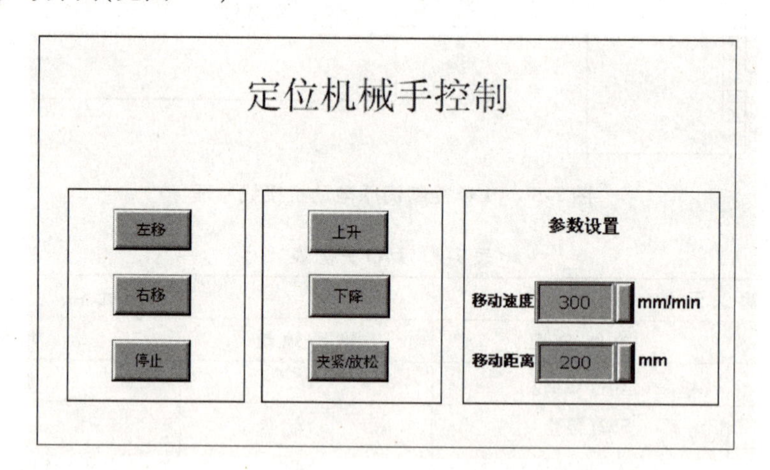

图7-6　触摸屏参考界面

(6)编写参考梯形图(见图7-7)

(7)梯形图的功能分析

①在程序中,触摸屏(D200)输入的是水平位移速度,单位为 mm/min,(D200/60 = D204)转化为 mm/s,最终(D204 ×2 000 = D0)转化成伺服电动机的输入脉冲频率。触摸屏(D208)输入的是位移距离,单位为 mm,(D208 ×2 000 = D2)转化成伺服电动机的输入脉冲总量。

②由 SA1(X010)控制手动模式和自动模式,自动模式中由 SA2(X011)控制单周期和连续运行,手动模式由触摸屏控制。手动可以随时切换成自动运行,自动模式时切换成手动模式要停止后才能切换。

③任何时候按下停止按钮 SB2 或触摸屏停止按钮,系统停止。

(8)调试步骤

①设置伺服参数:按接线图完成接线,上电后进行参数设置。

②PLC 程序编写,并将程序下载到 PLC。

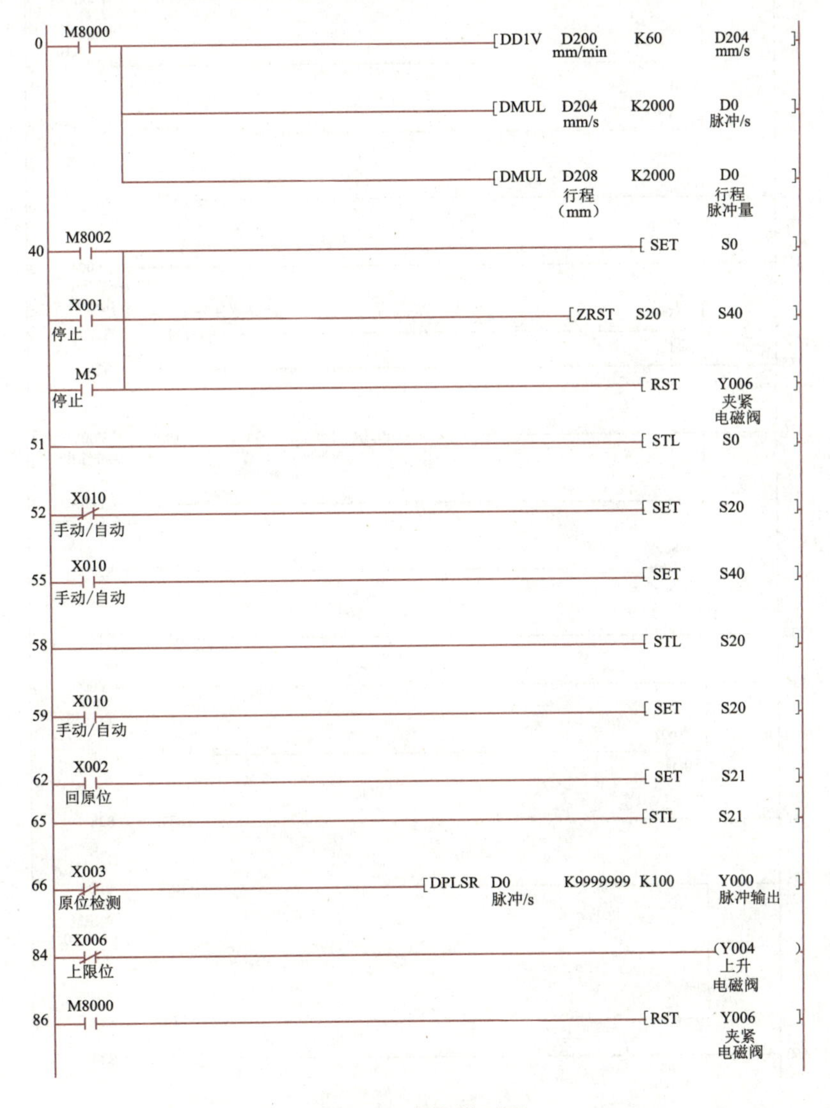

图 7-7　参考梯形图

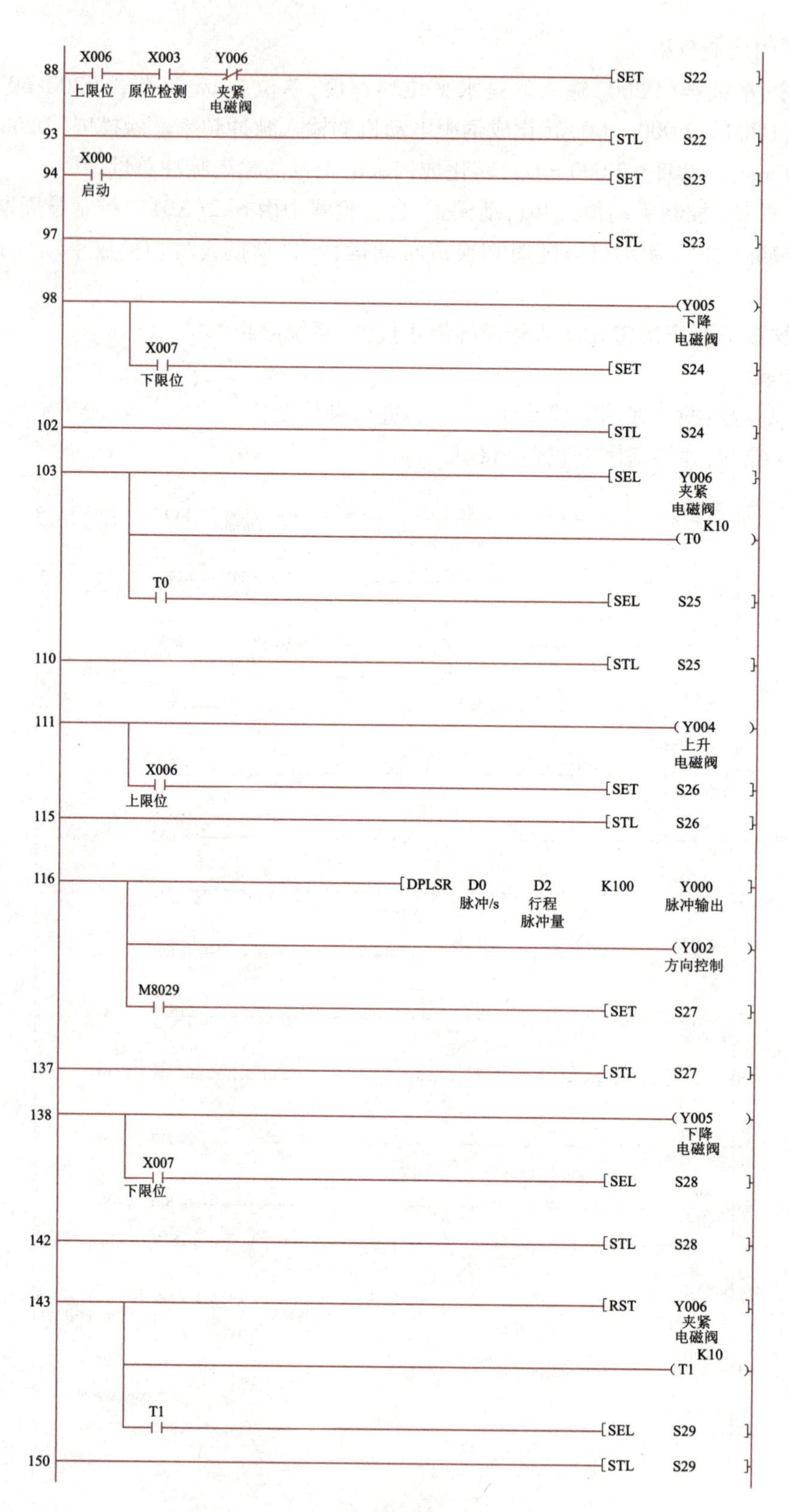
88
X006
X003
Y006
上限位
原位检测
夹紧
电磁阀
SET S22
93
STL S22
X000
94
启动
SET S23
97
STL S23
98
Y005
下降
电磁阀
X007
下限位
SET S24
102
STL S24
103
SEL Y006
夹紧
电磁阀
K10
T0
T0
SEL S25
110
STL S25
111
Y004
上升
电磁阀
X006
上限位
SET S26
115
STL S26
116
DPLSR D0 D2 K100 Y000
脉冲/s
行程
脉冲量
脉冲输出
Y002
方向控制
M8029
SET S27
137
STL S27
138
Y005
下降
电磁阀
X007
下限位
SEL S28
142
STL S28
143
RST Y006
夹紧
电磁阀
K10
T1
T1
SEL S29
150
STL S29

图7-7 参考梯形图(续)

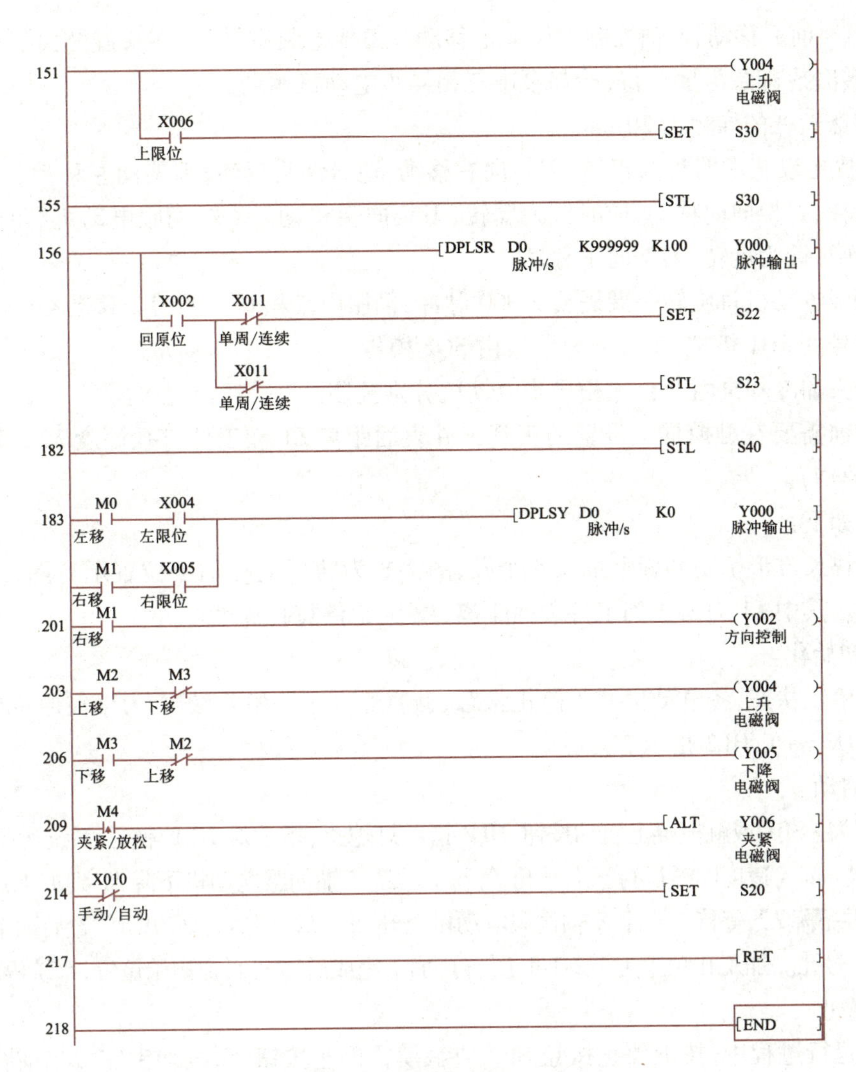

图 7-7　参考梯形图(续)

③触摸屏界面制作,并设置水平移动速度范围为(300 ~ 600 mm/min),水平位移距离范围为(50 ~ 300 mm)。

④按控制要求调试功能,检查运行是否符合要求。(调试时按下 SB5 伺服开启按钮)

⑤SQ1、SQ2 为水平方向位移的硬极限保护,超行程压到 SQ1 或 SQ2 时,伺服停止。

7.3　打　孔　机

1. 控制要求

该案例应用于工件打孔加工,打孔工作时先将预加工工件夹紧,刀架移到规定打孔位置,转头旋转并向下运动,在加工件规定位置钻孔,将所有孔加工完成回到原点。刀架移动由 X、Y 和 Z 轴三台伺服电动机通过控制滚珠丝杆移动,X 轴控制刀架左右移动,Y 轴控制刀架前后移动,Z 轴控制刀架上下移动。刀架上装有转头,转头旋转由三相异步电动机驱动,转头旋转时冷却泵需要运行,冷却泵由三相异步电动机驱动。

①三根滚珠丝杠的导程为 20 cm。

②X 轴伺服电动机顺时针为正转、刀架向右移动,逆时针为反转、刀架向左移动。Y 轴伺服电动机顺时针为正转、刀架向前移动,逆时针为反转、刀架向后移动。Z 轴伺服电动机顺时针为正转、刀架向上移动,逆时针为反转、刀架向下移动。

③三台伺服电动机每旋转一圈需要 2 000 脉冲,伺服电动机转一圈刀架移动 4 mm。

④原点信号由 SQ1 模拟,工件夹紧信号由 SQ2 模拟。

⑤打孔转头和冷却泵由两台三相异步电动机分别控制。

系统启动前需要在触摸屏上设置刀头到工件表面距离 $L1$ 和工件打孔深度 $L2$。刀架初始状态在原点(SQ1 = ON)。

控制要求如下:

要求在一块长方形铝制肋板上加工 4 个孔,图 7-8 为肋板上孔加工位置示意图,图 7-9 为孔加工尺寸示意图。其中 $L1$ 为刀头到工件表面距离,$L2$ 为工件打孔深度。

(1)系统初始化

系统处于停止状态,各电动机处于停止状态、触摸屏设置好相关参数、刀架在原点(SQ1 = 1)、安装工件夹紧(SQ2 = 1)、HL2 指示灯常亮。

(2)系统启动

按下启动按钮 SB1 或触摸屏上启动按钮,HL2 指示灯熄灭,指示灯 HL1 常亮,系统运行,X 轴和 Y 轴伺服电动机以 4 mm/s 速度同时运行至 1 号孔,等待 1 s 后,Z 轴伺服电动机下降 $L1$ 到加工件表面,转头电动机开始旋转并下降 $L2$,等待 1 s 后,Z 轴伺服电动机上升 $L1+L2$,到达 Z 轴初始位置后两电动机停止,等待 1 s 后加工 2 号孔。加工孔顺序为 1-2-3-4,所有孔加工完成后刀架回到初始位置,系统停止。

(3)系统停止

系统自动运行过程中,按下停止按钮 SB2 或触摸屏停止按钮,系统加工完成当前孔后工作台返回原点停止运行,停止指示灯 HL2 常亮。

2. 技能操作分析

(1)孔加工位置示意图(见图 7-8)

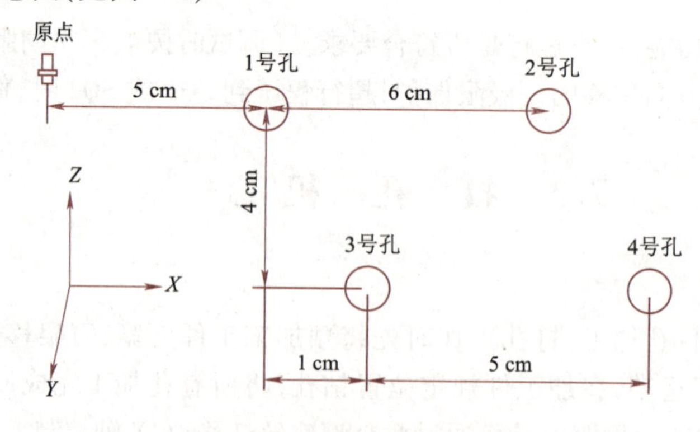

图 7-8　孔加工位置示意图

（2）孔加工尺寸示意图（见图 7-9）

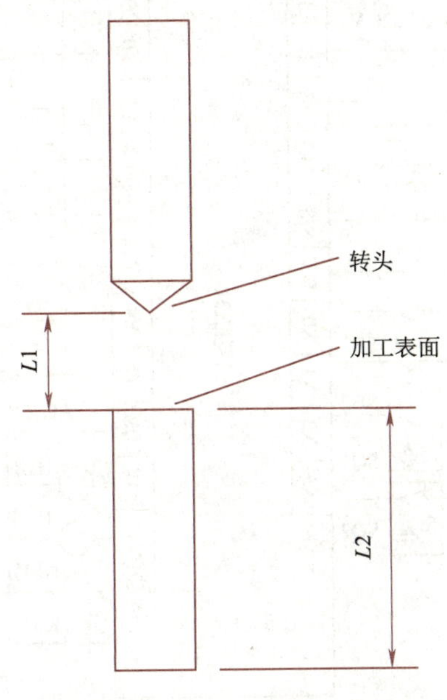

图 7-9　孔加工尺寸示意图

（3）主电路接线原理（见图 7-10）

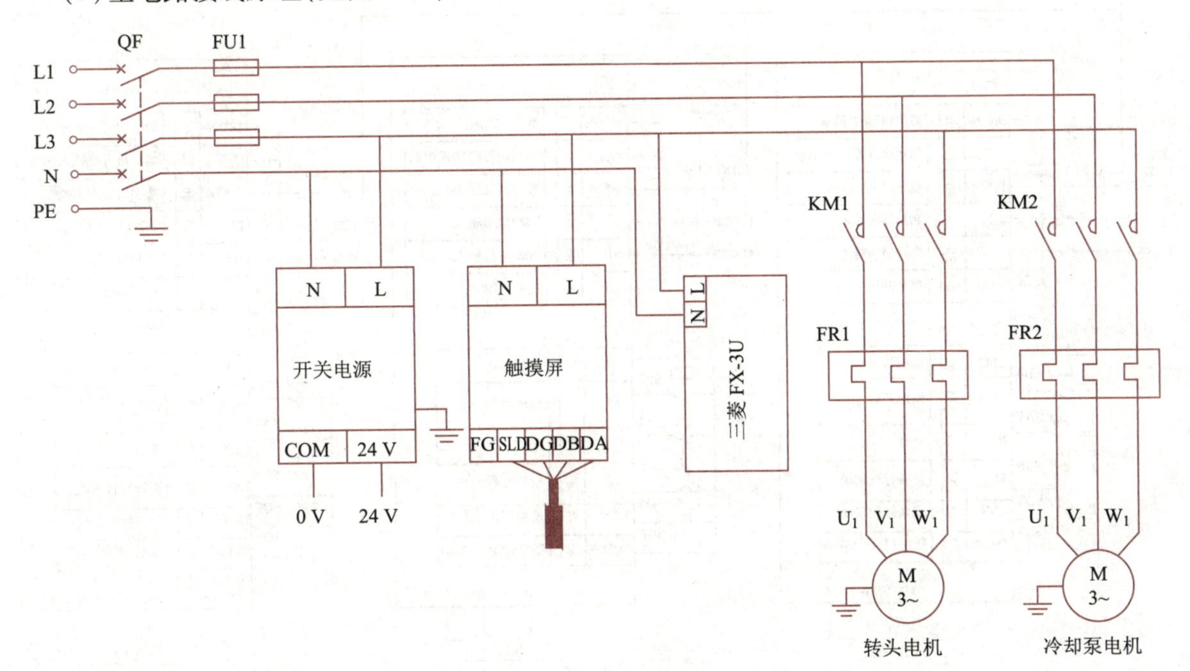

图 7-10　主电路接线原理

（4）PLC 控制伺服电动机接线原理图（见图 7-11）

（5）伺服电动机接线原理（见图 7-12）

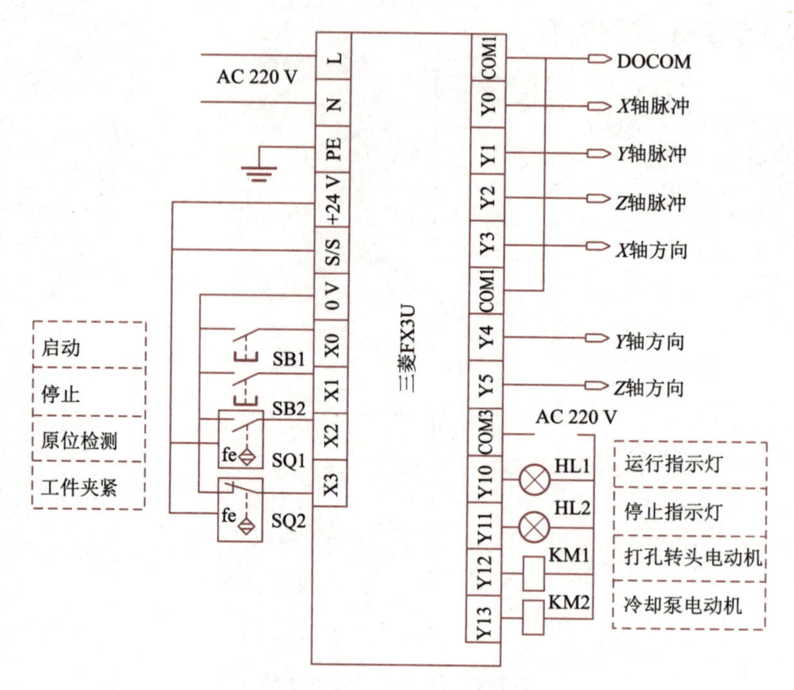

图 7-11　PLC 控制伺服电动机接线原理图

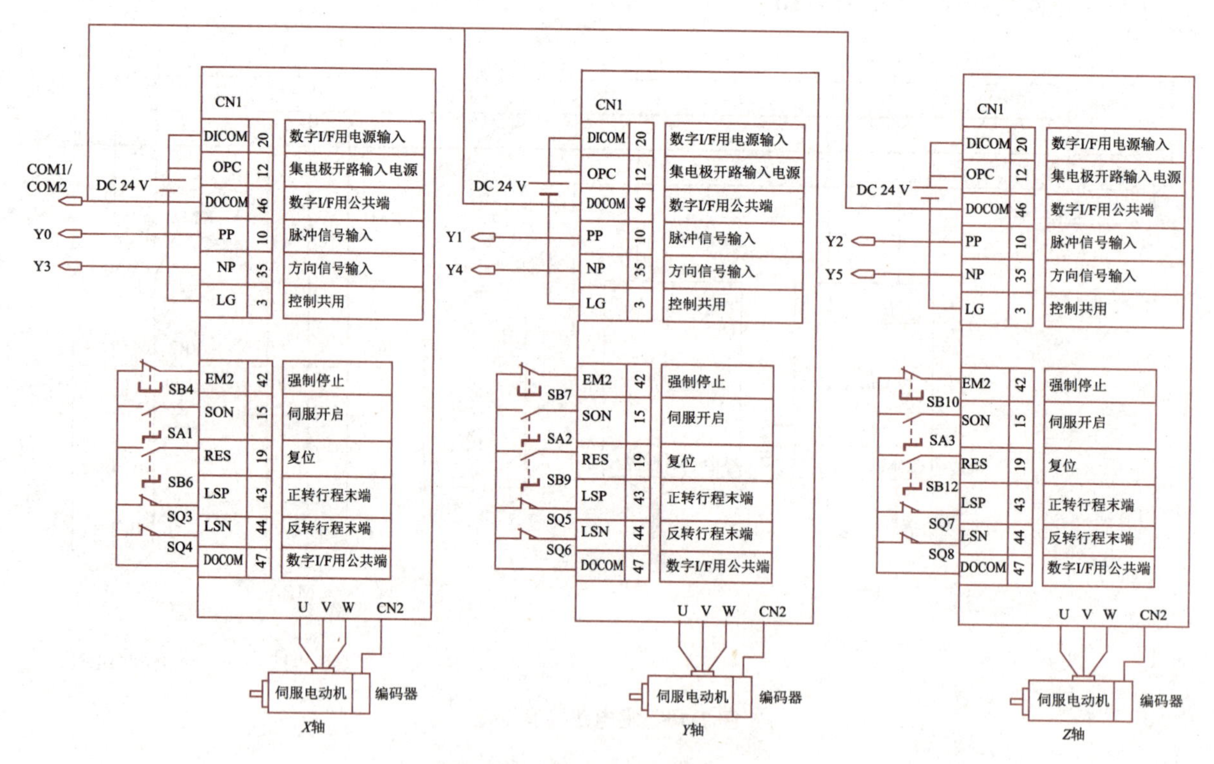

图 7-12　伺服电动机接线原理图

(6)I/O 分配(见表 7-5)

表 7-5　I/O 分配表

输入元件		输出元件	
输入地址	功能分配	输出地址	功能分配
X0	SB1(启动)	Y0	X 轴脉冲输出
X1	SB2(停止)	Y3	X 轴方向输出
X2	SQ1(原位检测)	Y1	Y 轴脉冲输出
X3	SQ2(工件夹紧)	Y4	Y 轴方向输出
		Y2	Z 轴脉冲输出
		Y5	Z 轴方向输出
		Y10	HL1(运行指示灯)
		Y11	HL2(停止指示灯)
		Y12	KM1 打孔转头电动机
		Y13	KM2 冷却泵电动机

(7)设置伺服参数(主要参数设置见表 7-6)

表 7-6　伺服参数设置

参数	出厂值	设置值	说明
PA01	1000h	1000	运行模式(位置控制、标准模式)
PA05	10000	2000	需设置 PA21,此时电子齿轮比无效
PA21	0001h	1001	每旋转 1 周所需要的指令输入脉冲数(PA05)
PA06	1	1	电子齿轮分子
PA07	1	1	电子齿轮分母
PA13	0100h	0301h	指令脉冲输入形态(带符号脉冲串)
PA14	0	1	旋转方向选择

注意 以上设置为,输入 2 000 个脉冲,伺服电动机轴转一圈。

(8)触摸屏参考画面(见图 7-13)

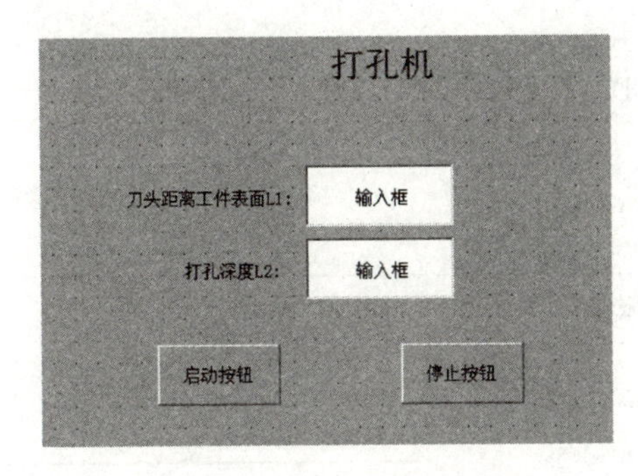

图 7-13　触摸屏参考画面

(9)编写参考程序(见图7-14)

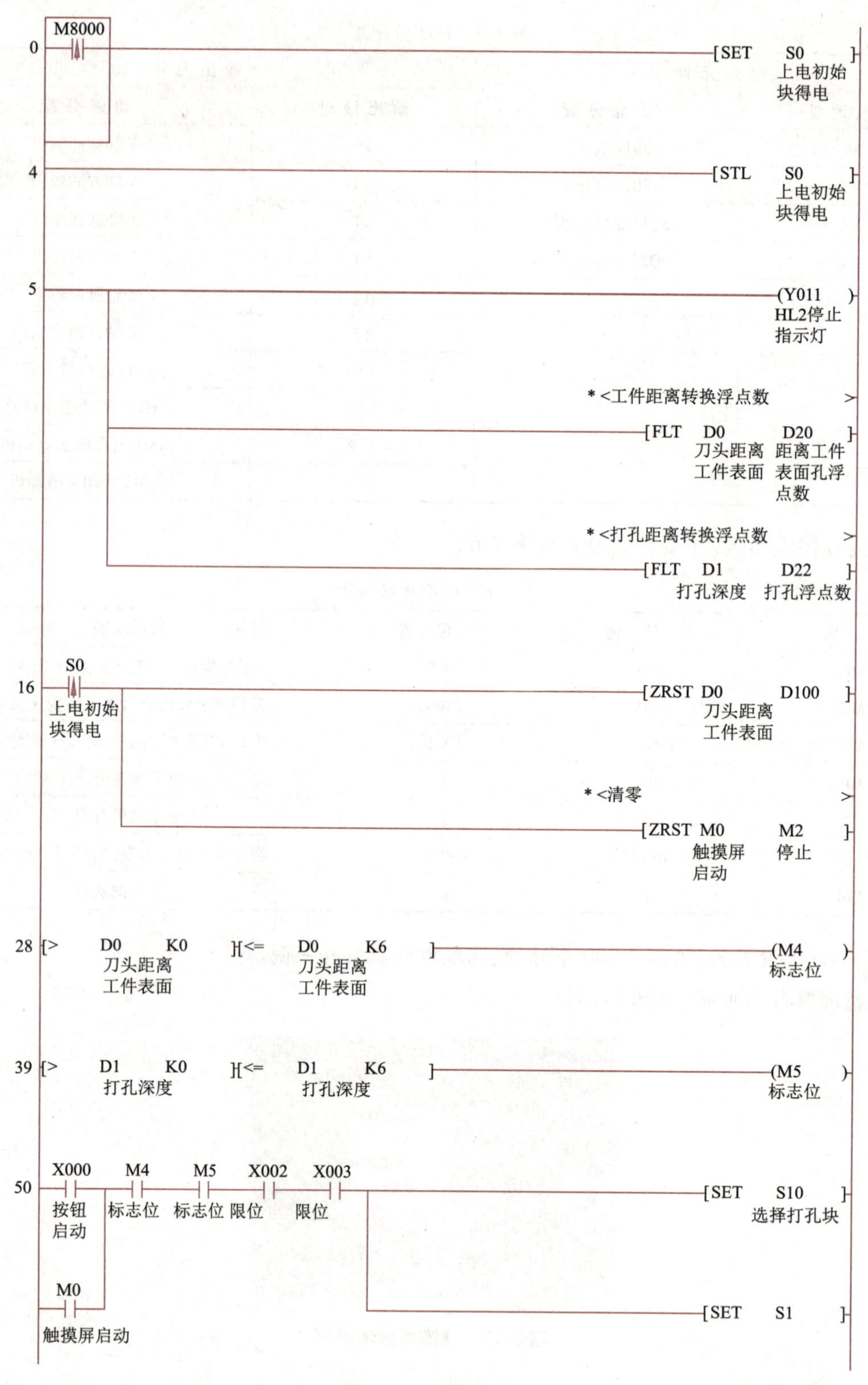

图7-14 参考程序

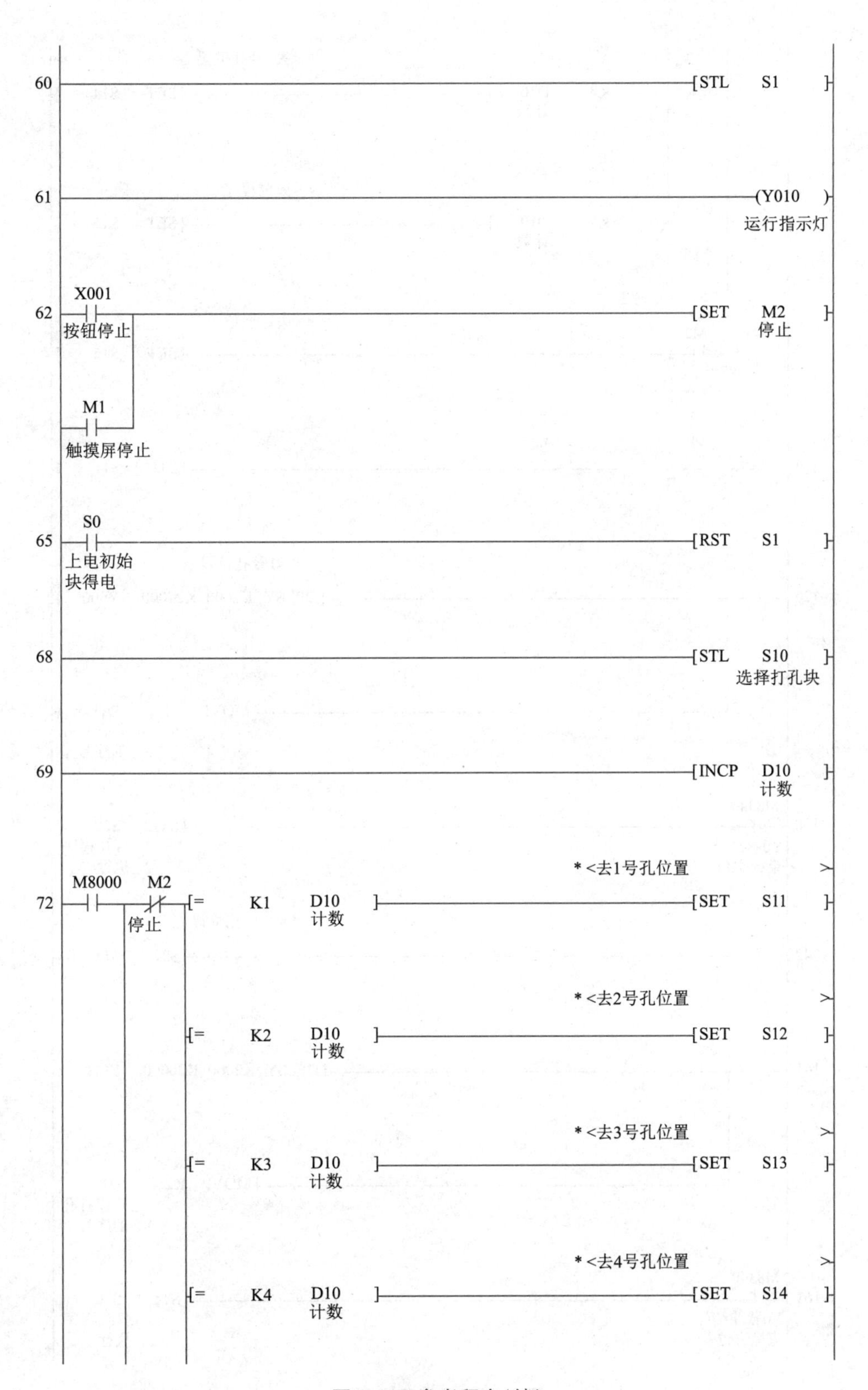
60
[STL S1]
61
(Y010)
运行指示灯
62
X001
按钮停止
[SET M2]
停止
M1
触摸屏停止
65
S0
上电初始
块得电
[RST S1]
68
[STL S10]
选择打孔块
69
[INCP D10]
计数
72
M8000
M2
停止
*<去1号孔位置>
[= K1 D10]
计数
[SET S11]
*<去2号孔位置>
[= K2 D10]
计数
[SET S12]
*<去3号孔位置>
[= K3 D10]
计数
[SET S13]
*<去4号孔位置>
[= K4 D10]
计数
[SET S14]

图 7-14　参考程序（续）

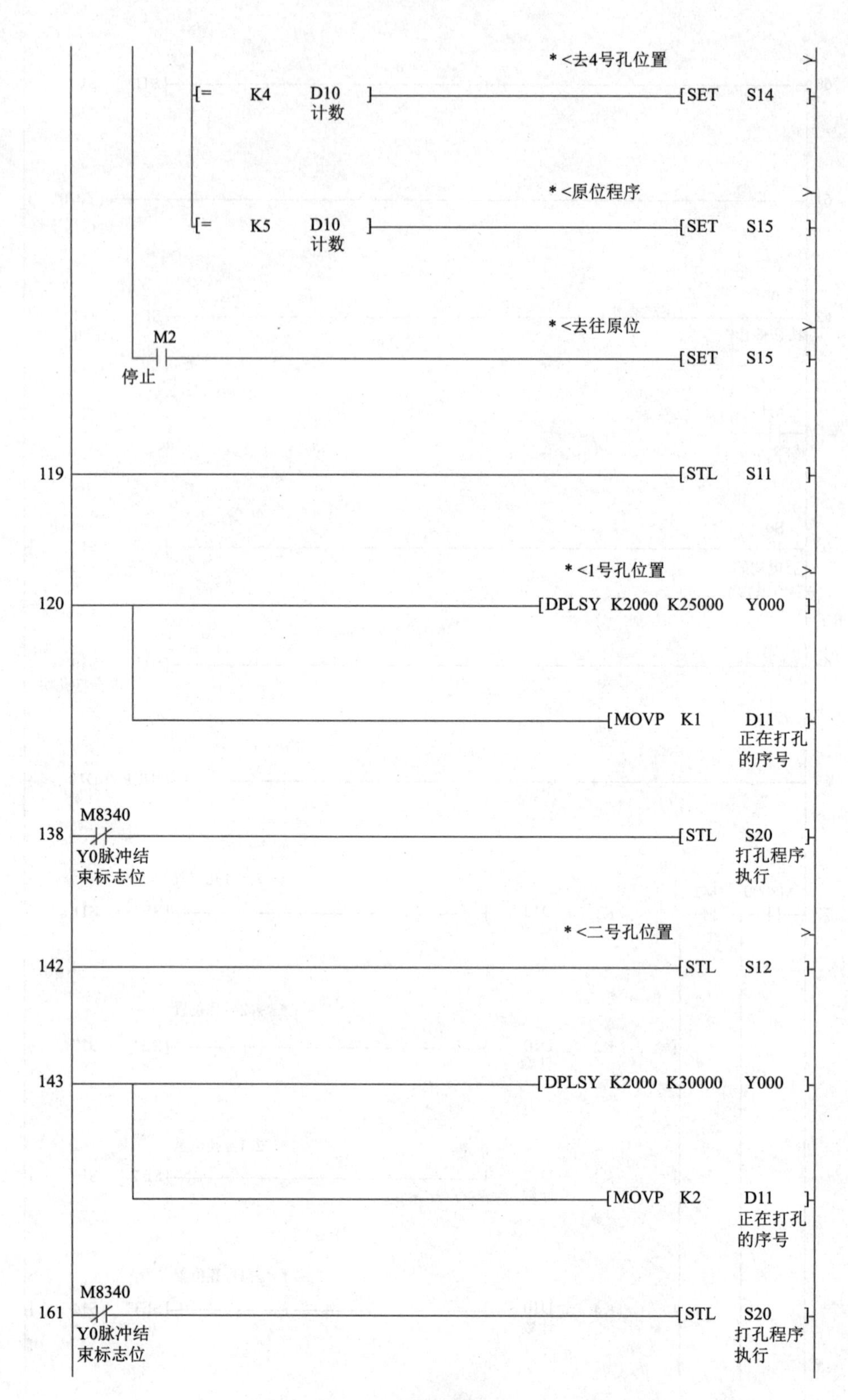

*<去4号孔位置
[= K4 D10 计数] [SET S14]
*<原位程序
[= K5 D10 计数] [SET S15]
*<去往原位
M2 停止
[SET S15]
119
[STL S11]
*<1号孔位置
120
[DPLSY K2000 K25000 Y000]
[MOVP K1 D11 正在打孔的序号]
138
M8340 Y0脉冲结束标志位
[STL S20 打孔程序执行]
*<二号孔位置
142
[STL S12]
143
[DPLSY K2000 K30000 Y000]
[MOVP K2 D11 正在打孔的序号]
161
M8340 Y0脉冲结束标志位
[STL S20 打孔程序执行]

图 7-14 参考程序(续)

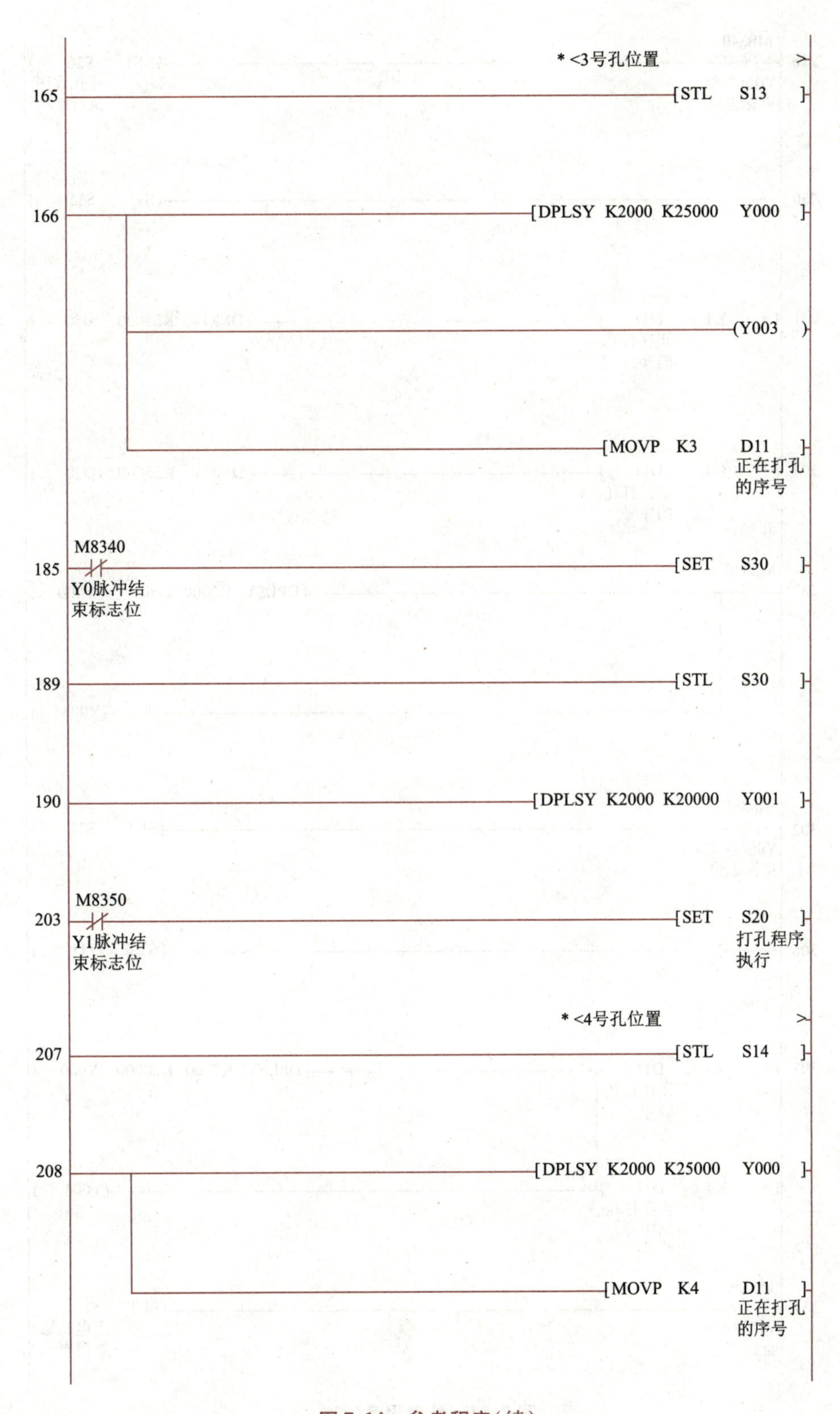
*<3号孔位置
165
STL S13
166
DPLSY K2000 K25000 Y000
Y003
MOVP K3 D11
正在打孔的序号
M8340
185
Y0脉冲结束标志位
SET S30
189
STL S30
190
DPLSY K2000 K20000 Y001
M8350
203
Y1脉冲结束标志位
SET S20
打孔程序执行
*<4号孔位置
207
STL S14
208
DPLSY K2000 K25000 Y000
MOVP K4 D11
正在打孔的序号

图 7-14　参考程序(续)

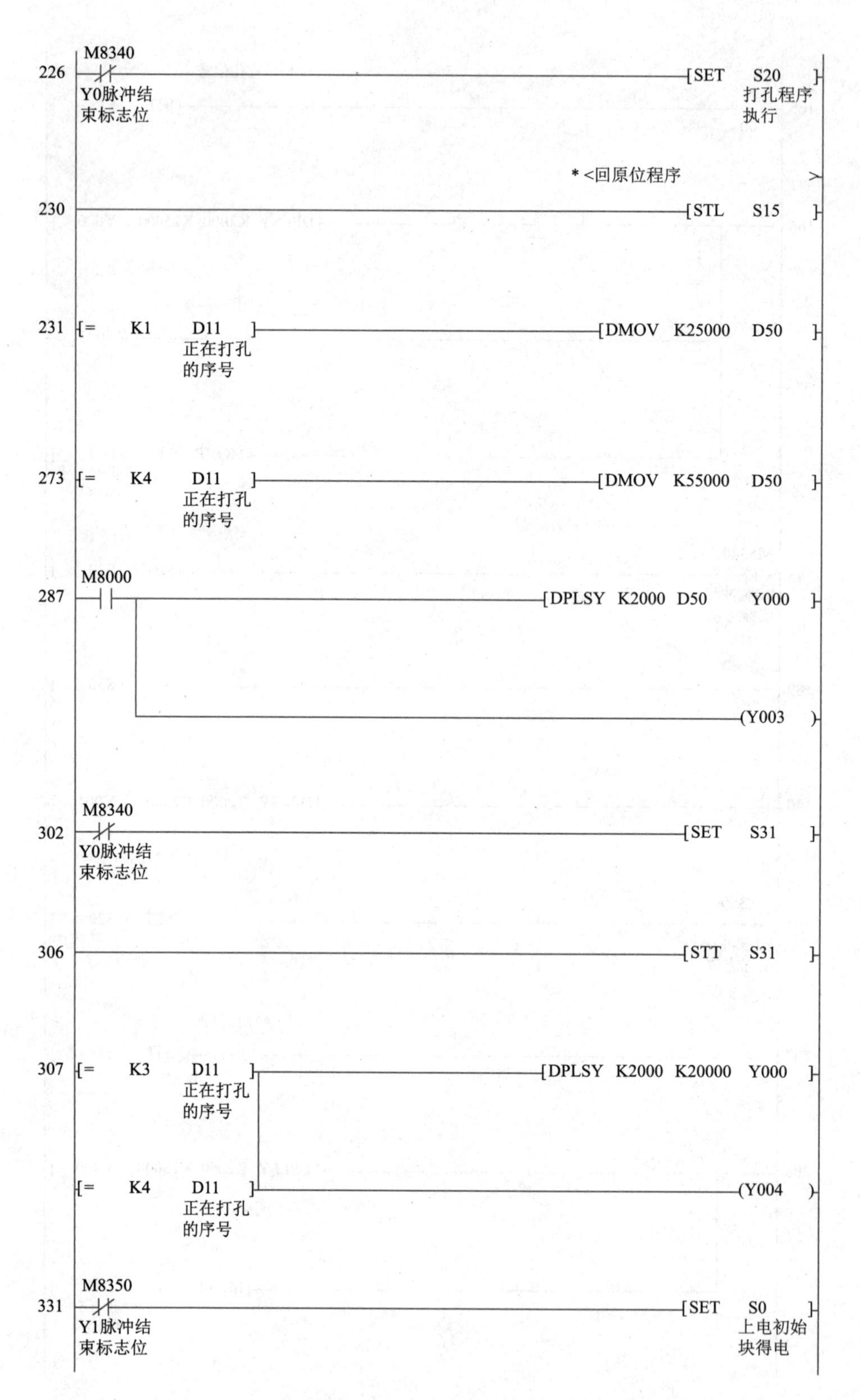
M8340
226
Y0脉冲结
束标志位
SET S20
打孔程序
执行
*<回原位程序
230
STL S15
231
= K1 D11
正在打孔
的序号
DMOV K25000 D50
273
= K4 D11
正在打孔
的序号
DMOV K55000 D50
M8000
287
DPLSY K2000 D50 Y000
Y003
M8340
302
Y0脉冲结
束标志位
SET S31
306
STT S31
307
= K3 D11
正在打孔
的序号
DPLSY K2000 K20000 Y000
= K4 D11
正在打孔
的序号
Y004
M8350
331
Y1脉冲结
束标志位
SET S0
上电初始
块得电

图 7-14 参考程序(续)

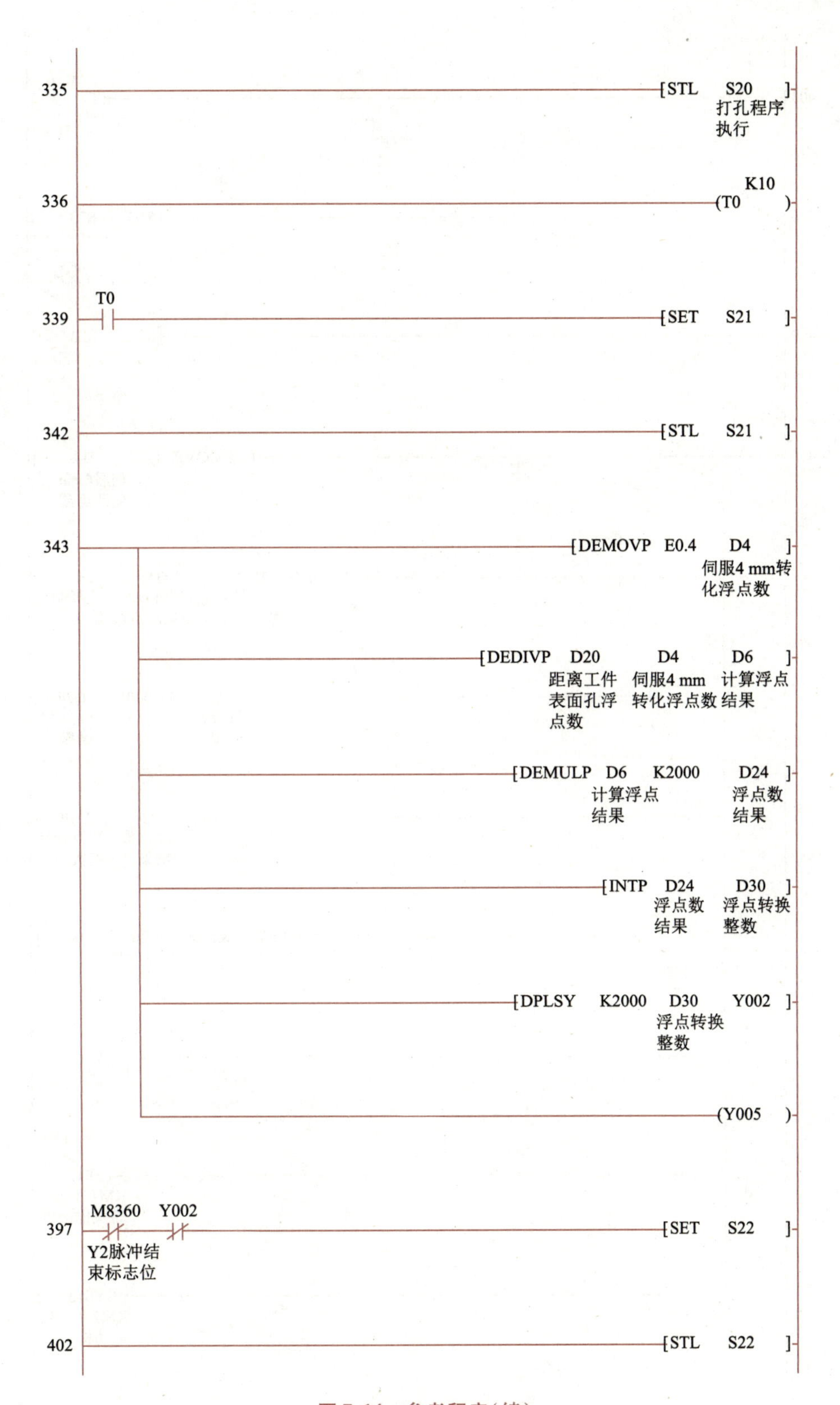
335
[STL S20]
打孔程序执行
336
K10
(T0)
339
T0
[SET S21]
342
[STL S21]
343
[DEMOVP E0.4 D4]
伺服4 mm转化浮点数
[DEDIVP D20 D4 D6]
距离工件表面孔浮点数
伺服4 mm转化浮点数
计算浮点结果
[DEMULP D6 K2000 D24]
计算浮点结果
浮点数结果
[INTP D24 D30]
浮点数结果
浮点转换整数
[DPLSY K2000 D30 Y002]
浮点转换整数
(Y005)
397
M8360
Y002
Y2脉冲结束标志位
[SET S22]
402
[STL S22]

图 7-14　参考程序(续)

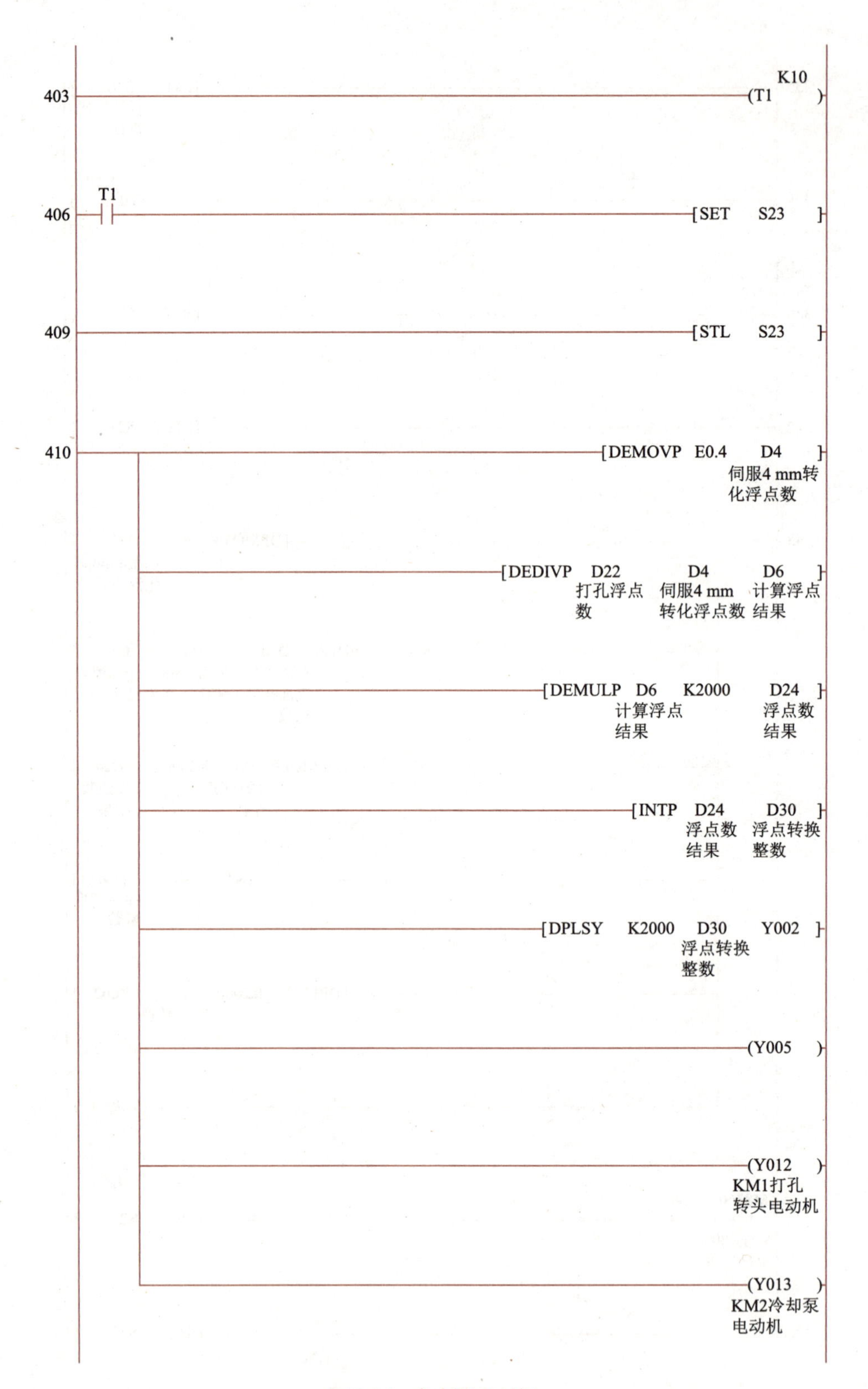
K10
403
(T1
T1
406
[SET S23
409
[STL S23
410
[DEMOVP E0.4 D4
伺服4 mm转化浮点数
[DEDIVP D22 D4 D6
打孔浮点数
伺服4 mm转化浮点数
计算浮点结果
[DEMULP D6 K2000 D24
计算浮点结果
浮点数结果
[INTP D24 D30
浮点数结果
浮点转换整数
[DPLSY K2000 D30 Y002
浮点转换整数
(Y005
(Y012
KM1打孔转头电动机
(Y013
KM2冷却泵电动机

图 7-14 参考程序(续)

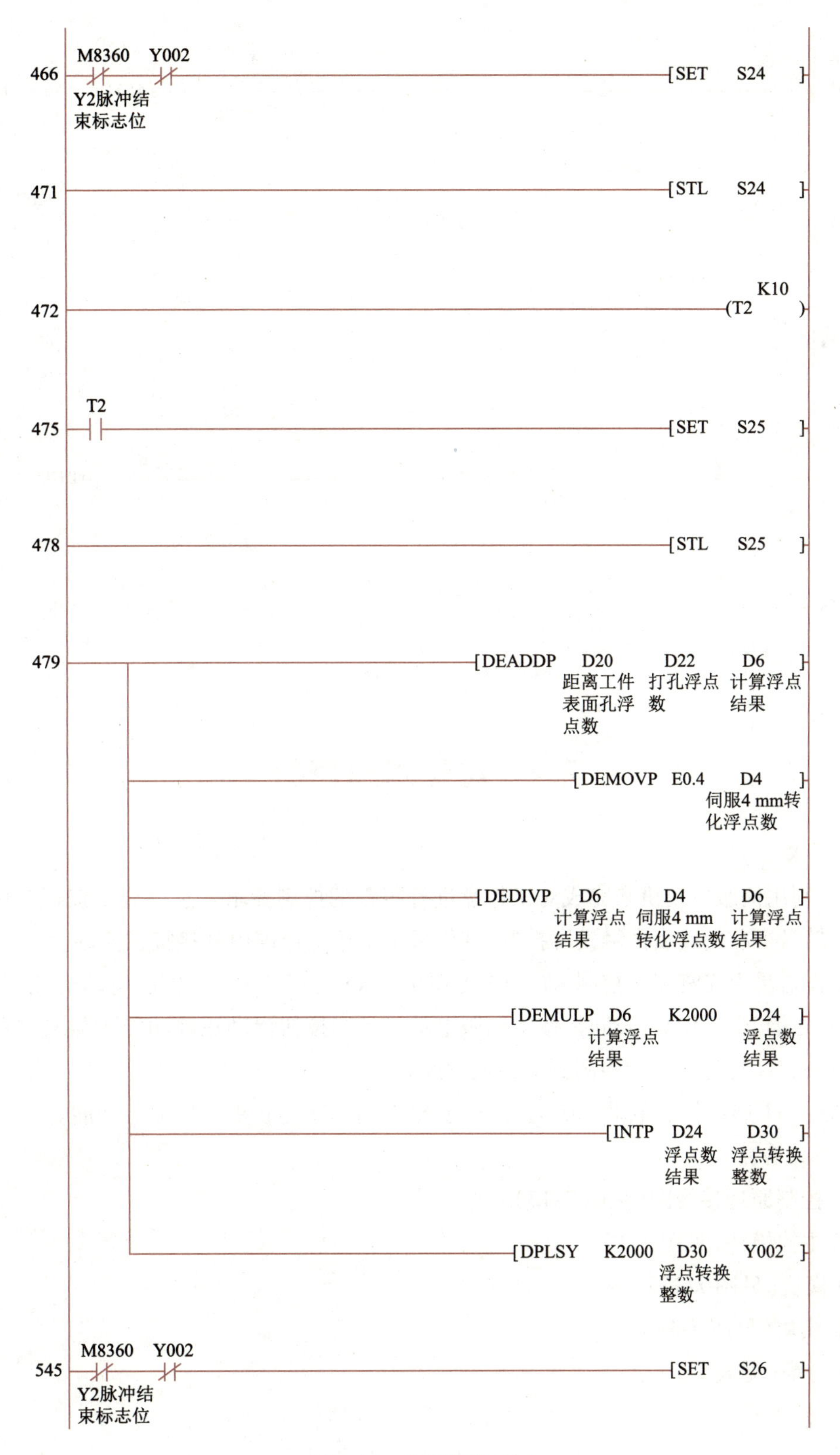
466
M8360
Y002
Y2脉冲结
束标志位
SET S24
471
STL S24
472
K10
T2
475
T2
SET S25
478
STL S25
479
DEADDP D20 D22 D6
距离工件表面孔浮点数
打孔浮点数
计算浮点结果
DEMOVP E0.4 D4
伺服4 mm转化浮点数
DEDIVP D6 D4 D6
计算浮点结果
伺服4 mm转化浮点数
计算浮点结果
DEMULP D6 K2000 D24
计算浮点结果
浮点数结果
INTP D24 D30
浮点数结果
浮点转换整数
DPLSY K2000 D30 Y002
浮点转换整数
545
M8360
Y002
Y2脉冲结
束标志位
SET S26

图 7-14　参考程序(续)

图 7-14 参考程序(续)

7.4 定位跟踪控制

1. 控制要求

该系统是利用伺服电动机来完成对工作盘进行跟踪的控制要求。它综合了按钮与触摸屏配合的控制方式,转盘当前的速度由触摸屏控制,其伺服电动机的启停由外接按钮控制。

其中,工作盘是由交流变频控制,在工作盘下方为 XY 十字工作台(伺服电动机控制),工作时,在工作盘放入磁钢,当工作盘转动时,按下伺服电动机控制按钮启动跟踪功能 *X* 轴安装的传感器一直能够对应到磁钢(传感器保持检测到的磁钢不脱开)。

按钮控制:SA1 启动伺服电动机的运行,对于 SB1 和 SB2 是扩展的回原点功能。

2. 技能操作分析

(1)PLC 控制原理接线图(见图 7-15)

(2)PLC 主控模块(见图 7-16)

(3)I/O 模块(见图 7-17)

(4)伺服模块(见图 7-18)

(5)I/O 分配(见表 7-7)

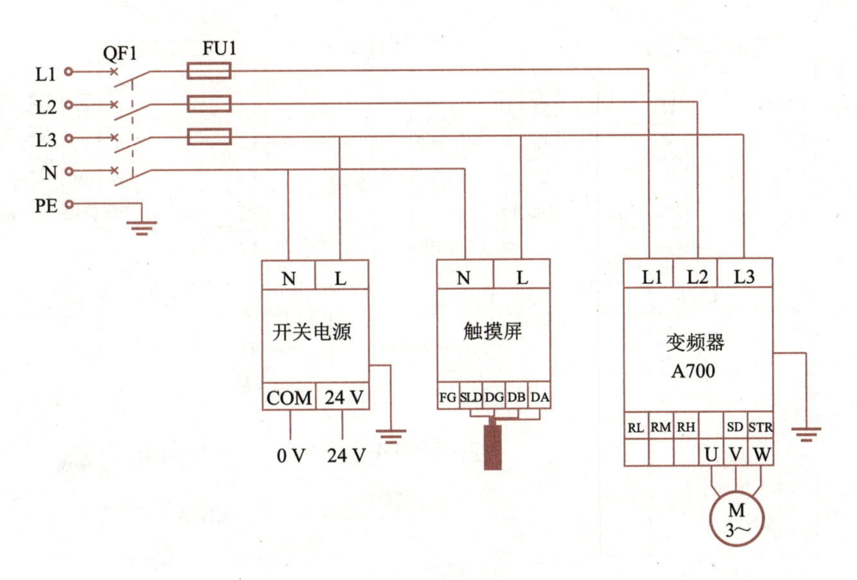

图 7-15　PLC 控制原理接线图

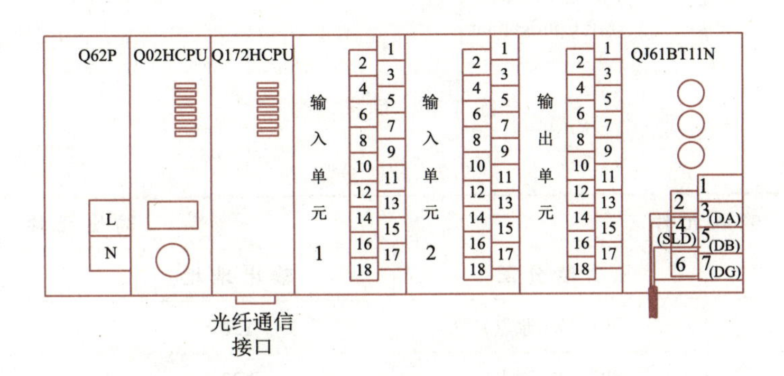

图 7-16　PLC 主控模块

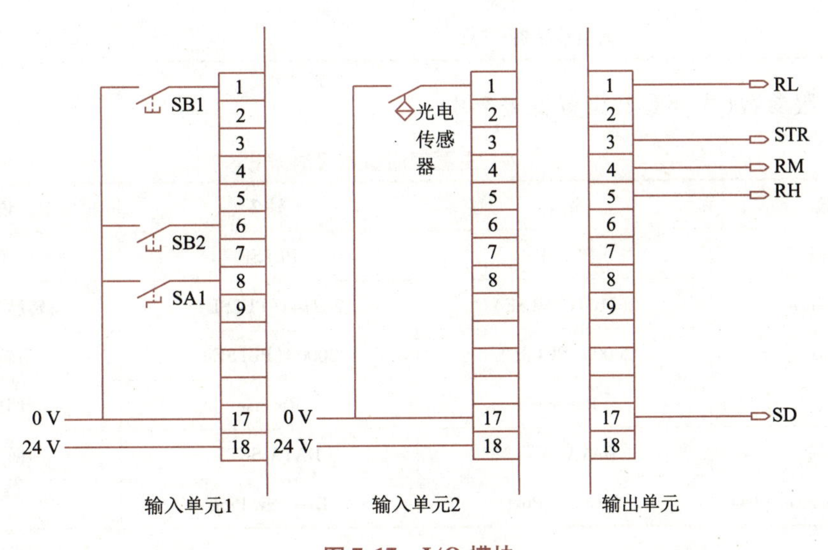

图 7-17　I/O 模块

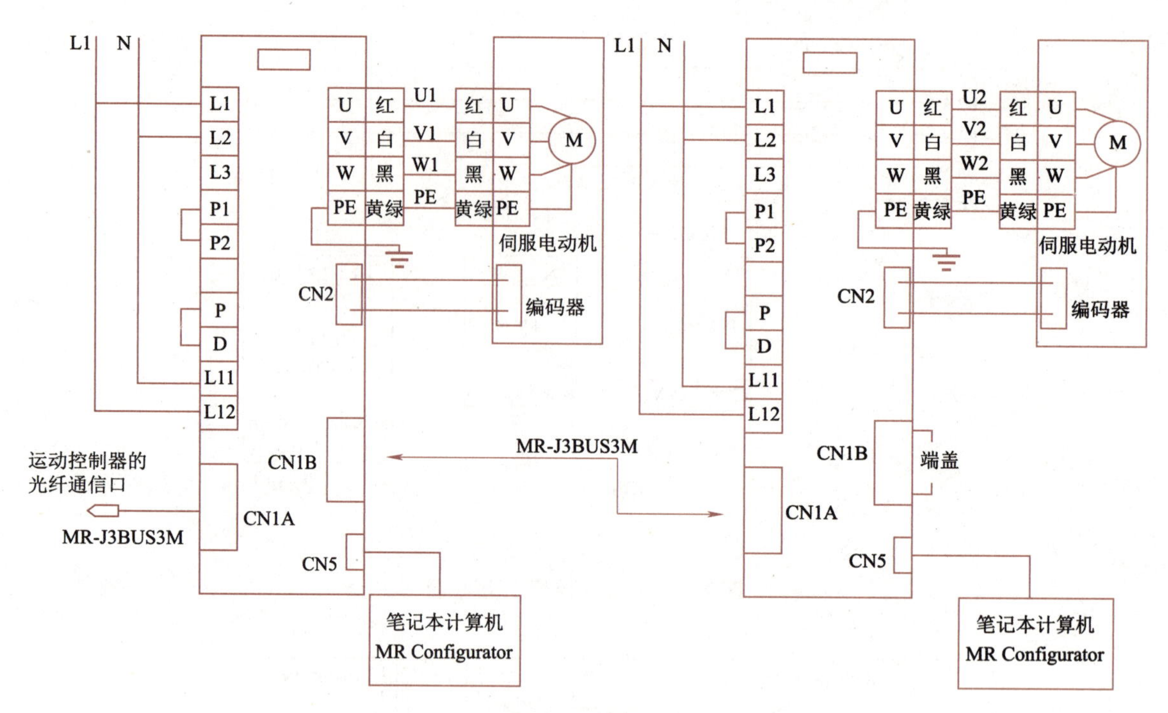

图 7-18　伺服模块

表 7-7　I/O 分配表

输入元件		输出元件	
输入地址	功能分配	输出地址	功能分配
PX0	SB1　X（原点）	Y20	低速
PX5	SB2　Y（原点）	Y23	中速
PX7	SA1　（启动）	Y24	高速
X10	光电传感器		

（6）设置伺服参数（主要参数设置见表 7-8）

表 7-8　主要伺服参数设置表

参　数	轴 1	轴 2	说　明
Unit Setting	PULSE	PULSE	单位设置
Pulse Count/Revo	262144（PULSE）	262144（PULSE）	每转脉冲输入脉冲数
Travel/Revo	20000（PULSE）	20000（PULSE）	每转的移动量
Direction	Reverse	Reverse	回原点方向
Method	DATA SET1	DATA SET1	回原点方向
Op. setting for HPR incomplete	Exec. Sv. Prog	Exec. Sv. Prog	

（7）设置变频器参数（主要参数设置见表 7-9）

表 7-9　主要变频器参数设置表

参　数	设置值轴 2	说　明
Pr. 79	3	外部/PU 组合运行模式 1
Pr. 4	10	频率值
Pr. 5	30	频率值
Pr. 6	40	频率值

（8）触摸屏参考界面（见图 7-19）

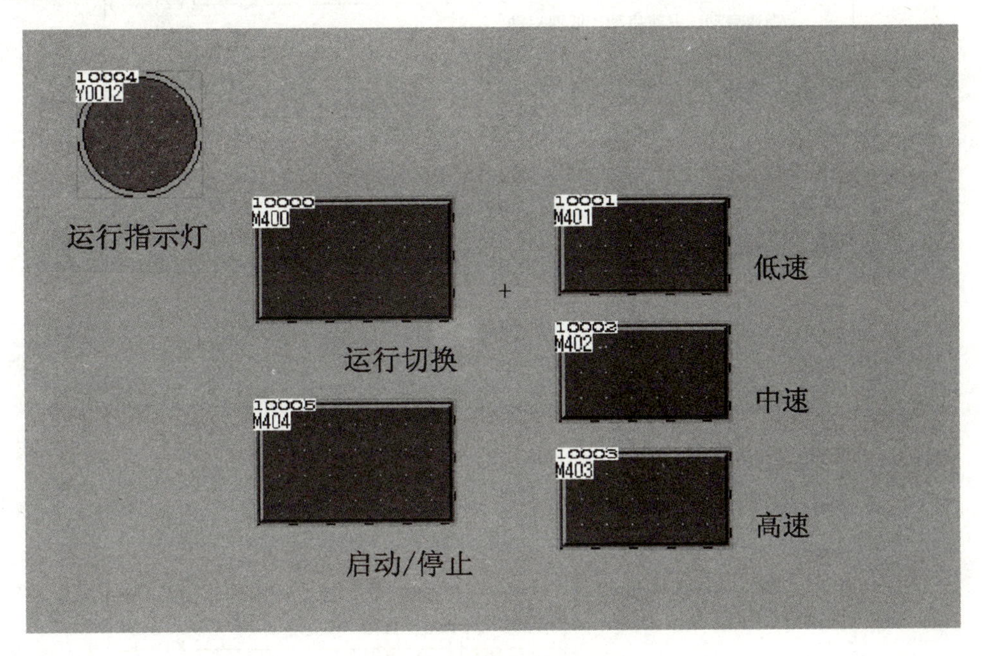

图 7-19　触摸屏参考界面

（9）PLC 编写参考梯形图（见图 7-20）

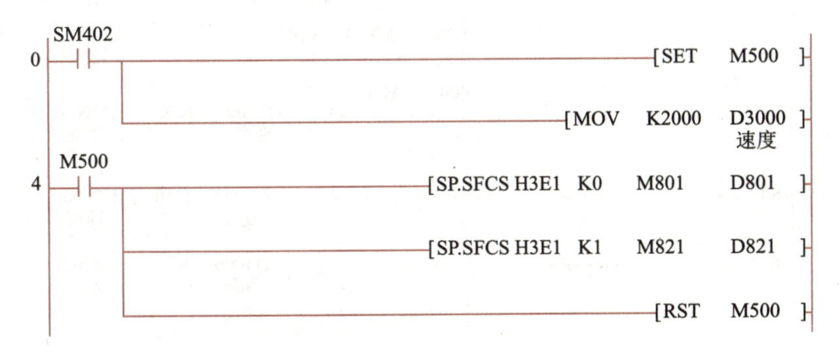

图 7-20　参考梯形图

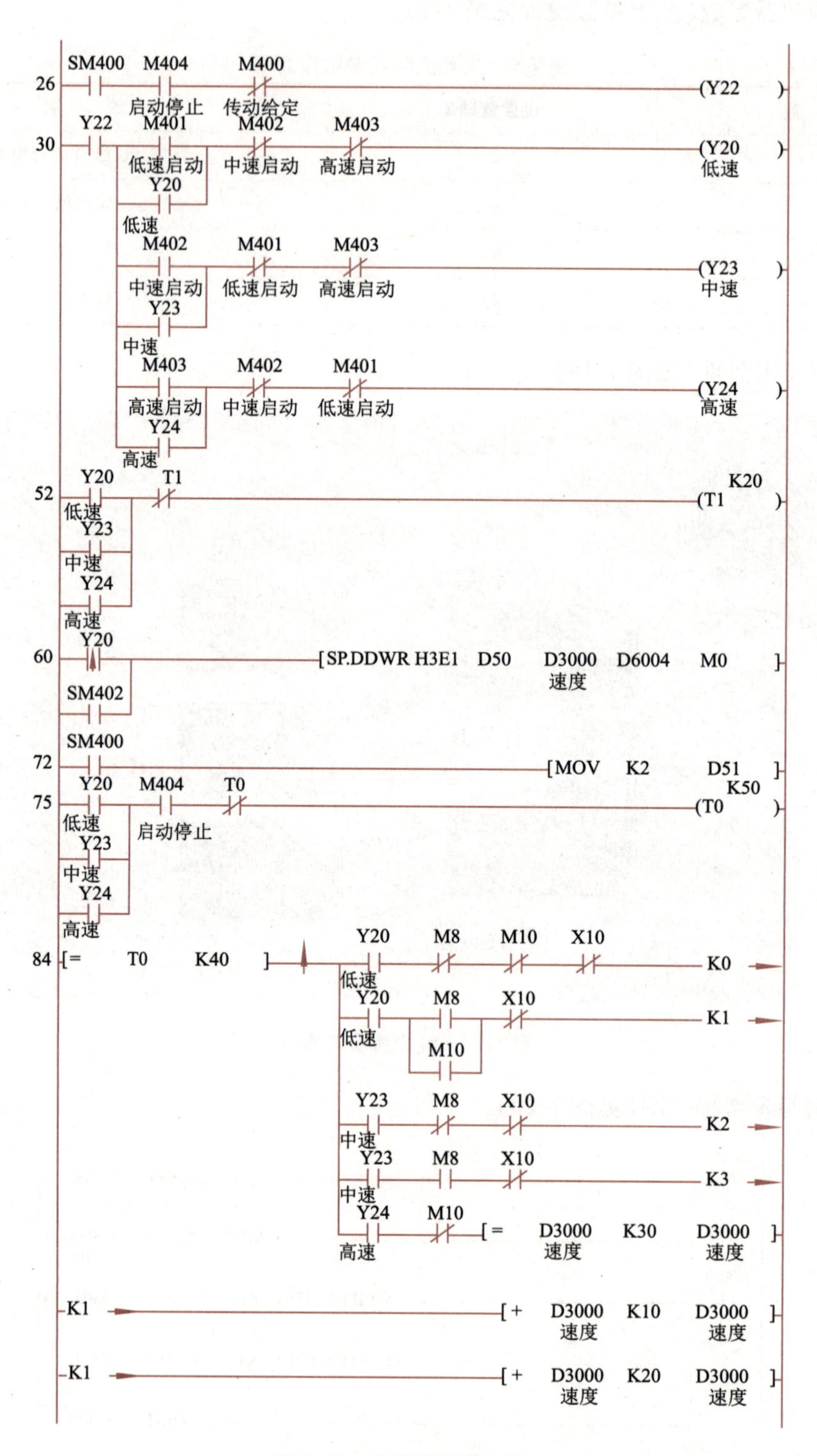
26
SM400
M404
启动停止
M400
传动给定
Y22
30
Y22
M401
低速启动
M402
中速启动
M403
高速启动
Y20
低速
Y20
低速
M402
中速启动
M401
低速启动
M403
高速启动
Y23
中速
Y23
中速
M403
高速启动
M402
中速启动
M401
低速启动
Y24
高速
Y24
高速
52
Y20
低速
T1
Y23
中速
Y24
高速
T1
K20
60
Y20
SM402
SP.DDWR H3E1 D50 D3000 D6004 M0
速度
72
SM400
MOV K2 D51
75
Y20
低速
M404
启动停止
T0
Y23
中速
Y24
高速
T0
K50
84
= T0 K40
Y20
低速
M8
M10
X10
K0
Y20
低速
M8
M10
X10
K1
Y23
中速
M8
X10
K2
Y23
中速
M8
X10
K3
Y24
高速
M10
= D3000 K30 D3000
速度
速度
K1
+ D3000 K10 D3000
速度
速度
K1
+ D3000 K20 D3000
速度
速度

图 7-20 参考梯形图(续)

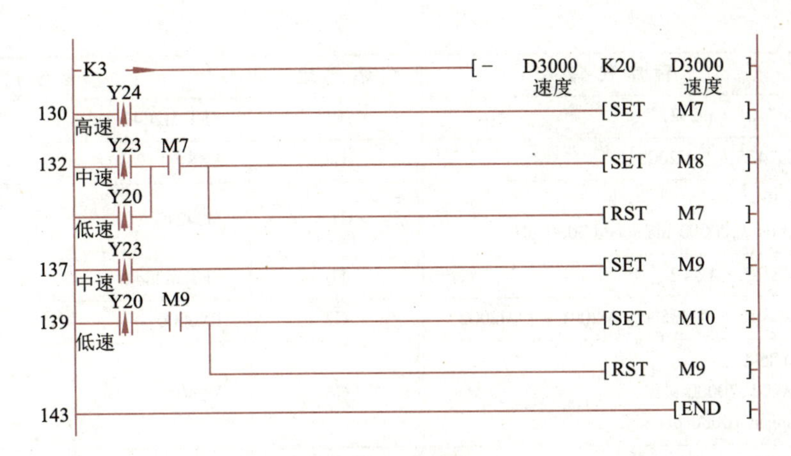

图7-20　参考梯形图(续)

(10)运动CPU编写参考程序(见图7-21)

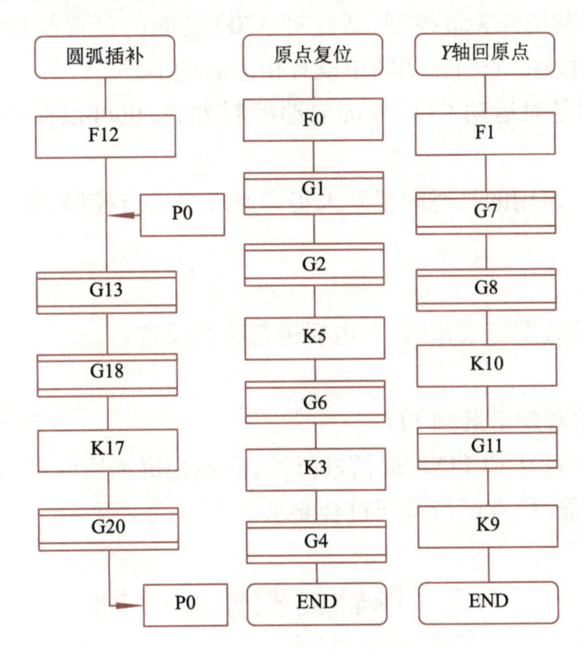

图7-21　运动CPU编写参考程序

参数详细说明见表7-10。

表7-10　参数详细说明

程序段	程序代码	程序段	程序代码
F12	SET M2042	G13	M2415 * M2435 * ! M2001 * ! M2002
G18	PX7	K17	INCeC Axis 1,0 pls　Axis 2,0 pls Speed D6004 PLS/sec Ctr. p. 1,0 pls　Ctr. p. 2,20000 pls

续表

程序段	程序代码	程序段	程序代码
G20	M2401 * m2421	F1	SET M2042
G7	M2435 * ! M2002	G8	PX5
K10	ABS-1 Axis 2,20000 pls speed 3000 pls	G11	M2421
K9	ZERO Axis 2	F0	SET M2042
G1	M2415 * M2435 * ! M2001 * ! M2002	G2	PX0000
K5	ABS-1 Axis1,20000 pls speed 10000 pls/s	G6	M2401
K3	ZERO Axis1	G4	!px0000

(11)梯形图功能分析

本例工作盘的运动是利用开关量控制,通过对 A700 变频的设置及连接从而实现控制要求,从程序中可以看出本例为三段速,分别在变频中设置相应的频率。

对于 G13 一段采用的是对运动 CPU 外部启动控制方式,也可以在运动 CPU 内部进行自启动设置。

在速度变化的问题上,采用的是时间更新采集的原理来进行控制,每一定时间内将写入相应变量的值。

(12)调试步骤

①设置伺服参数:按接线图完成接线,上电后进行参数设置。

②设置变频器参数。

③PLC 程序编写,并将程序下载到 PLC。

④触摸屏界面制作,并对其 CCLINK 通信进行设置(触摸屏采用的是 CCLINK 通信)。

⑤按控制要求调试功能,检查运行是否符合要求。

7.5 单轴伺服跟踪控制

1. 控制要求

该系统中的变频器通过触摸屏控制,伺服电动机的启动通过外界按钮控制,当然,可以根据实际进行相应的调整。

对于单轴控制系统的结构,主要是以通过伺服电动机来对普通交流电动机控制的传动带进行跟踪,传动带的传送速度通过变频器设置给定。本例为开关量控制,所以相应的传送速度是固定的,只要完成对伺服电动机进行速度控制即可。

伺服驱动器采用 MR-J4-10B,通信方式为光纤通信(抗干扰能力强,高速率)。

2. 技能操作分析

(1)PLC 控制原理接线(见图 7-22)

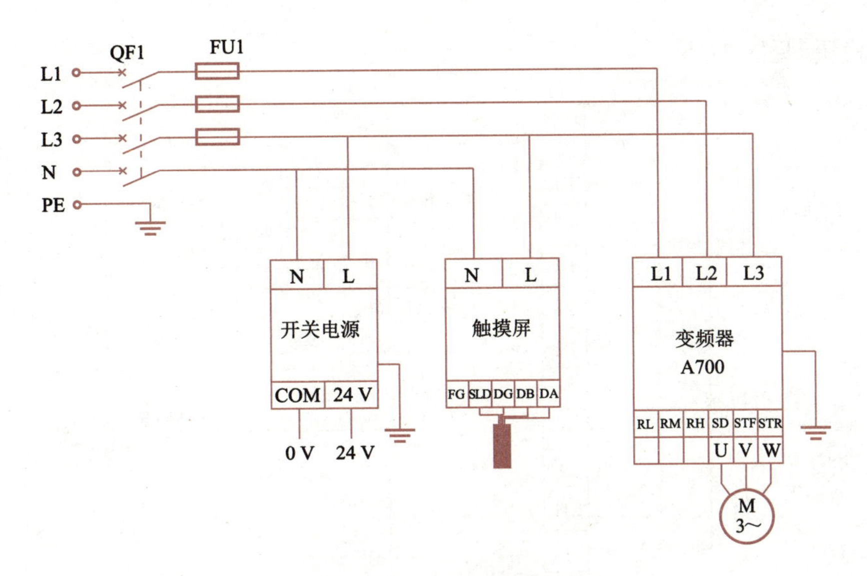

图 7-22　PLC 控制原理接线

(2)PLC 主控模块(见图 7-23)

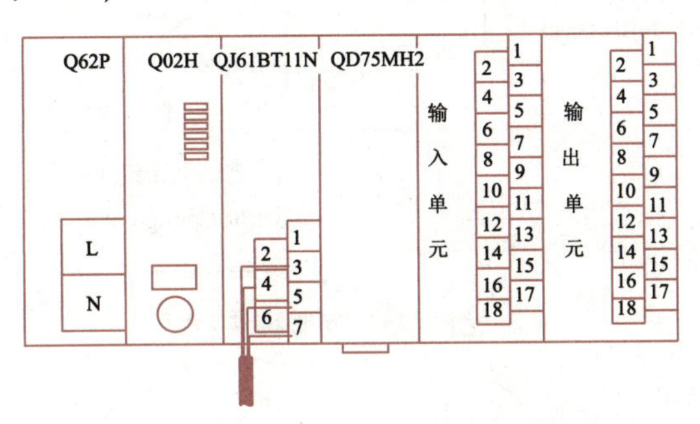

图 7-23　PLC 主控模块

(3)I/O 模块(见图 7-24)

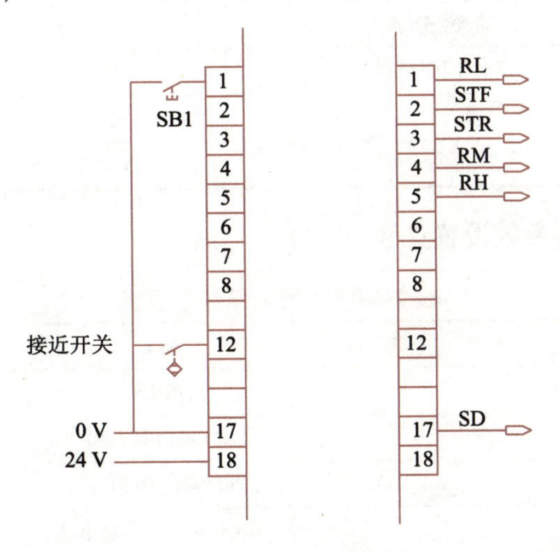

图 7-24　I/O 模块

(4)伺服模块(见图7-25)

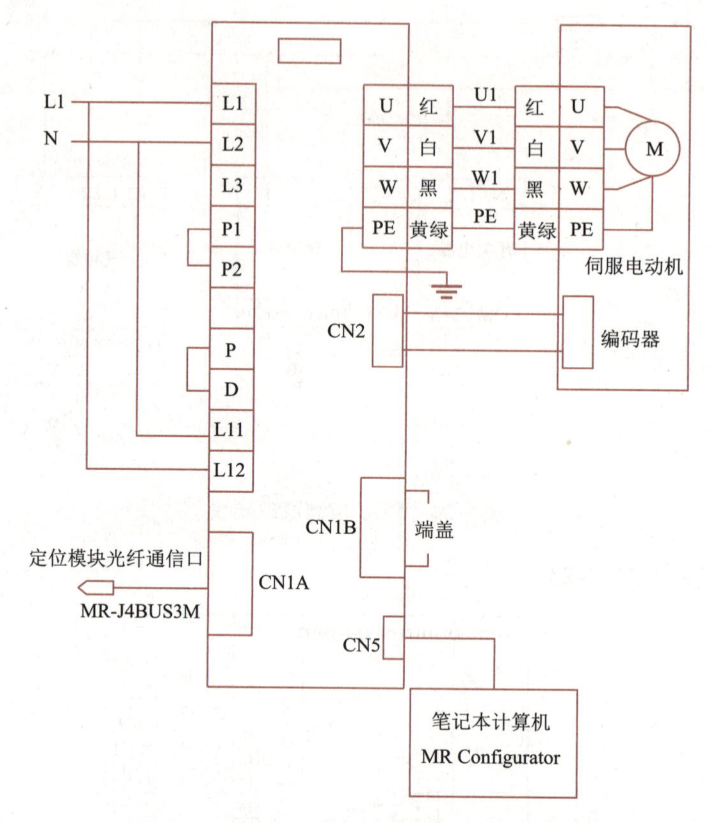

图7-25 伺服模块

(5)I/O分配(见表7-11)

表7-11 I/O分配表

输入元件		输出元件	
输入地址	功能分配	输出地址	功能分配
X40	SB1伺服启动	Y50	低速
X4B	接近开关	Y53	中速
—	—	Y54	高速

(6)设置伺服参数(主要参数设置见表7-12)

表7-12 主要伺服参数设置

参数	轴1	说明
Unit	3:PULSE	单位设置
Pulse per roation	262144(PULSE)	每转脉冲输入脉冲数
Travel per roation	50000(PULSE)	每转的移动量
Speed limit	6000000 pls/s(尽量取大)	速度极限值

续表

参　　数	轴 1	说　　明
Lower limit	1:positive	下限
Upper limit	1:positive	上限
Near-point dog signal	1:positive	近点狗标志
Forced stop selection	1:invalid	急停
Operation setting for home position return incomplete	1:Execute positioning	
Servo amplifier series	1:MR-J4-B	伺服驱动型号
Function selection A-1	1:Invalid(Do not use the forced stop signal)	

(7)设置变频器参数(主要参数设置见表 7-13)

表 7-13　主要变频器参数设置

参　　数	设置值轴 2	说　　明
Pr. 79	3	外部/PU 组合运行模式 1
Pr. 4	10	频率值
Pr. 5	30	频率值
Pr. 6	40	频率值

(8)触摸屏参考界面(见图 7-26)

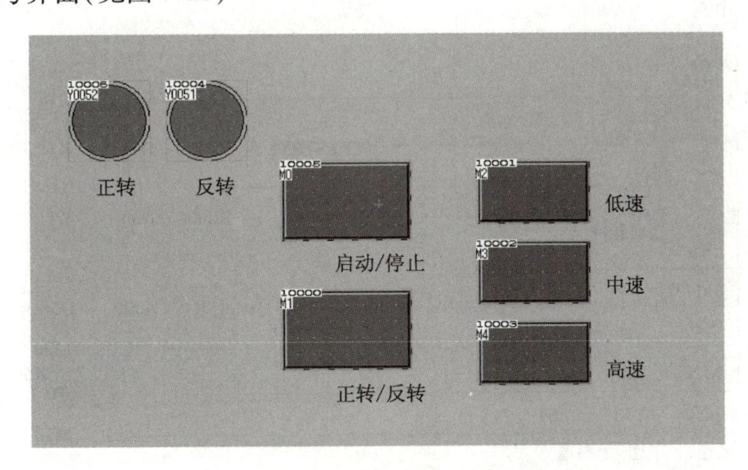

图 7-26　触摸屏参考界面

(9)编写参考梯形图(见图 7-27)

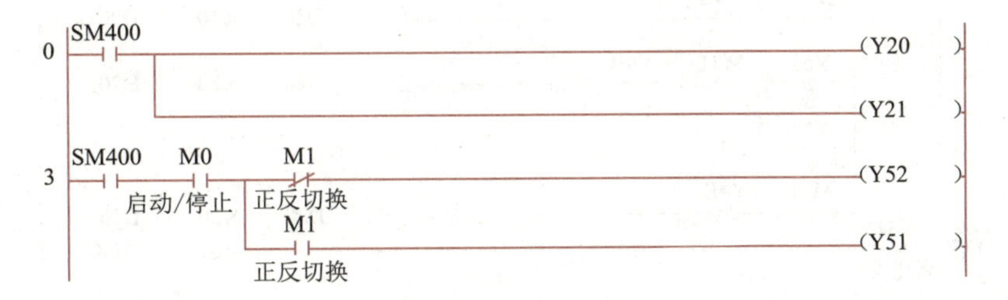

图 7-27　参考梯形图

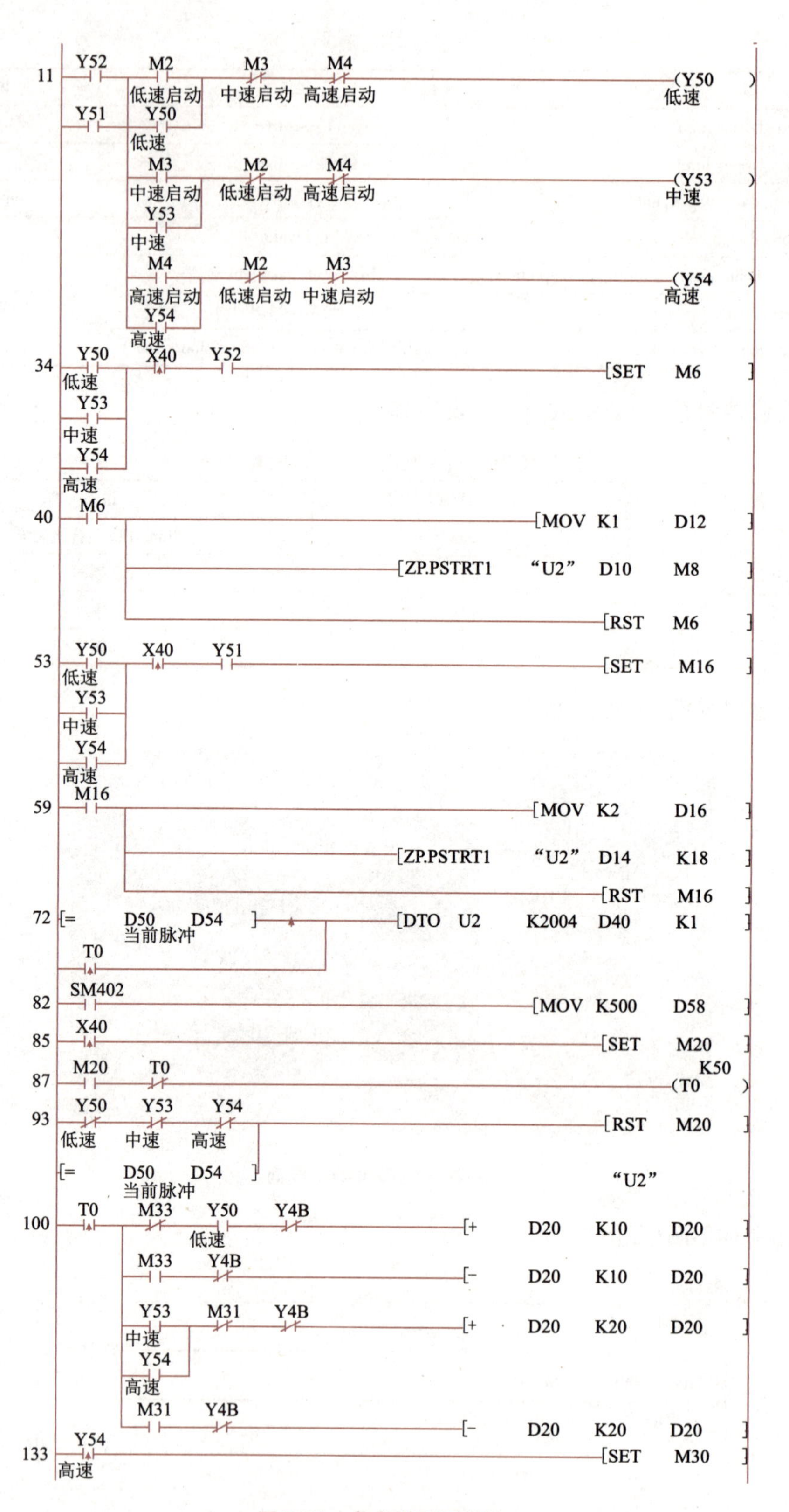

11
Y52
M2
低速启动
M3
中速启动
M4
高速启动
(Y50)
低速
Y51
Y50
低速
M3
中速启动
M2
低速启动
M4
高速启动
(Y53)
中速
Y53
中速
M4
高速启动
M2
低速启动
M3
中速启动
(Y54)
高速
Y54
高速
34
Y50
低速
X40
Y52
[SET M6]
Y53
中速
Y54
高速
40
M6
[MOV K1 D12]
[ZP.PSTRT1 "U2" D10 M8]
[RST M6]
53
Y50
低速
X40
Y51
[SET M16]
Y53
中速
Y54
高速
59
M16
[MOV K2 D16]
[ZP.PSTRT1 "U2" D14 K18]
[RST M16]
72
[= D50 D54]
当前脉冲
[DTO U2 K2004 D40 K1]
T0
82
SM402
[MOV K500 D58]
85
X40
[SET M20]
87
M20
T0
K50
(T0)
93
Y50
低速
Y53
中速
Y54
高速
[RST M20]
[= D50 D54]
当前脉冲
"U2"
100
T0
M33
Y50
低速
Y4B
[+ D20 K10 D20]
M33
Y4B
[- D20 K10 D20]
Y53
中速
M31
Y4B
[+ D20 K20 D20]
Y54
高速
M31
Y4B
[- D20 K20 D20]
133
Y54
高速
[SET M30]

图 7-27 参考梯形图(续)

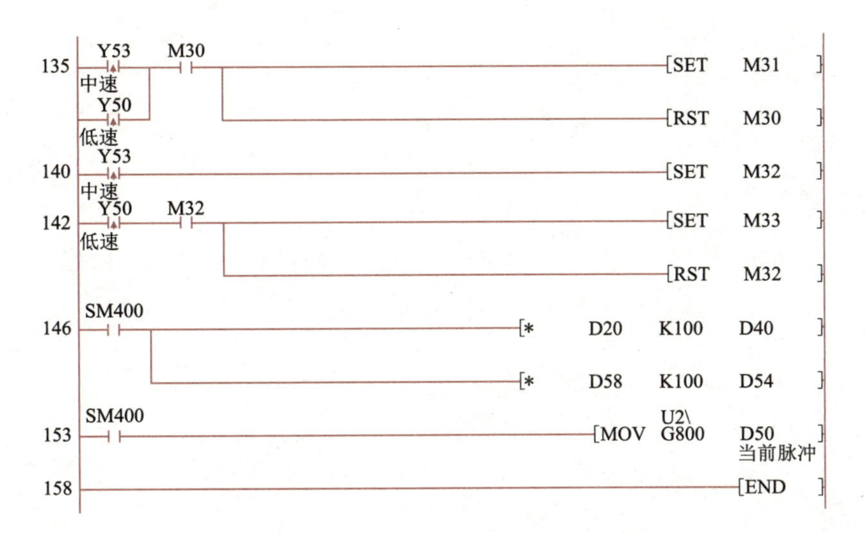

图 7-27　参考梯形图(续)

(10)调试步骤

①设置伺服参数:按接线图完成接线,上电后进行参数设置。

②设置触摸屏参数,使之与 PLC 正确通信。

③PLC 程序编写,并将程序下载到 PLC。

④触摸屏画面制作及其通信设置。

⑤按控制要求调试功能,检查运行是否符合要求。

习　题

1. 在“伺服移位角控制”例程中,如果伺服驱动器的参数 PA21 设置为 1001、PA05 设置为 36 000、伺服电动机与分度盘减速比为 30∶1,则如果分度盘需要转 15°的情况下,需要 PLC 发________个脉冲。

2. 如果想让伺服驱动器的指令脉冲输入形态为“带符号脉冲串”,则需要将________参数设置为________。

3. 脉冲输出指令 DPLSY K5000 K1000 Y0 中,K5000 是________、K1000 是________。

4. 在“定位机械手控制”例程中,滚珠丝杠的导程为 5 mm,如果设置伺服驱动器的参数实现每 10 000 脉冲驱动伺服电动机转 1 圈,则滚珠丝杆需要移动 10 mm 则需要 PLC 发________脉冲。

5. 在“定位机械手控制”例程中,触摸屏上用于“参数设置”区域的“移动距离”设置输入框控件连接的数据对象及其数据类型:____________________。